평화와 국방

평화와 국방

박휘락 지음

한국학술정보㈜

발간사

　건강이 중요하다는 사실을 모르는 사람은 없다. 평화에 대해서도 마찬가지다. 건강을 증진하는 데 필요한 일반적 사항을 모르는 사람은 없다. 평화에 대해서도 마찬가지다. 중요하다고 달하거나 일반적 사항을 안다고 하여 건강이나 평화가 증진된다면 벌써 의사와 군대는 불필요해졌을 것이다. 알렉산더의 매듭처럼 건강이나 평화의 문제를 단번에 풀 수 있는 방법은 없다.

　한국은 평화로운가? 앞으로도 평화로울 것인가? 휴전선을 경계로 하여 남북한의 군사력이 서로에게 총구를 겨누고 있는 상황을 평화롭다고 보기는 어렵다. 주변 열강들이 군사력을 계속하여 증강하면서 세력을 다투고 있고, 북한이 핵무기를 개발하고 있는 상황에서 앞으로 한반도가 평화로울 것이라고 말하기는 어렵다. 야밤에 자국의 근함이 공격을 당하고, 대낮에 자국의 영토가 포격을 당해도 평화롭다고 생각하는 사람들의 나라가 평화로울 것인가?

　건강을 유지하고자 한다면 의사가 필요하다. 평화를 유지하자면 무엇이 필요할까? 논리적으로는 군대가 필요하지만, 그렇게 생각하는 사람은 적다. 군대를 평화와 상반되는 전쟁을 지원하는 집단으로 보기 때문이다.

그러나 건강을 위해서는 병을 연구하고 병과 싸우는 의사가 필요하듯이 평화에는 전쟁을 연구하고 적과 싸우는 군대가 필요하다. 건강과 의사가 단어는 다르지만 일체화되어 있듯이 평화와 군대도 마찬가지다. 그리고 평화를 군대와 연결하는 것이 바로 국방이다.

많은 사람들이 한반도의 평화가 깨질까 봐 우려하고, 국방을 우려하고 있다. 그들에게만 맡겨둘 것이 아니라 국민 모두가 평화와 국방에 관한 제 문제를 제대로 이해할 필요가 있다. 그렇게 하는 데 이 책자가 기여하기를 바란다.

2012년 3월 25일

박휘락

Contents

들어가며

1

현 시대를 후세들은 어떻게 평가할까? 1980년대 후반부터 1990년대 초반에 냉전이 종식된 이후 2개 진영 간의 세계대전 가능성은 급격히 낮아졌고, 국지전의 발생도 줄어들고 있다. 2001년 9/11 테러와 같은 끔찍한 사건이 발생하고, 아프가니스탄과 이라크에서의 전쟁으로 연결되었으며, 세계 도처에서 불안정 사태가 간헐적으로 발생하고 있지만, 국제사회가 느끼는 전쟁의 공포는 줄어들고 있다. 세계 대부분의 국가와 국민들은 전쟁보다는 경제적 불안에 흔들리고 있고, 군사비가 차지하는 비중은 계속 감소하고 있다.

그렇다고 하여 평화의 시대로 평가될까? 전쟁의 빈도와 규모, 상대적인 군사비가 줄어든 것은 사실이지만, 인류가 평화를 구가하고 있다고 단정하기는 어렵다. 국제사회는 여전히 다양한 갈등에 휩싸여 있고, 이들을 평화적으로 해결하기 위한 제도는 정착되지 못하고 있

다. 그동안 국제사회의 경찰 역할을 자임해온 미국의 지도력은 약화
되는 반면에 새롭게 부상하고 있는 국가들의 책임의식은 미흡하다.
각국은 경제적 불황과 국민들의 욕구 분출을 제대로 처리하지 못하
여 혼란을 겪고 있고, 국제문제보다는 국내문제 해결에 급급하다. 그
러는 가운데 일부 지역을 중심으로 군비경쟁이 재연되고 있고, 갈등
의 씨앗이 뿌려지고 있다. 무엇보다 인류는 핵무기의 절대적 위협에
무방비로 노출된 상태이다. 평화시대라고 하더라도 불안한 시대이다.

　한국이 속하고 있는 동북아시아의 경우에는 그 불안전성이 더욱
커지고 있다. 급속한 경제성장을 바탕으로 한 중국의 군사력 증강 노
력이 경계심을 자극하고 있고, 이에 대비하려는 미국과의 새로운 세
력경쟁이 우려되고 있다. 2010년 3월 26일 북한이 한국의 군함인 천안
함을 격침시킨 사태를 처리하는 과정을 통하여 냉전시대의 북방삼각
관계(북한, 중국, 러시아)와 남방삼각관계(한국, 미국, 일본)가 금방 대
립관계로 악화될 수 있음이 드러나기도 하였다. 경제난에 허덕이면서
도 독재와 핵개발을 계속하고 있는 북한은 여전히 지역 정세에 중요
한 불안요인이다. 영토, 어업, 자원 등을 둘러싼 역내 국가들의 갈등을
평화적으로 해결하기 위한 제도적 장치는 제대로 마련되어 있지 않다.

　한반도의 경우에는 불안전성이 더욱 우려되는 상황이다. 천안함과
연평도 사태 이후 남북한 간의 화해와 협력은 어려워진 상태이고, 극
심한 경제난을 겪고 있으면서 3대 세습을 감행한 북한이 어떤 모험을
감행할지 알 수 없다. 상황이 이러함에도 안보에 대한 한국 국민들의
경각심은 점점 약해지고 있고, 국론은 분열되고 있으며, 복지와 인기
영합주의가 만연해 가고 있다. 행정부나 국방장관이 교체될 때마다
새로운 각오로 국방개혁을 추진하였지만 실질적인 성과는 부진함에

따라 한국군의 전반적 군사대비태세가 높다고 보기는 어렵다. 2015년 12월 1일부로 그동안 한반도 전쟁억제와 유사시 전쟁승리의 주역으로 기능해온 한미연합사령부가 해체될 전망이어서 북한이 오판하여 도발할 가능성도 없지 않다.

2

인류 중에서 평화를 바라지 않는 사람은 없다. 인류의 표상으로 존경을 받고 있는 모든 지도자와 사상가들은 평화를 강조하였고, 무기를 녹여서 쟁기를 만들 것을 촉구하였다. 그럼에도 불구하고 인류의 역사는 전쟁의 역사라고 할 정도로 인류는 전쟁을 빈번하게 경험하였고, 그토록 열망하던 평화는 닿을 듯 닿지 못하는 거리에 있다. 이상과 희망만으로 평화를 달성할 수는 없는 것은 분명하다.

한국의 역사를 되돌아보자. 홍익인간(弘益人間)의 이념에 입각하여 전 세계로 평화를 확산시키려는 숭고한 이상에도 불구하고 우리 민족은 수많은 외침에 시달렸고, 그 영토는 지속적으로 축소되었다. 조선을 예로 들더라도 다른 국가를 침략한다는 생각조차 하지 않으면서 상징적 수준의 군대만 보유할 정도로 평화 지향적이었지만, 결과는 임진왜란, 정묘호란, 병자호란의 참화를 겪었고, 급기야 일본의 식민지로 전락하였다. 최근에도 한국은 제2차 세계대전의 종결과 더불어 우리의 의지와 무관하게 분단되었고, 몇 년 후 한국전쟁이라는 엄청난 동족상잔의 비극을 겪었으며, 아직도 휴전상태로서 세계 어느 국가보다 전쟁의 위험을 크게 느끼고 있다. 우리 민족의 이상이 높은 만큼 현실은 반대로 전개되었다.

국제정치학에서 평화는 "전쟁이 없는 상태"(absence of war)로 정의

된다. 병이 없는 상태를 건강으로 정의하는 것과 유사하다. 성자들이 말하는 진정한 평화는 불가능하다는 현실적 판단에서 전쟁이 일어나지 않도록 하거나 전쟁이 발생하더라도 승리하기 위한 준비를 갖추는 것이 평화를 보장하는 실질적 조치라는 인식이다. 그렇기 때문에 모든 국가들은 평화를 위한다는 명분으로 전쟁에 대비하고 있다. 그 부작용으로 인류는 극심한 군비경쟁에 휘몰려 핵무기를 개발하는 지경에 이르렀고, 제1차 세계대전과 제2차 세계대전 같은 엄청난 비극을 경험하였지만, 아직도 전쟁에 대한 대비는 모든 국가의 기본적인 과제로 간주되고 있다.

비록 우리 민족의 이상이 숭고한 것은 사실이나 전쟁대비를 소홀히 할 경우 현실성을 갖지 못한다. 어떤 적이 침략을 하더라도 이를 방어하거나 격퇴할 수 있는 충분한 역량을 구비할 때, 다른 말로 하면 국방(國防)이 튼튼할 때 평화는 보장되는 것이다. 내가 먼저 총을 놓거나 일방적으로 무기를 녹여 쟁기를 만드는 방식으로는 평화를 달성할 수는 없다. 평화를 위한 명분으로 전쟁에 대비하는 노력이 또 다른 전쟁의 씨앗이 되는 모순을 한국 혼자서 해결할 수는 없다. 오히려 국방이 취약하여 다른 국가들로 하여금 침략의 유혹을 느끼도록 할 경우 국제평화에 더욱 나쁜 결과를 초래한다.

최근에도 한국에는 평화만을 강조하거나 군비를 축소해야 한다는 주장이 적지 않다. 그들은 제주도에 군사기지를 건설하는 것이 평화를 위태롭게 하는 것으로 반대하고 있고, 제국주의적 피해의식만 강조한 채 전쟁억제를 위한 한미동맹의 유용성을 부정하며, 북한과의 화해와 협력만이 한반도의 전쟁을 없앨 수 있다고 강조한다. 그러나 국방은 국가가 이행해야 하는 절체절명의 과제로서 이상이나 요행에 의존할 수 있는 사항이 아니다. 인간이 상대방의 선의나 요행에 생명을 맡길 수 없는 것과 같다. 개인의 생명이나 국가의 안보는 너므나 중대한 사안으로서 현실의 바탕 위에서 최악의 상황을 상정하여 대비해야 한다. 다소 힘들고 비용소요가 크더라도 만전지계(萬全之計) 차원에서 완벽을 기해야 한다. 그러할 때 가까스로 잠정적인 평화를 즐길 수 있다. 이것은 인간사회의 숙명이다. 이상과 요행에 의존하여 국방에 실패할 경우 누가 어떻게 책임질 수 있다는 것인가?

3

우리 국민들은 "우리의 소원은 통일, 꿈에도 소원은 통일…"이라는 노래를 벅찬 감정으로 부른다. 민족의 분단은 한국 현대사의 결정적인 그늘로서 이를 부끄럽게 여기기에 우리는 항상 통일을 염원하고, 언젠가는 통일을 달성하겠다는 각오를 다진다. 그러나 통일에 다한 방법론에 대해서는 국민마다 생각이 다르다. 다수의 시민단체들은 통일을 위해서는 한반도의 긴장을 고조시키거나 주변국을 자극하지 않아야 하며, 따라서 군사력을 증강해서는 곤란하다고 주장한다. 그러나 평화와 마찬가지로 통일 또한 염원하거나 주창한다고 달성되는 것이 아니다. 통일 역시 힘이 전제되어야 한다.

완전한 통일은 아니라지만 신라의 삼국통일을 보자. 군사력으로 상대국의 항복을 받아냄으로써 통일이 가능해졌고, 외세가 그것을 방해하였을 때도 힘으로 치열하게 투쟁하였기 때문에 영토를 확대시킬 수 있었다. 조선 후기에 국가의 운명을 외세들 간의 흥정에 맡겼다가 결국 일본의 식민지로 전락하고, 식민지가 종료됨과 동시에 민족의 의사와 상관없이 분단된 것은 국가로서의 마땅한 힘을 지니지 않았기 때문이었다. 국방력을 제대로 확보하지 않아서 1950년에는 동족상 잔의 비극을 초래하였고, 이로써 통일이 더욱 어려워져 버렸다. 힘이 없어서 분단이 되었듯이 당연히 힘이 있어야 통일을 이룩할 수 있다.

우리 민족이 진정 통일을 원한다고 한다면 그를 위한 힘을 확보하는 것이 우선이다. 개인의 경우에도 정화수 떠놓고 빌거나 점집을 찾아서 성공을 기원하는 대신에 스스로 성공을 위한 계획을 세우고 노력하여야 하는 것과 같다. 국민들의 피, 땀, 눈물, 즉 국민들의 희생이 없이 통일이 될 수는 없다. 통일은 요행처럼 다가오는 것이 아니라 우리가 노력하여 만들 때 가능해진다.

당연히 강력한 국방력은 통일의 원동력이고, 가장 신뢰할 수 있는 의지처이다. 강력한 힘을 가져야 사태해결의 주도권을 확보할 수 있고, 주변국들에게 우리의 목소리를 전달하거나 수용할 것을 요구할 수 있다. 신라가 삼국통일 할 때처럼 한반도 사태에 개입하는 외세는 대결하여 물리치겠다는 각오와 힘이 있어야 통일은 달성될 수 있다. 강력한 국방력 없이 통일하자는 것은 선의만으로 다른 회사를 합병하겠다는 것과 다르지 않다. 통일은 국방에 기초하고, 국방은 통일을 보장하기 위한 수단이다.

4

한국은 기아를 모면하기 시작하자마자 자주국방을 위한 군사력 강화에 매진하였다. 1970년대에 시작된 "율곡계획"은 그 이름에서 느껴지듯이 한국전쟁과 같은 비극을 다시는 되풀이하지 않을 힘을 기르겠다는 각오가 바탕이 되었다. 경제발전을 위한 투자가 시급한 상황에서도 방위세를 신설하여 필수적인 무기와 장비를 생산 및 구매하였고, 한국군 고유의 군사이론과 전략을 발전시키기 위하여 노력하였으며, 향토예비군을 창설하고, 총력방어체제를 활성화하였다. 그 결과로 오늘날 한국군은 이 정도의 전력을 보유하게 된 것이다.

한국의 군사력 수준이 예상되는 모든 위협을 억제 및 방어할 수 있다고 말하기는 어렵다. 북한의 재래식 위협은 어느 정도 방어할 수 있겠지만, 그 사이에 북한은 핵과 미사일 등 새로운 영역의 군사력을 증강하였다. 국가의 크기나 국력의 차이가 절대적으로 차이가 나기 때문에 주변국들의 군사력 증강 정도를 따라잡는 것은 어려운 실정이다. 휴전선에서 북한 군사력의 침투와 공격을 대비해야 하기 때문에 대규모의 상비군을 유지하지 않을 수 없고, 이로 인하여 운영비 지출이 적지 않아 전력증강을 위한 재원 확보가 점점 어려워지고 있다. 더구나 경제성장과 복지에 대한 국민들의 요구가 늘어나서 상대적으로 국가재정에서 국방비가 차지하는 비율은 점점 낮아지고 있다. 수차례 추진해온 국방개혁은 약속만큼의 성과를 내지 못하고 있고, 2015년 12월 1일부로 한반도의 전쟁억제와 유사시 승리에 결정적인 역할을 수행하여왔던 한미연합사령부는 해체되도록 되어 있다. 큰 비가 올 듯 하늘은 어두워지고 있지만, 제방은 충분히 튼튼하지 않은 실정이다.

다수의 안보전문가들은 지략(智略)과 외교를 통하여 국방을 대체할 수 있다고 인식한다. 그들은 세계정세와 주변국 정세를 논하고, 북한의 변화를 예측하며, 그 속에서 비군사적으로 국방을 도모할 수 있는 비책(秘策)을 찾고자 한다. 그러나 조선시대와 최근의 역사를 통하여 도출할 수 있는 교훈은 지략과 외교로는 한계가 있다는 사실이다. 지략과 외교만으로도 가능하다면 전략적 구상이나 외교적 역량에서 가장 뛰어난 미국이 그렇게 막강한 군대를 보유하겠는가? 중국, 일본,

러시아는 어리석어서 군사력을 지속적으로 증강하고 있는가? 주변국
들에 비해서 국력이 상대적으로 매우 열세한 한국이 어떻게 지략과
외교로 지역정세에 주도적인 영향을 끼칠 수 있다는 것인가? 어떤 방
향으로 정세가 변화하든 스스로를 지킬 수 있는 충분한 군사력을 구
비해야 한다는 것은 국가안보를 위한 기본적인 조건이다. 주변의 힘
센 애들이 어떻게 행동하든 싸움에서 나를 지킬 수 있는 힘을 기르지
않아서는 내 몸을 지킬 수 없다.

5

국방의 모든 일을 군대만으로 처리하고자 한다면 우리는 엄청난
규모의 상비군을 유지할 수밖에 없다. 그러면 국방비 또한 상당한 규
모로 지출되어야 하고, 경제발전과 복지 투자는 제약을 받게 될 것이
며, 다른 국가의 군비증강을 자극하여 계속 군대를 강화해 나가야 하
는 안보 딜레마(security dilemma)에 빠지게 될 것이다. 그렇기 때문에
현대의 국가들은 평시에는 최소한의 규모로 상비군을 유지하다가 전
쟁이 임박하거나 발생하면 국민들을 동원하여 본격적인 전쟁을 수행
하게 된다. 현대의 군대는 최초 대응자(first responder)이고, 국민들이
주력군이며, 이것이 바로 총력안보이다.

총력안보의 기본은 신속하게 인력과 물자를 동원할 수 있는 체계
와 계획을 수립하고, 계획대로 이행되게 하는 것이다. 국민들의 사정
에 맞도록 예비군을 편성해야 할 것이고, 전쟁의 필요성에 입각하여
물자를 분류 및 할당해야 할 것이며, 주기적으로 연습을 실시해야 할
것이다. 국민들은 일하면서 싸우고 싸우면서 일한다는 각오로 국가의
계획과 연습에 적극적으로 참여하고, 하달되는 지시를 수용할 수 있

어야 한다. 위협의 정도에 따라 그 수준은 다를지라도 세계 대부분의 국가들은 이러한 방식을 적용하여 전쟁을 대비하고 있다.

그러나 총력안보와 관련하여 더욱 중요한 사항은 이러한 물질적인 대비가 아니라 국민들의 확고한 안보의식과 국방에 관한 상식이다. 국민들은 국가안보의 중요성을 충분히 이해한 상태에서 현재 국가가 직면하고 있는 위협이 무엇이고, 그에 대비하기 위한 바람직한 방향은 무엇이며, 군대의 준비태세는 어느 수준이고, 어떠한 방향으로 군사력을 증강해 나가야 앞으로의 전쟁에서 승리할 수 있을 것인가에 관하여 필요한 정도의 관심을 갖고, 최소한의 상식을 구비할 필요가 있다. 이러한 사항들을 군인들만 알면 된다면 진정한 총력안보일 수 없다. 국민들이 전쟁, 국방, 군사에 관한 사항을 많이 알수록 군대의 규모는 감소될 수 있다. 국민들이 건강에 관한 상식을 풍부하게 알고 있을 경우 질병을 예방하거나 치료하는 데 상당한 도움이 되는 것과 같다.

특히 지도층에 있는 국민일수록 국방에 관한 상식이 더욱 깊어야 할 것이다. 유사시에는 이들이 국민들의 총력안보를 지휘하는 임무를 수행해야 할 것이기 때문이다. 하물며 군의 수뇌부나 장교들은 말할 필요도 없다. 그들은 전쟁과 군사에 관한 이론적이면서 경험적인 모든 사항에 관하여 정통해야 하고, 현대적인 요구에 부합되도록 계속 발전시켜 나가야 한다. 총력안보 차원에서 국민들과 국가지도자들이 이해하고 있어야 하는 필수적인 사항들을 쉬운 내용으로 풀어서 설명할 수 있어야 한다. 국방에 관한 국가 지도층과 군 간부들의 상식과 지식이 충만할 때 그 국가는 최소한의 노력으로 전쟁을 억제 및 승리할 수 있게 될 것이고, 평화를 지속하게 될 것이다. "평화를 원하거든 전쟁을 대비하라"는 격언보다 더욱 명료한 말이 어디 있을까?

국가안보나 국방에 관한 저술에서 일반적으로 포함되는 내용은 한반도를 둘러싼 안보정세에 관한 분석이다. 미국, 중국, 러시아, 일본의 대한반도 정책을 분석하고, 그에 관한 한국의 대응전략을 제시하는 내용이다. 그러나 본서는 그러한 부분을 의도적으로 제외하였다. 그러한 내용은 너무나 많이 제시되어 있고, 주관성이 크다고 생각하기 때문이다. 중요한 것은 국제정세가 어떻게 변화하든 국민의 생명과 재산을 보호할 수 있는 국방태세를 유지 및 강화하는 것이다. 나무는 바람이 불어서 넘어지는 것이 아니라 뿌리가 약해서 넘어진다. 나무가 해야 할 일은 바람을 분석하는 것이 아니라 뿌리를 강화하는 일이다. 따라서 국방태세의 강화에 직접적으로 관련되는 사항 위주로 내용을 전개하고자 한다.

본서는 한국의 현재 상황에서 평화, 통일, 국방을 연결시키는 것이 중요하다는 인식에서 출발하고 있다. 당연히 평화와 통일은 튼튼한 국방에 기초하여야 한다. 그러나 일부 국민들은 평화와 통일이 국방과 상충되는 것으로 인식하고, 국방에 관해서는 알고자 하지 않고, 군대를 경원시하는 경향을 나타내고 있다. 군사정권에 대한 반발이라는 그들의 감정은 이해하지만 지나칠 경우 국가의 기틀을 훼손하는 결과로 연결될 수 있다. 북한의 핵무기 개발과 체제 불안정성으로 인하여 튼튼한 국방을 강조해야 할 상황이라는 점에서 평화, 통일, 국방의 조화 중요성은 아무리 강조해도 지나치지 않을 정도이다.

국방, 특히 군사에 관한 사항은 직접적 경험이 무척 중요하다. 일반 국민들에게 공개되지 않는 사항도 많고, 장기간의 경험이 있어야 체득할 수 있는 측면도 존재하기 때문이다. 다만, 국방과 군사를 직접적으로 경험한 사람들은 알고 있는 내용을 이론적이면서 체계적으로 기술하는 역량이 다소 미흡할 수 있다. 다행히 저자는 한국군은 물론이고 군사선진국인 미군에 대한 직접적인 경험도 적지 않고, 그러한 사항들을 이론적으로 분석하기 위한 역량도 학습할 기회가 있었다. 따라서 국방의 이론과 실제에 대하여 전문적이면서도 균형된 분석이 가능하다고 판단된다.

본서의 대부분은 최근의 학술지를 통하여 발표된 논문을 책이라는 형식에 맞도록 조정한 것이다. 학술지 게재를 위한 심사과정을 통하여 내용의 타당성이 한번 검증되었다는 차원에서 주관성이 크지는 않을 것이다. 필자의 경우 최근 국방에 관한 논문들을 의욕적으로 작성하였기 때문에 내용의 시의성도 충분할 것이라고 판단된다. 다만, 발표된 논문을 중심으로 기술함으로 인하여 주제 구성의 체계성은 다소 약할 수 있다고 할 것이다. 저자가 최근 발표한 논문 중에서 본서와 직접 관련된 제목을 열거하면 <표 1>과 같다.

표 1 ▶ 주제와 관련된 저자의 최근 발표 논문

- "평화연구의 현실성 강화: 적극적 평화(Positive Peace)와 소극적 평화(Negative Peace)의 수렴을 중심으로". 『의정논총』. 제5권 1호(2010. 6)
- "천안함 사태 이후 인간안보의 논의 방향: 국가안보와의 조화를 중심으로". 『평화학 연구』. 제11권 3호(2010년)
- "천안함 사태 이후 동북아시아 세력정치(power politics)의 잠재성과 한국의 정책 동향". 『외교안보연구』. 제6권 2호(2010년)
- "북한핵에 대한 '적극적 억제': 선제행동(preemptive actions)을 포함한 모든 대안 고려". 『국방정책연구』. 제27권 2호(2011년)
- "북한의 '심각한 불안정' 사태 시 한국의 '적극적' 개입: 정당성과 과제 분석". 『평화연구』. 제19권 2호(2011년)
- "한국군의 합동성 수준과 과제". 『군사논단』. 통권 제68호(2011년 겨울)

- "혼합전(Hybrid Warfare)의 개념과 한국군의 수용 방향". 『군사평론』. 제405호(2010년 6월).
- "사이버 공간작전(Cyberspace Operations)의 인식과 한국의 과제". 『신아세아』. 제18권 4호(2011년)
- "9/11 사태 이후 미국의 국방변혁 추진을 통해서 본 천안함 사태 이후 한국 국방개혁 추진 방향". 『국방정책연구』. 제26권 3호(2010년 가을)
- "정책결정 모형에 의한 국방개혁 2020 추진방향 분석". 『국가전략』. 제15권 2호(2009년 5월)
- "군 상부지휘구조 개편 분석과 국방개혁 활성화를 위한 제언". 『국가전략』. 제17권 4호(2011년)

총력안보는 현 시대의 당위이다. 총력안보 시대의 국민은 국가안보와 국방에 관한 전문서적을 즐겨 읽고, 서로 권해줄 의무를 지니고 있다. 선거를 통하여 지도자를 선출하는 민주주의 국가일수록 국방에 대한 국민적 상식을 넓혀야 누가 지도자가 되더라도 국가를 위태롭게 만들지 않게 된다. 국민들이 군사문제를 공부할수록 국방예산이나 군대규모를 감소시켜도 근본적인 준비태세가 크게 약화되지는 않을 수 있다. 군사에 대한 국민들의 상식을 높이는 것이야말로 총력안보의 근본적이면서 가장 효과적인 투자일 수 있다.

따라서 본서는 군대의 간부들이 탐독해야하는 것은 말할 필요도 없지만, 일반적인 국민들도 일독하기를 권하고 싶다. 국민들이 이 책을 읽고 난 후 읽기 전에 비해서 국방에 관한 시각이 조금이나마 달라졌거나 이해 정도가 조금이나마 깊어졌다면 출간의 보람이 있다고 생각한다.

제1부
평화와 안보

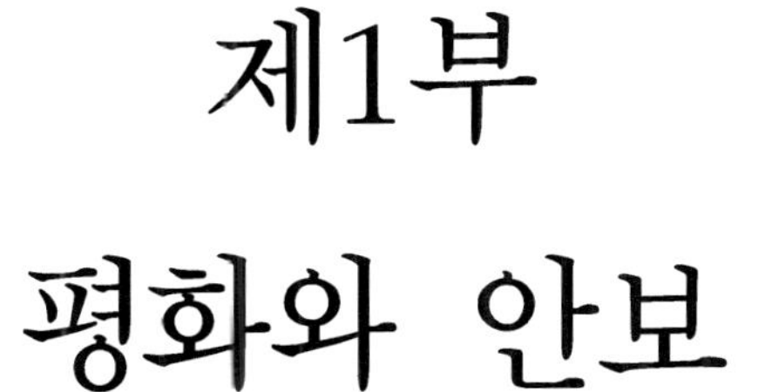

제1장
적극적 평화

역사를 통하여 인류는 "평화"를 보장하고자 하는 꿈을 계속 지켜왔고, 지금도 그 꿈을 구현하고자 노력하고 있다. 모든 국가와 세계의 지도자들이 가장 소중하게 주장하고 추구한 가치 중의 하나가 평화이고, 모든 종교의 핵심 지향점 중의 하나도 평화이며, 개인들의 최우선 소망 중의 하나도 평화이다. 그러나 아직 인류는 평화를 달성하지 못한 채 계속하여 거룩한 희망으로만 언급하고 있을 뿐이다.

평화의 의미는 사람에 따라 다양하게 이해되지만, 대부분이 동의하는 기본적인 사항은 "전쟁이 없는 상태"(absence of war)이다. 전쟁이야말로 평화를 결정적으로 파괴하는 요소이기 때문이다. 그렇기 때문에 전쟁의 참상을 겪고 나면 평화의 염원이 더욱 절실해지고, 평화를 보장하기 위한 대대적인 노력을 경주하곤 하였다. 국제사회가 제1차 세계대전 이후 국제연맹(League of Nations), 제2차 세계대전 이후 국제연합(UN: United Nations)을 설립하여 전쟁의 예방과 억제, 그리고 평화를 고양하기 위한 협력체제를 구축했던 것이 그의 좋은 예이다. 그리고 그 결과인지 확신할 수는 없으나 최근 들어서 전쟁이 감소되고 있는 것도 사실이다.

이러한 희망적 상황을 바탕으로 노르웨이의 사회학자인 갈퉁(Johan Galtung)은 전쟁의 예방과 억제를 위한 국제적 협력을 중요시하는 경향을 "소극적 평화"(negative peace)로 규정하여 불충분하다는 인식을 제기하면서, "적극적 평화"(Positive Peace)라는 용어를 통하여 전쟁을 뛰어넘는 확대된 평화의 영역을 제시하였다.[1] 갈퉁은 전쟁은 물론이고 정치적 압제, 물질적 빈곤, 문화적 폭력 등 사회의 모든 불합리하거나 폭력적인 요소가 제거될 때 적극적이면서 진정한 인류사회의 평화가 구현된다고 역설하였다. 그리고 이 주장은 그 훌륭한 명분으로 인하여 전 세계적인 공감대를 갖게 되었고, 현대 평화연구의 중요한 경향으로 자리 잡게 되었다.

적극적 평화 중심의 연구가 인류 평화의 증진에 어느 정도로 기여했는지는 명확하지 않다. 명분은 좋으나 실천 방안은 분명하지 않은 점이 있고, 인류사회의 번영을 위한 모든 노력을 포괄하는 것으로 평화의 개념을 오히려 희석시킨 점이 있기 때문이다. 전쟁의 억제와 예방이라는 소극적 평화는 어느 정도 달성되었다고 평가하여 적극적 평화로의 이행을 강조하고 있지만, 이라크, 발칸, 아프가니스탄에서 전쟁이 발생하였거나 잠재적 무력분쟁의 가능성이 상존하고 있듯이

---

[1] 영어에 충실할 경우 "소극적 평화, 적극적 평화"라는 번역보다는 "부정적 평화, 긍정적 평화"가 더욱 적합하다. 전쟁을 "하지 않는 것"을 강조하기 때문에 "negative"이고, 후자는 인류의 번영과 공존을 보장 "하는 것"을 강조하기 때문에 "positive"이다. 교통신호의 경우 "하지 말라"는 표시만을 하면서 나머지는 모두 허용하는 방식을 부정적 체계(negative system)이라고 하고, "할 수 있다"는 것을 표시하면서 나머지는 모두 금지하는 방식을 긍정적 체계(positive system)이라고 하는 것과 같다. 이러한 점에서 구춘권은 "긍정적 평화"로 번역하여 사용하고 있다(구춘권 2003, 33). 그러나 지금까지 한국 학계에서 사용된 관행과 "부정적 평화"라는 말은 더욱 큰 오해를 초래할 우려가 있다는 점을 고려하여 소극적/적극적 평화로 그대로 사용하고자 한다.

서구유럽을 제외한 국가들은 아직 적극적 평화로 이행하기 어려운 상황이다. 또한 최근 들어서 강대국들 간의 세력경쟁이 점점 가속화되고 있고, 군비경쟁이 강화되는 측면도 있으며, 핵무기는 점점 확산되고 있어 군사적 충돌의 위험성도 우려되고 있다.

한국에서도 1980년대부터 적극적 평화의 개념에 바탕을 두어 "평화연구"(peace studies) 또는 "평화학"이란 용어가 빈번하게 사용되기 시작하였고, 이에 관한 다수의 학회가 설립되었으며, "세계평화지수"를 매년 산출하여 발표하는 단체도 존재한다. 그러나 2010년 3월 26일 북한 잠수정에 의한 천안함 폭침과 11월 23일 북한에 의한 연평도 포격에서 보듯이 한반도는 아직 소극적 평화도 제대로 달성하지 못한 상태이다. 북한의 핵개발과 체제의 불안정성을 고려할 때 소극적 평화의 달성에 더욱 관심을 가질 수밖에 없는 상황이다. 따라서 소극적 평화와 적극적 평화에 관한 조화가 절실한 상황이라고 할 것이다.

:: 평화의 의미

자유, 평등, 정의, 행복 등 인류가 이상으로 생각하는 모든 개념들이 그러하듯이 평화도 주관성이 큰 개념이다. 개인이나 국가마다 그에 대한 개념이나 평가가 다를 수 있고, 대부분이 평화롭다고 인식하더라도 특정한 국가는 그 반대로 인식할 수 있다. 따라서 평화를 어떻게 인식하느냐에 따라서 그것을 구현하는 방법과 수단도 달라질 수밖에 없다.

평화에 관한 사회과학적 연구는 국제정치를 어떻게 보느냐에 따라-

서 달라진다. 현실주의(realism)의 시각에서 볼 경우 평화는 "전쟁과 전쟁 사이의 일시적인 안정"에 불과하고(김준형 2006, 26), "평화를 원하거든 전쟁을 준비하라"라는 명제나 "군사력이 없는 외교는 악기 없는 음악과 같다"라는 말과 같이(황병무 2001, 40-41) 전쟁에 대한 대비와 평화를 위한 노력은 동일시된다. 반면에 자유주의(liberalism)는 "국제정치를 현실주의에서처럼 정글이 아니라 경작이 가능한 정원(garden)"으로 보고, 전쟁이 전혀 없을 수는 없더라도 가꾸려는 노력에 따라 진정한 평화가 가능하다고 믿으며(김준형 2006, 29), 국제적 갈등은 "무력이 아니라 대화와 협상을 기초로 한 평화적 방법에 의존"해야 한다는 점을 강조한다(황병무 2001, 20).

현실주의가 주장하는 평화--갈퉁이 명명한 소극적 평화--는 전쟁이 없는 상태이다. 전쟁이야말로 평화의 가장 결정적인 파괴요소이기 때문이다. 개인의 경우 치명적 질병이 없는 상태가 건강이라는 인식하에 치명적 질병을 예방하거나 치료하는 데 노력을 집중하는 것과 같다. 따라서 "전쟁과 평화"는 극명하게 대비되면서도 동전의 양면처럼 긴밀하게 연결되어, "평화를 전제하지 않은 전쟁 논의는 클라우제비츠나 손자와 같은 전쟁 긍정론이 되고, 전쟁을 생각지 않고 평화를 논의하는 것은 평화를 위한 평화 논의에 불과하게 된다"(최동희 1987, 21)는 입장이 표방된다. 다른 말로 하면, 현실주의의 시각에서 본 평화는 안전보장(安全保障, 안보, security)과 유사성을 지니게 된다.

자유주의의 시각에 의한 평화--갈퉁이 강조하는 적극적 평화--는 전쟁뿐만 아니라 인간생활의 모든 면과 관련되어 있다. 진정한 평화를 달성하기 위해서는 사회 전반에 걸쳐서 구조적이라고 평가되는 폭력이 없어야 한다는 취지에서 빈곤, 공포, 억압, 인간이 만든 재해

등까지 제거하기 위한 광범한 노력을 전개해야 한다. 안정과 번영이 인류나 국가가 추구하는 두 가지의 중요한 가치라고 한다면 적극적 평화는 번영까지도 평화의 개념에 포함시켜 추구해 나간다고 할 수 있다.

그 명분이 좋고 원대하기 때문에 현대에는 적극적 평화가 강조되고 있는 상황이고, 전통적인 개념과의 차별성을 부각시키기 위하여 전쟁 이외의 요소에 치중하는 측면을 강조하는 경향이 없는 것은 아니지만, 그 개념에 있어서 위 두 가지 입장이 결정적 차이를 갖고 있는 것은 아니다. 전자는 평화에 대한 가장 결정적인 장애물인 "전쟁"에 논의의 초점을 맞추는 것이고, 후자는 그것을 포함하되 다른 형태의 폭력에도 관심을 갖자는 정도이기 때문이다. 전쟁의 위협이 급박한 상태에서는 적극적 평화주의자들도 당연히 전쟁의 예방과 억제에 집중적인 관심을 가질 것이다. 어떠한 경우든 평화에는 전쟁이 없어야 하는 것이고, 전쟁을 예방하거나 억제하는 것이 평화를 위한 핵심적인 과제가 되지 않을 수 없다.

소극적 평화는 전쟁이라는 단어를 많이 사용하는 데 반하여 적극적 평화는 평화라는 단어를 많이 사용하기 때문에 후자가 더욱 평화 지향적이라고 말할 수는 없다. 평화를 추구한다고 하여 평화를 달성할 수 있는 것이 아니고, 전쟁을 강조한다고 하여 전쟁을 하자는 것은 아니기 때문이다. 평화를 지나치게 언급하면 오히려 우리의 결전 의지가 약하다고 판단하여 상대방이 침략할 수 있고, 우리의 전쟁대비태세가 확고할 경우 오히려 상대방은 평화를 위한 협상을 생각할 수 있다. 또한 어떠한 평화도 전쟁보다 더욱 좋다는 사고로 적극적 평화를 이해해서는 곤란하다. 정복당한 상태에서 누리고 있는 평화가

바람직하다고 보기 어렵고, 자위(自衛) 목적의 전쟁마저 부정해서는
곤란하기 때문이다.

결국 평화는 자기중심적일 수밖에 없다. 평화의 이상적인 상태는
쌍방이 안전한 것이지만, 그것이 어렵다면 나부터 안전해야하고, 그
것이 현실일 가능성이 높기 때문이다. 진정한 평화를 위해서는 상대
방이 나를 공격하더라도 무저항주의로 대응해야 하겠지만, 현실에 있
어서 모든 국가들은 자국의 평화를 지키고자 전쟁을 포함한 군사행
동을 통하여 적의 공격을 격퇴하고자 한다. 역설적이지만 자신의 생
존을 확보하고자 하는 노력이 다른 국가의 생존에 위협이 될 수 있고,
나의 평화가 다른 국가에게는 평화가 아니거나 심지어 생존의 위협
으로도 인식될 수 있다(김준형 2006, 14-15). 일본의 "대동아공영권"
은 일본에게는 평화를 위한 노력으로 해석될 수 있지만, 한국에게는
침략을 위한 명분으로 간주될 수밖에 없고, 9/11을 감행한 테러분자
에게는 그것이 평화를 위한 성전(Jihad)일 수 있지만 미국에게는 경악
할만한 공격행위인 것이다.

:: 현대 평화연구의 경향

● 세계적 경향

국제정치에서 어떻게 하면 평화를 구현할 수 있을 것인가에 대한
연구는 제2차 세계대전 이후 적극화되기 시작하였다. "평화연구의 아
버지"로 불리는 렌츠(Theodore F. Lentz)는 1945년 미국 최초의 평화
연구기관이라고 할 수 있는 "평화연구소"(Peace Research Laboratory)

를 설립하였고, 1955년 『평화과학을 지향하며』(Toward a Science of Peace)라는 책을 저술하여 핵무기 시대 평화연구의 중요성을 강조하였으며, 이를 계기로 평화연구가 활성화되고 다양한 평화연구기관들이 설치되었다. 그 당시 미국 미시간 대학에 설치된 "분쟁해결연구소"(Center for Research and Conflict Resolution)나 『분쟁해결논집』(Journal of Conflict Resolution)이라는 명칭에서 알 수 있듯이 이 시대의 평화연구에는 어떻게 하면 전쟁을 억제하고 예방할 것이냐, 즉 전쟁을 없애기 위한 노력이 핵심적인 주제였다. 그리고 이러한 노력은 자연스럽게 분쟁에 비해서는 긍정적인 용어, 즉 국가의 안전보장(安全保障, 안보, security)으로 확대되었고, 냉전 시대의 국제정치를 지배하게 되었다.

냉전이 종료되면서 분쟁의 해결이나 안전보장 위주의 평화연구는 더욱 보편적인 분야로 확대되기 시작하였다. 이러한 경향은 갈퉁을 중심으로 하는 유럽의 오슬로-프랑크푸르트학파(Oslo-Frankfurt Schule)가 주도했다고 할 수 있는데, 이들은 "평화적 수단에 의한 평화"(peace by peaceful means) (Galtung and Jacobsen 2000, 101)를 강조하면서, 정치적으로는 국내 및 국제체제의 민주화를 도모하고, 군사적으로는 순수한 방어적 수단이나 비군사적 수단에 의한 방어적 방위(defensive defense)를 추구하며, 경제적으로는 무역보다 자국 자원에 대한 의존도를 강화하고, 관념보다는 감정을 중요시하는 연성문화를 확산시킬 것을 강조하였다(Galtung 1996, 21-30). 즉 분쟁해결이나 안전보장을 위한 노력을 소극적 평화(negative peace)로 구분하면서, 이들은 빈곤, 기아, 사회적 불평등, 정치적 억압 등 인간성 실현을 저해하는 제반 구조적 폭력(structural violence)을 제거하는 적극적 평화로의 확대가 필요하다는 점을 역설하였다. 이러한 시각을 바탕으로 스웨덴의 SIPRI (Stockholm International Peace Research Institute), 핀란드의 TAPRI(Tempere Peace Research Institute), 오스트리아 평화연구소(Austrian Study Center for Peace and Conflict Resolution), 미국 평화연구소(U.S. Institute of Peace), 코펜하겐 평화연구소(Copenhagen Peace Research Institute) 등과 같은 다수의 국가 차원 평화연구소가 설립되어 활동하게 되었다.

최근에는 안보연구에 관한 사항도 그 범위가 확대되고 시각이 다양화됨에 따라 평화연구와 중첩되는 부분이 증대되고 있다. 유엔을 중심으로 공동안보(common security), 협력안보(cooperative security) 등의 용어가 제기되었고, 국제안보(international security)(Buzan 1983), 지구안보(global security)(Haftendom 1991, 3-17) 등의 개념도 대두되었으며, 정치안보, 경제안보, 사회안보, 환경안보, 자원안보, 식량안보, 문화안보 등의 용어도 사용되고 있는데, 이들은 그 지향방향이 적극적 평화와 매우 유사하다. 1993년부터 유엔에서는 질병, 기아, 실업, 범죄, 사회적 분쟁, 정치적 압제, 환경 문제 등으로부터 인류의 안전을 보장하는 문제의 중요성을 재강조하면서 "인간안보"(Human Security) 개념을 강조하기 시작하였는데(United Nations Development Programme 1994, 22), 이 또한 그 내용의 상당부분이 적극적 평화와 맥을 같이하고 있다. 즉 지금까지 추구해온 "공포로부터의 자유"(freedom from fear)에서 한걸음 더 나아가 "결핍으로부터의 자유"(freedom from want)를 보장할 것을 촉구하고 있기 때문이다(United Nations Development Programme 1994, 24-25). 다만, 이로 인하여 전쟁의 억제와 예방이라는 핵심적인 분야에 대한 집중도가 약화되는 측면은 존재한다고 할 것이다.

한국전쟁 및 그 이후 지속된 휴전상태로 인하여 한국의 평화연구는 소극적 평화, 즉 전쟁의 억제와 예방에 중점을 두고 진행되었다. 수동적이거나 약한 의미의 "평화"보다는 능동적이거나 강한 의미의 "안보"라는 단어를 선호하였고, "평화통일"에서 보듯이 평화는 주로 통일의 방법론과 연계되어 사용되었다. "반공 이데올로기가 지배하는 분단의 상황에서 평화문제를 거론하는 것은 부담이 가는 현실"이었다(홍민식 2004, 18). 다라서 평화에 관한 사항이 독립되어 연구 및 강의되지 못하고, 전쟁론, 국제관계론, 국제기구론 등의 과목에 포함되어 다뤄졌다.

그러나 1980년대에 미국에서 국제정치학을 전공한 학자들이 귀국하면서 국제정치학에서 평화문제가 다루어지는 비중이 급격하게 증대되기 시작하였다. 종속이론, 제국주의론, 관료권위주의이론, 조합주의이론 등 제3세계적 현실을 분석하는 서구의 이론들에 많은 연구자들이 관심을 집중하였고, 갈퉁의 평화이론도 본격적으로 소개되고 연구되기 시작하였다. 특히 조영식 경희대학교 총장은 "교육을 통한 세계평화의 구현"을 목표로 하고 있는 세계대학총장회의를 적극적으로 활용하여 평화문제를 부상시켰다. 그는 1981년 유엔총회가 9월 셋째 주 화요일을 "세계평화의 날"로 제정하는 데 결정적인 역할을 하였고, 1979년 세계대학총장회의와 경희대학교 부설의 "국제평화연구소"를 설립하였으며, 다양한 범세계적 평화단체 및 인사와 활발한 교류를 시작하였고, 1987년에는 기존의 평화연구, 평화운동, 평화교육을 총체적으로 망라한 『세계평화대백과사전』(World Encyclopedia of Peace)

전 4권을 간행하였다. 1988년 고려대학교에도 "평화연구소"가 설치되어『한국인의 평화의식과 통일관』을 발간하는 등 평화에 대한 연구와 연구기관 설립이 활성화되기 시작하였다.

1990년대에 들어서면서 한국의 평화연구는 여러 학문분야를 포함하는 "평화학"으로 발전하게 되었다. 1998년 한국 평화학회가 창립되었고, 2002년 한국 평화학 연구에 관한 최초의 텍스트라고 할 수 있는『21세기 평화학』이 출간되었다(하영선 편 2002). 그리고 민주주의가 성숙되면서 다수의 시민운동단체들이 평화운동을 추진하게 되었고, "세계평화통일학회," "세계평화포럼" 등 세계 차원의 평화연구가 활성화되었다.

최근의 한국 평화연구는 적극적 평화가 중심이 되어 있다. 국가안보에 관한 사항은 군대가 담당하고 있을 뿐만 아니라 민간학자들이 세부적으로 접근하는 것이 쉽지 않고, 적극적 평화가 새로운 영역으로 소개되어 관심을 끌어온 결과이다.『21세기 평화학』의 경우 집필자 중에서 군사적 전문성을 가진 학자는 많지 않고, 전체 17편의 논문 중에서 2편만 전쟁의 억제와 예방에 관한 실질적 사항(그 내용도 군축에 관한 것이다)을 다루고 있다. 2000년부터 "세계평화지수"를 산출하여 발표하는 "세계평화포럼"의 경우에도 "소극적 평화를 넘어서 적극적 평화를 지향"한다는 목표를 분명히 제시하고 있고, 정치(역사적 국내정치적 갈등, 민주화 및 정치적 능력, 국내정치적 갈등), 군사·외교(역사적 국가 간 갈등, 군사화 정도, 국제정치적 갈등), 사회·경제(안전 및 안정, 불평등과 배제, 삶의 질과 사회적 보장)의 3가지 분야를 종합적으로 측정하여 지수화하고 있다.

:: 현대 평화연구에 대한 평가

최근 들어서 평화연구의 범위가 모든 학문 영역과 관련을 갖는 방향으로 확대되었지만, 근본적으로 평화연구는 국제관계와 전쟁에 관한 연구, 다른 말로 하던 안전보장에 관한 연구와 긴밀한 관련을 가질 수밖에 없다. 평화의 기본적인 조건이 국가 간의 충돌--그의 극단적인 형태가 전쟁이다--이 예방되거나 억제되는 상태이기 때문이다. 그렇기 때문에 "냉전"(Cold War)은 "차가운 평화"(Cold Peace)라고 불리기도 했었고, 이 시기에 평화와 안보에 관한 연구가 동시에 활발해졌으며, 평화와 안보는 "냉전시대의 쌍생아"라고 불리기도 하였다(김명섭 2002, 132). 다만, 국가 중심의 안보연구에 비허서 평화연구는 개인적, 집단적, 국가적, 그리고 지구적 수준 모두에서 구현 가능한 방책을 개발하는 데 중점을 두고 있고, 안보연구가 국제관계학의 현실주의적 전통에 가깝다면 평화연구는 국제관계학의 이상주의적 전통과 가깝다고 할 수 있다(진창남 2007, 127-128).

냉전이 종식된 이후 평화연구와 안보연구가 수렴되는 현상을 보였다. 냉전이 종식됨에 따라 안보연구도 다양한 비군사적 위협에 주목하게 되었고, 포괄적 안보(comprehensive security)라는 용어를 통하여 군사 이외 국가의 다양한 분야를 적극적으로 활용하고자 노력하게 됨으로써 적극적 평화를 위한 노력에 근접하게 되었기 때문이다. 특히 상호안보, 공동안보, 협력안보 등의 대안적 안보개념이 등장하면서 "안보는 타국과 더불어 이룩하는 것이지 그들에 대항하여 이룩하는 것은 아니다"(with others, not against them)라는 사고가 확산되었고(김명섭 2002, 143), 인간안보를 비롯한 다양한 안보개념(경제안보, 혼경안보, 사회안보 등)이 나타나면서 안보의 개념이 확장되었으며, 그 결과로써 평화와 안보는 자연스럽게 결합되는 양상을 보이게 되었다.

안보연구와 평화연구가 또다시 간격을 벌리기 시작한 것은 적극적 평화개념의 등장과 새로 추가된 평화부분에 대한 편협한 연구의 지속과 관련이 있다. 적극적 평화라는 명칭으로 비군사적 영역에 대한 연구만이 활발해졌고, 전쟁이나 안보가 차지하는 비중은 상대적으로 약화되었기 때문이다. 적극적 평화를 "평화란 타인·타집단에 의한 폭력의 현재적인 행사 및 행사 가능성에 의해 인류구성원의 생존과 발전이 위협받지 않는 상태"로 인식하면서, 세계는 "국내적으로 정치적 억압이 없는 상태에서 집단 간 사회 갈등이 비폭력적인 수단으로 해결되고, 개개인이 인간다운 삶의 질(quality of life)을 누리면서 삶의 기회를 추구하는 데 제한받지 않는 상태"(World Peace Forum 2007, 167)를 증진하는 데 대부분의 노력을 기울이기 시작하였다. 따라서 평화연구는 인간생활의 모든 측면에 대한 연구로 확대되었고, 안보연구와는 상당한 차이를 갖게 되었다. 이에 따라 현대적 평화 논의에는 전쟁이나 군사에 관한 사항이 거의 논의되지 못하고, 안보전문가들이나 군인들의 참가도 제한되고 있다.

평화연구에 대한 이러한 경향에 대해서는 우려도 제기되고 있다. 적극적 평화에 해당되는 것이 무엇인가라는 질문보다 적극적 평화에 해당되지 않는 것이 무엇인가라는 질문이 더욱 타당할 정도로 적극적 평화 개념이 확산됨에 따라 연구의 중점이 상실되었기 때문이다. 현대의 평화 논의는 번영과 유사한 의미를 지니게 되었고, 결과적으로 구체적인 성과를 적시하기가 어렵게 되었다. 전쟁을 억제 및 예방하기 위한 조건보다 평화를 달성하기 위한 조건이 많을 수밖에 없기 때문에 평화연구의 범위가 확대되는 것은 당연하지만, 그러할 경우 평화의 결정적인 파괴자라고 할 수 있는 전쟁을 억제하거나 예방하지 못할 가능성이 커진다. 어렵게 성공한 수많은 평화 노력이 총성한 발에 의하여 무기력해진 것이 인류의 역사라고 할 수 있을 정도로 "평화적 수단에 의한 평화"만으로는 진정한 평화를 보장하기 어렵다. 현대의 평화연구는 인류가 달성하기 어려운 이상상태를 평화로 규정함으로써 현실성을 무시한 측면이 있다고 비판된다(Boulding 1997, 75-86).

특히 평화를 가장 결정적으로 위협하는 것은 전쟁이나 군사적 충돌인데, 적극적 평화에서는 그와 함께 다른 요소들을 복합적으로 고려함에 따라 평화에 대한 평가마저 혼란스럽게 만들고 있다. 예를 들면, 한국의 세계평화포럼에서 발표하고 있는 세계 평화지수의 경우 2011년 발표한 자료에서 북한에 의한 천안함 폭침과 연평도 포격 사태로 말미암아 한국은 68위(2010년에는 52위)로 하락하였다고 하는데, 1년 사이에 이 정도의 변화를 보이는 것 자체가 평화지수의 임의성을 나타내고 있을 뿐만 아니라 그래도 미국(73위), 중국(80위), 러시아(120위)보다 평화로운 상태이다(세계평화포럼 2011). 이는 사회·경제 등의 다양한 요소를 복합적으로 적용함에 따라 남북한 간의 대치나 북한의 핵무기 개발 등의 결정적 요인이 차지하는 비중이 상대적으로 낮아졌기 때문이다. 이는 어떤 암환자의 체력을 종합적으로 측정한 결과 정상적인 사람보다 더욱 건강한 것으로 진단을 내리는 것과 같이 위험한 결과일 수 있다고 할 것이다.

특히 적극적 평화에 치중한 연구와 구현 노력은 세계평화를 치명적으로 위협하는 사안에 대하여 직접적인 해결책을 발견하거나 실천하-

는 것을 지체시키고 있다. 최근 들어서 미국이 아프가니스탄과 이라크에서 전쟁을 시작하였고, 소련과 맺었던 대탄도탄(ABM: Anti-Ballistic Missile) 조약을 일방적으로 폐기하면서 미사일 방어망(MD: Missile Defense)을 구축함으로써 새로운 군비경쟁을 촉발시켰지만, 이에 대한 적극적 평화연구자들의 비판은 활발하지 않았다. 세계종말의 시계(Doomsday Clock)가 2년 전의 6분 전에서 5분 전으로 당겨진 것에서 알 수 있듯이 그 사이에 전쟁의 가능성은 높아졌다. 미국의 오바마(Barack Obama) 행정부가 "핵무기 없는 세계"(a world without nuclear weapons)를 주창하면서 핵탄두 감축과 핵확산 방지를 위한 구체적인 계획을 제시하고 있고(Department of Defense 2010), 핵정상회의(Nuclear Summit)를 개최하여 이를 위한 정부 간의 협력을 모색하고 있듯이, 오히려 학계보다는 정부에서 평화를 위한 노력을 주도하고 있는 상태이다.

한국의 경우 세계의 전반적 경향에 비해서는 전쟁 및 안보에 관한 비중을 높게 두고 있지만, 적극적 평화에 대한 연구가 대세를 이루고 있고, 유사한 문제점을 나타내고 있다. 북한의 핵무기와 미사일 개발, 유엔 안보리결의안 1874에 의한 북한제재, 2010년의 천안함 폭침과 연평도 포격과 같은 북한의 도발이 자행되고 있지만, 평화연구 차원에서 해결책을 제시하려는 노력은 적극적이지 않다. 최근에는 국가를 비판하는 슬로건으로 "평화"를 사용하는 등 평화가 이념화되는 현상도 존재하고 있다. 또한 세계평화의 날을 지정하는데 노력한 것이라든지, 세계평화지수를 발표하는 것이라든지, 2005년 1월 제주도를 "평화의 섬"으로 지정한 상태에서 "세계평화의 섬"을 추진하고 있는 데서 알 수 있듯이 평화에 관한 노력을 이벤트로 인식하는 경향도 존재한다고 할 수 있다.

이제는 소극적 평화와 적극적 평화를 막론하고 평화를 진정으로 증진할 수 있는 현실성 있는 사항들을 연구하고 구현을 위한 조치들을 개발해 나갈 필요가 있다. 적극적 평화에 관한 연구도 계속하되 그동안 상대적으로 소외되어온 경향이 있었던 소극적 평화에 관한 사항의 비중을 증대시킴으로써 평화를 위한 연구와 구현 노력의 적절한 균형을 회복하는 것이 중요하다고 할 것이다.

:: 평화연구의 현실성 강화 방향

● 안보 연구외의 통합과 조화

적극적 평화 중심의 연구와 구현 노력에 있어서 보완되어야 할 우선적인 과제는 지나치게 추상적이거나 광범한 연구영역을 정리하는 것이다. 적극적 평화의 명분으로 인류의 공영에 관한 모든 사항을 포함시킴에 따라 정체성 자체가 혼란스러워진 점이 적지 않기 때문이다. "평화연구(평화학)는 사회과학적 정체성으로부터 보다 자유로으며… 평화연구는 비록 사회과학에 중심을 두고 있기는 하나 자연과학과 인문학을 포괄하려는 경향이 보다 강하다. 아울러 국제관계 학자들이 스스로의 역할을 기술(description)과 설명(explanation)의 역할로 제한하고 있는 데 비해, 평화연구는 정부 또는 사회운동 진영에 대해 평화의 조건을 발전시키기 위한 정책을 권고한다는 점에서 보다 정책지향적 성격을 지닌다"(김명섭 2002, 128-129)라는 설명에서 주장하고 있는 바와 같은 지나치게 자유로운 연구의 범위와 방법론에 대해서도 어느 정도 한정하고자 노력할 필요가 있다.

평화와 관련하여 재정립할 필요가 있는 사항은 "전쟁의 부재"를 보장하기 위한 노력의 중요성이다. 행복, 조화, 사랑, 정의, 자유와 같은 인간의 모든 이상적 가치가 그것 자체로 정의되기보다는 "그것이 없는 상태로 인식하듯이"(recognize it by its absence), 평화도 "전쟁이 없는 상태"(absence of war) 또는 "비폭력"(nov-violence)으로 인식되는 것이 일반적이라면(Webel and Galtung 2007, 6-7), 전쟁을 예방 및 억제하는 노력이 중요시되지 않을 수 없다. 칸트(Immanuel Kant)의 영구평화론도 전쟁에 의하여 발생하는 약탈과 파괴에 대한 공포를 해결하고자 하는 목적에서 비롯된 것이고(정태일 2008, 150), 영국의 평화학자 힉스(David Hicks)도 "갈등문제, 평화문제, 전쟁문제, 핵문제, 정의문제, 권력문제, 성문제, 인종문제, 생태학적 문제, 미래에 관한 문제" 등 갈등이나 전쟁에 관한 사항이 평화교육의 우선적 내용이 되어야 한다고 강조하고 있다(진창남 2007, 127-128).

이렇게 보면 평화연구는 안보연구와 통합하거나 조화를 도모해야 할 것이다. 개인의 평화는 국가의 평화에, 국가의 평화는 국제적 평화에 구속받을 수밖에 없는 것이 현실이라면, 평화의 기본적 조건은 국가 간의 충돌을 예방하거나 억제하는 것일 수밖에 없는데, 이것이 바로 안보연구이고, 따라서 평화연구와 안보연구는 지향점이 동일하다. 평화는 더욱 숭고한 명분인 대신에 안보는 그의 직접적인 목표라고 구분한다고 하더라도 이 두 가지가 긴밀하게 연결되어 있는 것은 분명하다. 평화와 안보는 냉전시대의 "쌍생아"라고 평가되듯이 동일한 사항에 대한 다른 표현일 수 있다. 안보연구가 국제관계학의 현실주의적 전통에 가깝다면 평화연구는 국제관계학의 자유주의적 전통과 가깝다고 할 정도의 차이밖에 없다(진창남 2007, 127-128). 또한 인간안보의 개념에서 보듯이 최근에는 안보연구의 범위도 넓어져서 적극적 평화가 지향하는 바와 일치하는 정도가 더욱 커지고 있다. 예를 들면, 적극적 평화가 주장하는 삶의 질(quality of life) 향상은 인간안보에서 말하는 결핍으로부터의 자유(freedom from want)와 지향하는 방향이 유사하다. 그렇기 때문에 실질적인 평화연구를 위해서는 "기존의 군사력 중심 국가안보의 내용과 문제점에 대한 종합적인 분석 정리… 군축문제에 더한 심층적 연구… 인간안보와 지구안보에 대한 집중적인 관심" 등 "안보 거버넌스(governance)"를 확립하여야 한다는 의견도 제시되는 것이다(홍민식 2004, 37-38).

한국의 경우에는 평화연구와 안보연구를 수렴해야 할 필요성이 더욱 크다. 1966년 스웨덴에서 150년의 평화를 기념하여 스톡홀름국제평화연구소(SIPRI, Stockholm International Peace Research Institute)를 창설하였듯이 북유럽의 경우에는 전쟁의 위험이 상당할 정도로 사라진 상태이지만, 한국의 경우에는 남북한이 분단된 상태에서 대규모 군사력이 휴전선을 사이에 두고 대치하고 있고, 간헐적인 충돌도 발생하고 있으며, 쌍방이 매우 구체적인 작전계획을 수립하여 유사시를 대비하고 있을 정도로 군사적 긴장이 첨예하다. 따라서 한국의 경우에는 평화와 안보의 공통부분이 더욱 커야 하고, 공통부분의 결합을 통하여 연구의 실질성과 유용성을 강화할 필요가 있다. 한국 평화교육에 관한 문제점을 분석하고 있는 논문에서도 "학생들에게 전쟁이라고 하는 폭력적 현상에 대한 관심을 갖게 하고 동시에 전쟁을 억제하고 방지하기 위한 활동에 적극적이고 능동적으로 참여할 수 있도록 할 것"을 제안하고 있다(진창남 2007, 286).

● 현실문제 해결을 위한 대안 제시 노력

전쟁을 억제 및 예방하고자 하는 소극적 평화 노력이 군비경쟁을 자극하거나 전쟁의 가능성을 높이는 점이 없는 것은 아니지만, 그렇다고 하여 적극적 평화가 세계의 복잡한 문제들을 해결할 수 있는 대안이라고 보기는 어렵다. 구조적 폭력을 해결해야 한다는 구호나 이를 위한 몇몇 단체의 노력으로 그러한 문제가 해결되기는 어렵기 때문이다. 그러한 구호보다는 1990년에 서명된 나토국가들과 바르샤바조약 국가 간의 유럽재래식무기조약(CFE: Treaty on Conventional Armed Forces in Europe)과 같은 군비통제(Arms Control)나 군사적 신뢰구축(Military Confidence Building Measures)조치 등이 유럽의 평화에 더욱 결정적으로 기여해온 것이 사실이다. 적극적 평화가 그 유용성을 인정받기 위해서는 세계적인 위협으로 부상하고 있는 핵전쟁의 가능성, 테러리즘(terrorism)과 같은 무차별한 폭력, 미사일 방어망 구축을 비롯한 강대국 간의 새로운 핵 군비경쟁, 약소국 간의 다양한 분쟁과 내전 등의 해결을 위한 실질적인 방책을 제시할 수 있어야 한다.

평화를 위한 인류의 노력과 연구는 진정으로 평화가 필요한 지역에 집중될 필요가 있다. 적극적 평화를 구현하기에 적절한 국가는 최소한 대규모 전쟁의 위협이 존재하지 않아야 한다. 그러나 아프리카, 중동, 남미 등과 같은 지역에서는 계속하여 전쟁의 위협에 시달리고 있고, 따라서 적극적 평화보다는 분쟁 자체의 해결이 시급하다. 아프리카에서는 수많은 사람들이 에이즈나 말라리아로 죽어가고 있음에도 선진국의 병이라고 할 수 있는 비만치료에 노력을 집중하는 것과 유사한 형태가 되어서는 곤란하다.

후진국에서 빈번하게 발생하는 현상이지만, 평화를 위한 노력이나 연구가 반정부 운동으로 변질되지 않아야 할 필요성도 적지 않다. 한국의 경우에도 "평화"라는 용어가 진보주의 진영의 대표적 슬로건으로 인식되는 점이 있고, 평화교육이 "의식화 교육"으로 변질된 측면이 있다(진창남 외 2007, 282). 이로 인하여 평화에 대한 객관적인 연구나 실천이 방해받는 측면이 있고, 평화의 개념이나 방법론에 대한 인식의 차이가 갈등을 야기하기도 한다. 갈퉁도 냉전이 종료된 이후 엘리트의 행동이나 국민의 행동만으로는 평화를 얻을 수 없었다고 반성하면서 정부의 노력과 일반인의 노력이 결합되어야 한다는 점을 강조한 바 있다(Galtung 1996, 79). 정부가 주도하는 평화노력도 한계가 있지만 민중이 주도하는 평화노력은 더욱 한계가 클 수 있다는 점에서 정부의 주도하에 민간단체와 개인이 협력해 나가는 형태여야 할 것이다.

평화에 대한 개념적인 접근으로는 평화를 둘러싼 실제적인 문제들을 해결하지 못한다는 점에도 유의할 필요가 있다(김학성 외 2007, 8). 평화의 중요성과 필요성을 강조하는 것이 평화에 관한 연구나 구현 노력이 아니고, 실제적으로 평화가 증진된 결과를 달성하는 것이 평화를 위한 진정한 연구나 구현 노력이다. 비록 평화라는 단어가 조금도 사용되지 않더라도 한반도의 평화를 보장할 수 있는 대책을 제시할 수 있으면 훌륭한 평화활동이고, 평화라는 단어를 수없이 사용하더라도 오히려 전쟁을 유발하게 된다면 평화활동일 수 없다. 북한의 천안함과 연평도 도발로 인하여 세계평화지수에서 1년 사이에 16단계나 하락한 사례에서도 알 수 있듯이 한반도의 평화를 위해서는 남북한의 대치상태를 종료하고 통일을 달성할 수 있는 방책에 관한 실천과 제시가 무엇보다 효과적일 수밖에 없다.

● 실천적 전문성 강화

적극적 평화의 개념이 전쟁의 예방과 억제를 포함시키고 있음에도 불구하고, 실제에 있어서 그러한 분야에 대한 연구가 미흡한 것은 평화연구 단체가 전쟁의 예방과 억제의 연구에 필요한 전문성이나 전문가를 보유하고 있지 못한 현실과도 관련이 있다. 평화연구는 대부분 민간학자들이 중심이 되어 수행하는데 이들의 대부분은 필요한 군사적 전문성을 구비하기가 어려운 것이 사실이고, 군사적 전문성을 가진 군인들은 평화연구를 기피하는 것이 현실이어서 양측이 제대로 접합되지 못하고 있으며, 따라서 평화연구에서는 이상만 강조되는 경향이 나타나고 있다. 갈퉁이 사용하고 있는 전쟁과 질병, 평화와 건강 간의 비유를 적용할 경우, 질병을 없애는 분야에 대한 전문가가 의사이듯이 전쟁을 없애는 분야에 관한 전문가는 군인이고, 따라서 평화연구에는 당연히 군사적 경험이 충분히 포함되어야 한다. 다수의 군사전문가들이 평화연구에 참여하거나 평화연구자들이 군사문제에 관하여 상당한 지식을 보유하는 것이 평화연구의 실질성 향상에는 결정적인 요소라고 할 것이다.

군사적 전문성이 평화연구에 포함될 경우 평화의 실천적 측면은 매우 강화될 것으로 판단된다. 평화에 관한 연구나 구현 노력이 평화의 중요성, 구현의 바람직한 방향, 평화를 위협하는 문제들을 열거하는 수준에 머물지 않고, 평화문제에 관한 진단(diagnosis), 예측(prognosis), 처방(therapy)의 과정을 충족시키도록 확대될 것이기 때문이다(Webel and Galtung 2007, 14). 현실적으로 평화를 위협하는 문제가 무엇이냐에 따라서 그 처방은 다르겠지만, 한국과 같은 휴전상태에서는 당연히 군사적 대치상태를 종료 및 완화시키거나, 핵무기를 비롯한 북한의 대량살상무기 위협을 감소시키거나, 다양한 군사적 신뢰구축 조치를 개발하여 시행하는 것일 수밖에 없다. 이러한 분야에 대한 전문성과 전문가들을 적극적으로 참여시키지 않은 채 한반도의 평화를 논의할 경우 결론과 성과가 공허해질 가능성이 크다.

결국 평화를 위한 실질적인 노력은 전쟁을 효과적으로 억제 및 예방할 수 있는 체제와 역량을 확보하는 것이다. 상대방이 승리하지 못하거나 바라는 것을 얻을 수 없다고 판단할 경우 침략을 하지 않을 것이고, 그렇게 되면 수면 아래서는 전쟁의 위협이 존재하더라도 실제적으로는 전쟁이 없는 상태, 즉 최소한의 평화가 가능할 것이기 때문이다. 이러한 군사적 역량이 바탕이 될 때 대화와 타협을 통한 국제문제 해결이 가능하고, 평화를 달성하는 데 필요한 안정되고 균형된 국제체제도 형성할 수 있으며, 무엇보다 평화를 지속시킬 수 있다. 이것이 바로 냉전이라는 극단적인 상호 대치하에서도 세계가 상대적으로 평화로웠던 이유라고 할 수 있다.

따라서 평화에 관한 토론을 실시할 경우 전쟁과 군사에 관한 전문가들을 의도적으로 초청할 필요가 있다. 평화연구자가 필요한 군사전문성을 구비하지 못하고 있다면, 외부로부터 빌리는 것도 유용한 방법일 것이기 때문이다. 현역을 참가시키는 데 제한이 있다면 예비역을 활용할 수 있고, 군사문제를 오랫동안 연구해온 민간 군사이론가의 역할을 강화할 수도 있으며, 평화연구의 중요한 분야 중의 하나도 군사연구 또는 군사학을 연결시킬 필요가 있다. 이러한 노력을 통하

여 군대와 민간사회가 협동할 때 평화 연구나 구현 노력의 실질성이
보장될 것이다.

동시에 군대에서도 평화에 관한 교육과 연구를 강조할 필요가 있
다. 전쟁억제를 위한 단호함을 과시하기 위하여 고의적으로 평화를
배제하는 측면을 이해할 수 없는 것은 아니나, 군대의 존재목적은 어
디까지나 외부의 침략으로부터 국가의 안전을 보장하는 것이고, 그것
이 평화의 가장 근본적 조건임을 이해하는 것도 중요하기 때문이다.
또한 적극적 평화를 주창하는 국민들의 동기와 마음도 충분히 이해
함으로써 안보연구와 평화연구를 통합하는 데 기여할 수 있어야 한
다. 군인들부터 민간인들의 평화 노력과 연구의 결과를 적극적으로
이해하고자 노력하고, 민간부문에서 실시되는 평화관련 토론회에 적
극적으로 참가하며, 필요하다고 판단할 경우 군대가 주도하여 평화와
안보에 관한 자유스러운 토론회를 개최할 수도 있다. 군사에 관한 자
료를 적극적으로 공개함으로써 민간인들이 군대의 의도와 태세를 정
확하게 이해할 수 있도록 하는 사항도 효과적일 수 있다.

:: 결론

평화가 중요하고 숭고한 이상인 것은 분명하지만, 이상적 접근만
으로는 이를 구현하거나 달성할 수 없다. 수 천 년을 통하여 인류가
평화에 대한 높은 이상을 표방하여 왔음에도 아직 제대로 달성하지
못한 것은 그것을 어렵게 하는 현실적 요인이 존재하기 때문이다. 이
러한 현실성을 높이지 않을 경우 평화를 위한 연구와 구현 노력은 오

히려 전쟁의 가능성을 증대시킬 수 있다. 그렇기 때문에 저명한 평화 연구자 중의 한 사람인 미국 컬럼비아 대학 교수 도일(Michael Doyle)은 『전쟁과 평화의 길』(Ways of War and Peace)이란 저서에서 평화를 저해하는 다음의 세 가지 시정되어야 할 태도를 지적했다. 즉 "뉴스 헤드라인처럼 드러난 쟁점에만 몰두하는 '근시안적 실용주의', 전쟁과 평화에 관해 하나의 관점만 맹신한 채 조급하게 해결책을 구하려는 '독단주의', 그리고 국제정치가 난해하다는 핑계로 구체적인 해결 노력을 하지 않는 '회의주의'가 그것이다.

적극적 평화는 그 명분이 숭고하다는 차원에서 앞으로도 인류가 계속하여 연구 및 구현하고자 노력해야 할 주제이지만, 그의 생산성을 강화하고자 한다면 소극적 평화와의 조화를 더욱 강조할 필요가 있다. 명분론에서 벗어나 평화를 보장하는 데 필요한 핵심적인 영역을 식별하여 노력을 집중하고, 현실적으로 발생하는 다양한 안보 및 전쟁관련 문제에 관하여 실질적이면서 구체적인 해결방안을 제시하고자 노력할 필요가 있다. 한민족만큼 평화를 사랑하고 우선시하는 민족이 없지만 역사를 통하여 수많은 외침을 겪었다는 것은 평화를 위한 사상보다는 평화를 구현하기 위한 실질적 조치와 힘이 더욱 절실하다는 것을 실증하고 있다.

전쟁은 사악한 것이고 평화는 좋은 것이라고 이분법적으로 사고할 것이 아니라, 이 두 가지는 동전의 양면처럼 동일한 내용의 다른 표현일 수도 있고, 전쟁을 하고자 하는 태세가 오히려 평화를 보장하고 반대로 평화를 추구하는 노력이 전쟁을 불러올 수 있다는 점을 이해할 필요가 있다. 이러한 점에서 다음의 인용문은 충분히 유념할 가치가 있다고 판단된다.

　　"인간의 삶은 현실과 이상의 조화로 영위되어진다. 마찬가지로 학문의 진보도, 카(E. H. Carr)의 말대로, 현실주의와 이상주의의 역동적 관계로 이해할 수 있다. 또 전쟁과 평화의 문제도 마찬가지이다. 현실주의적 입장만을 강조한다면 평화의 확립은 불가능해진다. 또 지나친 이상주의적 관점에서 평화를 논의한다면 그것은 아무런 현실성이 없게 된다. 전쟁과 평화, 한반도의 평화와 통일, 이러한 문제들은 모두 인간의 삶과 같은 것이다"(최동희 1987, 206).

　　휴전선을 중심으로 남북한의 대규모 군사력이 대치하고 있고, 북한이 핵무기를 비롯한 대량살상무기를 개발하여 극단적인 대결을 조장해 나가고 있는 상황에서 진정한 평화를 보장하기 위한 노력은 어떤 방향이어야 할까? 전쟁의 위협이 거의 없어진 상태라고 할 수 있는 북유럽에서 주장하는 적극적 평화의 개념을 그대로 적용하는 것은 위험할 것임이 자명하다. 2010년 3월 발생한 천안함 폭침과 11월의 연평도 포격은 이러한 우려를 증대시키고 있다. 한반도의 전쟁부터 확실하게 예방 및 억제하고자 노력할 필요가 있고, 그런 다음에 인류 전체의 공영과 삶의 질을 추구하는 것이 현실적인 접근방법일 것이다.

제2장
인간안보

인간안보는 1990년대부터 다수의 학자 및 국제기구 실무자들에 의하여 주창되기 시작하였다. 1994년 유엔개발계획실(UNDP: United Nations Development Program)에서 인간안보의 개념을 적극적으로 수용한다는 사실을 천명함에 자극받아 일본, 캐나다 및 다수의 유럽 국가들이 이에 관심을 보이기 시작하였고, 다수의 대학과 학자들도 연구하기 시작하였다. 이에 따라 특정 국가가 자국민들의 안전을 제대로 보호하지 못할 경우 그 "보호책임"(RtoP, Responsibility to Protect)이 국제사회로 이전될 수 있다는 개념도 제기 및 간헐적으로 적용되고 있는 상황이다.

그 개념이 명확하게 통일되었다고 보기는 어렵지만, 인간안보는 국가가 아니라 인간 개개인의 입장에서 안전의 정도를 재평가할 필요가 있다는 시각에서 출발한 용어이다. 국가안보는 국가라는 공동체가 안전해지면 국민들도 안전해질 것이라는 논리에 기반하고 있지만 실제에 있어서는 그렇지 않은 경우가 적지 않기 때문이다. 북한이나 소말리아의 경우 국가안보 차원에서 보면 외부로부터의 침략 가능성도 적고, 영토, 국민, 주권들이 잘 보전되고 있어 위태로운 상태가 아닐 수 있지만, 그 주민들은 하루하루를 불안하게 살아가고 있다. 이 경우 국가안보 차원에서는 문제가 없을 수 있지만, 인간안보 차원에서는 상당한 개선이 필요하다고 판단된다. 또한 현대에 들어서서 국가의 안전을 결정적으로 위협하는 군사적 충돌의 개연성은 줄어들고 있지만, 전염병, 홍수, 지진, 가뭄, 환경오염 등 개개인의 안전을 위협하는 요소는 증대되고 있다. 따라서 국가가 아닌 인간을 안보의 기준으로 인식할 필요가 있다는 인간안보의 시각은 상당한 설득력을 지니게 되었다.

인간안보를 위한 지금까지 노력의 생산성이 컸다고 보기는 어렵다. 그 명분은 숭고하지만 인간안보를 어떻게 구현할 것이냐는 쉽지 않은 문제이고, 무엇보다 인간안보가 무시되고 있는 다른 국가의 일에 제3국이나 국제기구가 개입하는 것이 어렵기 때문이다. 유엔헌장에서부터 내정간섭을 금지하고 있고, 보호책임에 대한 확고한 합의가 형성된 것도 아니다. 비정부단체나 개인의 경우 인간안보를 주창하더라도 해당국가의 정부를 통하지 않은 채 활동하기는 어렵고, 인간안보를 가장 절실하게 필요로 하는 국민들일수록 접근하는 것이 어려운 것이 현실이다. 따라서 인간안보 역시 국가안보와 조화를 도모할 필요가 있다고 할 것이다.

:: 인간안보 개념의 발전경과와 의의

● 경과

용어의 사용 여부와 상관없이 인간을 중심으로 하는 안보라는 이상 자체는 인류의 역사와 더불어 시작되었다. 그로티우스, 로크, 칸트 등 계몽주의학자들의 기본적인 이념도 인간에 중심을 둔 정치와 안보였다. 다만, 냉전 종식과 세계화로 인하여 "인간안보"라는 용어가 새로 창안되었을 뿐이다(Amouyel 2006, 11). 기존의 국가안보 방식으로는 안보딜레마를 초래할 뿐이라는 점을 인식하게 되었고, 안보문제를 포함한 모든 인류문제의 국제적 관리 필요성을 인식하였기 때문이다. 또한 인권, 개발, 교육 등 국경을 초월하는 보편적 가치가 지니는 비중이 증대되면서, 이러한 가치들이 안보와 동등할 정도로 중요하다는 점을 인식하기 시작하였고, 이러한 사고들이 결합되어 인간안보를 부상시켰다(Newman 2001, 241-242).

인간안보는 이론이라기 보다는 시각의 변화이다. 주권국가를 중심으로 하던 안보에 관한 기존의 시각에서 탈피하여 사람을 "안보의 주된 기준체"(main referent object for security)"로 인식하자는(Amouyel 2006, 10) "구호"(rallying cry)(Paris 2001, 89) 또는 "운동"(movement)이다(Newman 2001, 240). 인류는 전통적으로 국가라는 단체가 안전해야 그 구성원인 국민들의 안전이 보장된다는 생각에서 국가를 안보 노력의 기준으로 인식하였으나, 이제는 그것을 국민으로 바꾸자는 것이다. 그렇기 때문에 인간안보는 학자들의 연구가 아니라 유엔에 의하여 확산되었다.

인간안보라는 용어는 유엔개발계획실(UNDP: United Nations Development Program)에서 연례적으로 발행하는 1994년 『인간개발보고서』(Human Development Report)에서 공식적으로 사용되기 시작하였다. 그 보고서에서는 그동안 세계가 안보를 좁게 해석해왔음을 반성하면서, 질병, 기아, 실업, 범죄, 사회적 분쟁, 정치적 압제, 환경 문제 등으로부터 인류의 안전을 추구하는 문제까지도 안보에 포함시킬 것을 강조하였다(UNDP 1994, 22). 그동안 추구해온 것이 "공포로부터의 자유"(freedom from fear)라면 이제는 "결핍으로부터의 자유"(freedom from want)로 중점을 전환해야 한다고 주장하였고, 경제안보, 식량안보, 건강안보, 환경안보, 개인안보, 공동체안보, 정치적 안보라는 세부 항목까지 제시하였다(UNDP 1994, 24-25).

그 후 인간안보라는 용어와 시각은 세계적으로 확산되기 시작하였는데, 그 중에서 주목할 만한 노력은 인간안보 네트워크(Human Security Network)의 형성으로서 이를 통하여 인간안보에 관한 구체적인 사업들이 식별되기 시작하였다. 1999년 5월 20일 노르웨이에서 개최된 몇몇 국가의 장관급 회담에서 시작된 이 네트워크는 "절대 가난을 감소시키고, 모든 인류에게 기본적인 사회기능을 제공하며… 지속적인 인간개발을 고양시킬 것"과 이를 위한 국제사회의 혁신적 접근을 촉구하고 있다.[2] 지금도 인간안보 네트워크는 오스트리아, 캐나다, 칠레, 코스타리카, 그리스, 아일랜드, 요르단, 말리, 노르웨이, 슬로베니아, 남아프리카 공화국(관찰자), 스위스, 태국 등을 회원국으로 하여 대인지뢰의 제거, 소형무기의 통제, 국제형사재판소의 설치, 인권에 관한

---

2) 인간안보네트워크의 비전과 원칙에 관해서는 http://www.humansecuritynetwork.org/ 참조.

교육 및 법률, 국제적 범죄, HIV와 AIDS 문제 등을 해결하기 위한 노력을 경주하고 있다.

인간안보와 관련된 또 하나의 중요한 노력은 인간안보 커미션(The Commission on Human Security)에 의한 연구로서, 인간안보의 개념을 더욱 확대 및 구체화하였다고 평가되고 있다. 이 기구는 당시 유엔사무총장이었던 아난(Kofi Annan)이 2000년 "Millennium Summit"에서 촉구한 바를 구현한다는 목적에서 구성된 기구로서, 전 유엔 난민(難民) 고등판무관(辦務官)이었던 오가타 여사(Mrs. Sadako Ogata)를 위원장으로 하는 12명의 위원으로 구성되었다. 이들은 2년의 노력을 통하여 2003년 최종 보고서를 제출하였는데, 기존에 강조해오던 사항 이외에 개인들에게 "스스로를 방어할 수 있는 역량을 배양"시킬 것을 촉구하고 있다. 선진국에 의한 일방적 지원이 아니라 후진국가들의 자발적 노력을 유도하는 것이 더욱 중요하다는 것이다.

인간안보에 대한 최근의 노력 중에는 노르웨이, 스웨덴, 스위스, 영국 등의 지원을 받아 수행하는 인간안보센터(Human Security Center)의 "인간안보 보고서사업"(Human Security Report Project)이 두드러진다. 2005년에 발표한 최초 보고서를 보면, 현대에는 국가 간보다 국가 내의 폭력적 분쟁이 더욱 심각하다고 진단하고(무력분쟁의 95% 차지), 이를 해결하기 위한 새로운 접근방법을 강조하고 있다(Human Security Center 2005, viii). 특히 인간안보센터는 인간안보의 개념이 지나치게 확대되어 모호해지거나 현실성이 낮아졌다는 비판을 수용한다는 자세를 보여주고 있다. 즉 1994년 유엔개발계획 보고서에서 주장하고 있는 인간안보 개념을 "넓은" 개념의 인간안보라고 구별하면서, 인간안보센터에서는 "개인에 대한 폭력적 위협"이라는 "좁은 개념의 인간안보"에 중점을 둔다는 점을 명시하고 있다(Human Security Center 2005, 57).

2001년에 발생한 9/11 테러 사태는 국가안보를 대체할 하나의 대안으로 인간안보를 부각시켰다. 9/11 테러 이후 미국이 수행한 지구적 대테러전쟁(GWOT: Global War against Terrorism)은 강력한 군대만으로는 국가와 국민들의 안전을 보장할 수 없고, "전통적 국가안보 개념이 서방, 이라크 및 기타지역에 있는 보통의 국민들에게 안보를 제공하는 데 실패"했다는 사실을(Shani 2007, 3) 입증하였기 때문이다. 또한 지금까지 국가안보 위협과 대응의 중요성이 그렇게 강조되었지만, 실제로 지난 반세기 동안 세계에서 주권국가가 멸망한 적이 없을 뿐만 아니라 오히려 그 숫자가 증대되고 있다는 것도 국가안보가 과거처럼 절박하지 않다는 것이고, 새로운 분야로의 전환이 가능하다는 사실을 나타내고 있다고 할 수 있다.

이렇게 볼 때 단체마다 강조하는 바가 다소 다르고, 그 실용성이 충분히 입증되었다고 보기는 어렵지만, 인간안보는 모든 인류의 보편적 안전과 번영을 지향한다는 명분에 힘입어 유용한 국제적 토의주제로 기능하고 있다. 유럽연합(EU: European Union)의 경우에는 그들이 설정한 테러, 대량살상무기의 확산, 지역적 분쟁, 불량국가, 조직적 범죄 등을 해결하려면 국가안보와 함께 인간안보를 추진해야 한다는 점을 강조하면서, 인간안보를 위한 원칙을 정립하고, 그 임무를 수행하기 위한 부대창설의 필요성도 제기하고 있다(EU High Representative for Common Foreign and Security Policy, 2004).

● 의의

인간안보의 첫 번째 의의는 "안보"의 근본적 목적을 자각시켰다는
것이다. 국가의 근본적 존재목적은 국민들의 안전을 책임지는 것인
데, 현대 국가의 경우 막강한 군대를 유지하면서도 그것을 보장하지
못할 뿐만 아니라 어떤 경우에는 위협의 원천이 되기도 한다는 것이
다(Commission on Human Security 2003, 2). 실제로 세계 최고의 국방
력을 구비하고 있는 미국도 9/11 테러를 예방하지 못하였을 뿐만 아
니라 대테러전쟁을 통해서도 국민들을 안심시키지 못하였다. 한국의
경우에도 북한에 비해 압도적인 해군력을 보유하고 있으면서도 천안
함 폭침이나 연평도 포격을 예방하지 못하였다. 인간안보는 개개인의
안보를 새로운 안보의 기준점으로 부상시킴으로써 국가별 안보 활동
의 중점을 다양화시키고 있고, 초국가적 조직범죄나 테러 등과 같이
인류가 공동으로 해결해야 할 과제들을 안보에 포함시킴으로써 기존
의 안보개념을 "심화 및 확장"시켰다고 할 것이다(Paris 2001, 97).

인간안보의 두 번째 의의는 안보에 대한 국민들의 동참을 자극하
는 측면이다. 국가만이 안보라는 공공재(public goods)를 생산하여 국
민들에게 제공하는 것이 아니라, 국민들 각자도 안보라는 공공재의
생산에 참여한다는 개념이기 때문이다. 국가와 군대의 결정에 국민들
이 참여하고, 필요할 경우 일반 국민들의 노력도 통합되며, 그 결과의
만족도를 국민들이 표현함으로써 정책에 반영되도록 한다는 것이다.
국가만이 아니라 다양한 시민단체나 개인도 안보의 직접적인 주체로
나설 수 있다는 인식이다. 2003년 인간안보 수임단에서 발표한 『현저
의 인간안보』(Human Security Now)라는 책자에서도 공동체와 개인이

스스로를 위하여 행동할 수 있는 힘과 권한을 구비할 것을 강조하고 있다(Commission on Human Security 2003, 2).

인간안보의 세 번째 의의는 냉전과 국가 단위의 분쟁이 감소된 현대의 상황에서 세계가 합심하여 해결해야 할 과제를 제시하고 있다는 것이다. 과거에 비해서 무력분쟁이나 국가 간의 전쟁이 현저하게 감소된 것이 현실인데도 여전히 다른 국가로부터의 외침에 대비하는 데만 중점을 두는 것은 효율적이지 않기 때문이다. 인간안보는 국제적인 분쟁뿐만 아니라 국내적인 분쟁의 예방이나 평화적 해결에도 국가적 노력을 경주할 것을 촉구하고 있고, 가난, 정치적 탄압, 질병, 범죄의 제거를 위한 분야에도 관심을 증대시킬 것을 촉구하고 있다. 성공한 국가들에게만 초점을 두고 있는 전통적 국가안보에 비해서 "실패하고 있거나 실패한 국가"(failing and failed states)에 초점을 맞춰 문제점을 제시하거나 해결책을 강구할 것을 촉구하고 있다(Henk 2005, 102). 국제적 보호책임의 개념에서 보듯이 특정 국가가 국민들의 안보를 보장하지 못할 경우 국제사회가 나설 수 있는 논리를 제공하고 있다.

이러한 점들을 종합해볼 때 인간안보는 국가 단위보다는 개개인 단위의 안전을 강조하고 있고, 인류 모두가 안보상황을 개선하는 데 동참할 것을 촉구하고 있으며, 인간의 실생활을 위협하는 사항들을 안보 차원으로 심각하게 인식하여 해결할 것을 강조하고 있다. 그 결과 인간안보는 상당한 공감대를 얻어 협력을 통하여 세계적 문제들을 해결해 나가는 유용한 명분으로 활용되고 있다.

:: 인간안보의 한계

● 국가안보와의 비교

개념적으로 인간안보는 국가안보를 부정하는 것이 아닌 "보완적 주제"(supplementary subject)이고(Kang 2008, 198), 국가안보의 교리를 보완하거나 강화시킨다고 하지만(Shani 2007, 7) 몇 가지 대조적 시각을 지니고 있는 것도 사실이다.

첫째, 그 개념에 있어서 인간안보는 국가보다는 개인과 공동체, 즉 국민들의 안보(people's security)에 주목한다(Commission on Human Security 2003, 4). 국가안보는 영토, 국민, 주권이라는 국가의 모든 구성요소를 보전하는 것이지만, 인간안보는 그 중에서도 국민들의 안전에 초점을 맞추고 있고, 국가의 범위를 초월한 인류 전체라는 수준을 강조한다. 국가의 안전을 통하여 개인의 안전을 보장한다는 것이 국가안보의 논리라면, 인간안보는 개인의 안전을 보장함으로써 국가안보도 보장된다는 논리라고 할 수 있다.

둘째, 인간안보에서는 더 이상 국가가 유일한 주체가 아니고, 지역적이거나 국제적 기구들, 비정부기구 및 시민사회가 안보문제를 처리하는 주체가 된다. 인간안보는 주권국가가 국민들을 보호할 능력이나 의지가 없거나 국민들에 대한 폭력의 원천이 되는 경우가 많다는 문제의식에서 출발하고 있고, 이 경우 안보의 책임은 국제사회로 전환되어야 하며, 국제사회가 인간안보 측면의 노력을 경주해야 한다는 인식이다. 인간안보는 국가 중심의 안보로는 진정한 안보를 달성할 수 없다고 비판하고 있다(Human Security Center 2005, viii).

셋째, 국가안보의 경우 다른 국가로부터의 전쟁이 핵심적인 위협이지만, 인간안보는 인간사회에 존재하는 모든 종류의 공포와 결핍에 포괄적으로 대응하고자 한다. 협의의 인간안보는 폭력적 위협에 초점을 맞추고자 하지만 광의의 인간안보는 기아, 질병, 자연재해까지도 포함하여 대처하고자 한다. 인간안보의 근본은 인간사회의 어려운 문제들을 모두 안보에 포함시켜 해결하자는 인식이다. 따라서 인간안보는 국가 자원과 관심 분배의 우선순위와 관련하여 국가안보와 상당한 시각 차이를 보이지 않을 수 없다.

넷째, 안전을 보장하는 방법이나 수단에 있어서 국가안보는 강력한 군대를 보유하거나 동맹을 비롯한 외국과의 협력에 의존하지만, 인간안보는 모든 인류가 공감하고 함께 노력하는 것을 우선시한다. 인간안보는 군사력 위주의 해결 노력이 서구 제국주의를 등장시켰거나 개인들을 불안하게 만들어왔다는 문제의식에서 출발하고 있다(Amouyel 2006, 20). 인간안보는 가급적이면 군사적 수단에 의존하지 않고자 노력하고 있고, 그 대안으로서 개인들에게 스스로 지킬 수 있는 힘을 배양할 것을 강조하고 있다.

다섯째, 적용범위에 있어서도 국가안보는 국가의 주권이 미치는 국내를 대상으로 하지만, 인간안보는 세계적 범위를 강조한다. 상호의존성이 커진 세계에서 국경이나 국가의 주권에 구속되어서는 문제를 해결할 수 없다고 믿기 때문이다. 다만, 웨스트팔리아(Westphalia) 조약 이후로 국가의 주권이 확보한 절대성을 고려할 때 어떤 상황에서 어떻게 개입할 것이냐를 결정하는 것은 쉽지 않다. 2006년 유엔총회에서는 유엔헌장의 6장과 8장을 근거로 대학살, 전쟁범죄, 인종청소 및 비인도적 범죄로부터 개인을 보호하기 위하여 외교, 인도적 및

다양한 평화수단을 사용해야 할 책임이 있다는 결의안을 통과시키기는
했지만(Amouyel 2006, 19), 이를 그대로 시행하기는 어려웠다. 2011년
3월 17일 유엔안전보장이사회가 리비아 국민들을 보호하기 위하여 유
엔 회원국가들이 국제기구 등을 통하여 필요한 모든 조치(군사적 조
치 포함)를 취하도록 결의안 1973호를 통과시킴으로써(UN Department
of Information 2011) 미국과 유럽 국가들이 리비아를 공격하여 카다피
정권을 몰락시키기는 하였지만, 모든 상황에서 이러한 국제적 개입이
허용될 수는 없다.

위에서 국가안보와 인간안보를 비교한 사항을 표로 정리하고, 주
요 쟁점과 상충의 정도를 표시하면 <표 2>과 같다.

표 2 ▶ 국가안보와 인간안보의 비교

	국가안보	인간안보	주요 쟁점	상충 정도
핵심 개념	국토/국민/ 주권의 보전	국민, 또는 인류 개개인의 안전	· 국가의 보전을 위해 필요할 수 있는 개인적 안전의 희생을 어떻게 해결할 것인가? · 개인 수준의 안전이 실제로 어떠한 내용인가?	낮음: 국가안보가 소홀했던 분야를 인간안보가 보완
주체	국가 (정부)	국가, 시민단체 및 개인	· 국가 이외 주체의 역할과 능력의 실질성은 어느 정도인가?	높음: 인간안보는 국가에 대한 불신에서 비롯
위협	국가 간 전쟁	개인적 공포와 결핍	· 개인적 결핍이 위협으로 간주되어야 하는가? · 치명적이지만 드문 전쟁의 위협과 덜 치명적이지만 상존하는 공포와 결핍 중에서 어느 것이 우선이어야 하는가?	높음: 제한된 자원의 할당을 위해서는 우선순위 설정 불가피
달성 방법	군사력, 동맹 등 협력	· 인류사회의 협력 · 선진국의 지원과 노력	· 안보딜레마를 어떻게 해결할 것인가? · 인류사회의 공감대와 협력을 어떻게 달성할 것인가?	중간: 전쟁가능성이 줄어들 경우 조화 가능
적용 범위	주권이 미치는 범위	범세계적	· 인류의 개별적 안전을 위한 주권 침해의 범위는?	낮음: 민주주의 확산으로 겨건 개선

● 인간안보의 한계

인간안보는 국가안보에 대한 문제점을 비판하고 있지만 자체도 한계를 지니고 있다. 그것을 앞에서 분석한 핵심개념, 주체, 위협, 수단, 적용범위의 측면에서 분석해보면 다음과 같다.

첫째, 인간안보의 개념은 모호하고, 핵심이 불분명하며, 임의적이고, 그리고 실체화하는 것이 어렵다(difficult to operationalize)는 점이 비판론자들의 공통적인 지적이다(Shani 2007, 6). "인간을 위주로 하는 안보"라는 뜻부터가 애매하고, 단체나 국가마다 다른 의미로 사용하며, 분석의 틀로 사용할 수 있을 정도로 분명한 정의가 내려진 상태가 아니라는 것이다(Dahl-Eriksen 2007, 25). 그렇기 때문에 인간안보의 정도를 측정하거나 향상시켜 나갈 수가 없고(King and Murray 2001, 592), 상당히 오래 전에 제기된 개념임에도 아직 안보연구의 주류로 편입되지 못하고 있다(Tadjbakhsh 2005, 1-2; Dahl-Eriksen 2007, 17-18). 1990년대 초부터 다수의 국가들이 인간안보 차원에서 외교정책 목표를 조정하고, 이의 개선을 위하여 상당한 투자와 노력을 경주하였지만 "실질적 진전"(tangible progress)을 이룩한 경우는 찾아보기 어렵다(Henk 2005, 100).

둘째, 인간안보는 국가보다는 공동체와 개인의 역할을 강조함으로써 "안보"의 구현에 필수적이라고 할 수 있는 국가의 대규모 실행력을 무시하고, 결과적으로 현실성이 미흡하다는 지적을 받고 있다. "인간안보는 국가권력의 강제적 수단을 2차적으로 격하시키고, 가치의 분배에 관한 공공부문의 독점에 의문을 제기하며, 개인 및 사조직 이해당사자들의 위상과 기여가 근본적으로 동등할 것을 고집한다"

(Henk 2005, 104)는 것이다. "공공재와 기능을 효과적으로 제공하고, 정치적 참여와 책임성을 관리하며, 안보를 보장하는" 국가의 통치력이 보장되지 않은 상태에서는 인간안보를 구현하기 어렵다(Brinkerhoff 2009, 4-7). 국가안보를 비판할 경우나 시민단체와 개인이 가볍게 인용할 경우에는 유용할 수 있지만, 인간사회의 문제를 적극적으로 해결해 나가는 주제라고 보기에는 한계가 있다는 것이다.

셋째, 인간안보는 위협의 인식이 지나치게 포괄적이다. 이것은 광의의 인간안보 개념에서 두드러지고 있는데, 인간에게 일어나는 대부분의 불행한 사태를 위협에 포함시킴으로써 안보를 자유, 평화, 박애, 번영과 같은 추상적 이상으로 전환시키고 있다. 최근에는 "좁은 의미의 인간안보"라고 하여 "개인에 대한 폭력적 위협"에 초점을 맞추고자 노력하고 있지만(Human Security Center 2007, 57), 이것도 그 범위가 명확한 것은 아니다. 특히 인간안보는 다양하게 열거한 과제 중에서도 우선순위를 제대로 제시하지 못함에 따라 핵심적으로 보호되어야 할 사항을 식별하거나 선택하는 것을 어렵게 만들고 있다(Henk 2005, 3). 그렇기 때문에 인간안보의 주창자들은 정치적, 인종적, 종교적 갈등과 같은 분쟁의 직접적인 원인에 대해서는 무관심한 채 그 결과로 나타난 가난과 저발전에만 치중함으로써 분쟁 자체의 해결에는 전혀 기여하지 못한다고 비판되고(Tadjbakhsh 2005, 4), 중견국가, 개발기관, 비정부단체들의 다양한 이해를 결집하기 위한 "혼란스러운 연대"(Jumbled coalition)를 유지시키는 접착제에 불과하다고 비판된다(Paris 2001, 88).

넷째, 인간안보는 그 달성방법이 지나치게 개념적이다. 인간안보는 세계, 국가, 공동체, 개인 모두가 협력할 것을 강조하고 있지만, 그들 간의 실제적 협력을 보장할 수 있는 체제나 방법은 제시하지 못하고 있다. 그렇기 때문에 인간안보를 위하여 그동안 상당한 국제적 협력과 노력이 시행되었지만 그 결과는 만족스럽지 못한 상태이다. 민간 사회단체의 참여가 필수적이라고 주장하는 학자도 국가나 국제기구들이 그들의 활동을 위한 충분한 권한과 재원을 보장해주지 않는 한 한계가 있음을 인정하고 있다(Kotter 2007, 53). 그렇기 때문에 지금까지 인간안보 차원에서 노력해온 바는 대부분 말만 크고 조치는 작은(speaking loudly about human security but carrying a Band-Aid only) 결과가 되고 만 점이 있다(Amouyel 2006, 20).

다섯째, 인간안보에서 강조하는 사항의 대부분은 선진국의 시각에서 바라보는 후진국들의 국내문제라고 할 수 있는데, 이에 관여할 수 있는 정당성과 권한을 확보하는 것이 쉽지 않다. 동티모르 사태에서 나타났듯이 인권의 침해가 아무리 심각하더라도 국가주권을 무시한 개입은 허용되기 어려운 것이 현실이다. 저개발 국가들은 국제적인 개입 노력을 서구의 가치와 정치제도를 이식하기 위한 구실로 인식하여 개입 자체에 부정적이다(Amouyel 2006, 19). 유엔을 비롯한 국제사회는 아직 인도적 목적을 바탕으로 한 개입의 정당성에 관하여 확실한 합의를 도출하지 못한 상태이고, 누가 그러한 결정을 내려야 할 것인가에 대해서는 더욱 합의하기가 어려운 실정이다(Peou 2009 26). 현행 국제법 체계에 관한 "패러다임 전환"이나 혁명적 변화가 없을 경우 다른 국가의 문제에 대한 국제적 개입은 쉽지 않고(Tigerstron 2007, 59), 결과적으로 인간안보의 현실성을 보장하기는 쉽지 않다.

이렇게 볼 때 인간안보는 그 명분의 숭고성에도 불구하고 그 개념, 주체, 위협, 수단, 적용범위의 측면에서 보완해야 할 점이 적지 않다.

다만, 이러한 제한사항은 인간안보만을 추구할 때 발생하는 것으로서 국가안보와의 상호보완이나 조화를 도모할 경우 손쉽게 해결될 수도 있다. 그렇지 않을 경우 국가안보는 여전히 군사적 수단에만 의존하게 될 것이고, 인간안보는 실천이 담보되지 않는 이상에 머물 가능성이 크다. "군사적 안보가 모든 것을 해결할 수 없는 것은 사실이지만, 그것 없이는 아무 것도 해결할 수 없다"(Amouyel 2006, 14)는 말을 주목할 필요가 있다.

:: 인간안보와 국가안보의 조화

● 인간안보의 노력

국가안보와의 조화를 위한 인간안보의 노력 중에서 가장 근본적인 것은 "결핍으로부터의 자유"까지도 안보 개념에 포함시키는 부분에 대한 재고이다. 그 명분은 충분히 이해하지만, 인류의 번영과 안보를 동일시해서는 노력의 집중을 보장하기 어렵다. 그렇기 때문에 인간안보는 예상하지 못하였거나 비정상적인 모든 곤란을 그 대상으로 간주한다는 비판을 받는다(Simon 2007, 49). 인간안보센터에서 "좁은 개념의 인간안보"에 중점을 두겠다고 명시하고 있는 것은 이러한 필요성을 인식한 신호로 볼 수 있다. 인간안보가 지니는 한계를 회피하는 방편으로 "비전통적 안보"(Non-Traditional Security)라는 말을 사용하고 있듯이(Caballero-Anthony 2006; 이신화 2007), 인간안보가 그 개념의 실질성을 강화하지 못할 경우 "하나의 학문적 유행"이나 "신기루"(mirage)에 그칠 위험성이 있다는 지적(Kang 2008, 198)을 유념할 필요가 있다.

인간안보의 논의에서 국가의 역할이 더욱 중요하게 인정될 필요가 있다. "국제관계에서 국가가 유일한 행위주체는 아니지만, 국가 없이 역사를 기술하거나 현재를 분석할 수는 없다"(Kang 2008, 199)는 인식에서 알 수 있듯이, 국가의 조직적인 역량에 의존하지 않은 채 개인의 안전을 보장하기는 어렵기 때문이다. 사실상 인간안보와 관련하여 현재 실천되고 있는 사업의 대부분도 캐나다, 일본, 노르웨이 등의 국가기관에 의하여 주도되고 있고, 인간안보 차원에서 성공적인 사례로 평가되고 있는 1997년의 대인지뢰금지협약의 경우도 각국 정부들의 협의와 합의에 의하여 성사된 것이다.

인간안보의 달성방법에 있어서도 군사력을 비롯한 제도적 수단을 최대한 활용하고자 노력할 필요가 있다. 소말리아, 동티모르, 코소보, 리비아 등의 사례에서 보듯이 강제력을 사용하지 않을 경우 성과를 달성하기는 어렵고, 오히려 사태를 악화시킬 수도 있다. 인간안보의 구현에 있어서 중요한 것은 규범적 명분이나 수단이 아니라 정치적 의지라고 한다면, 그러한 정치적 의지의 가장 강력한 형태라고 할 수 있는 군사력의 효과적 사용을 회피해서는 곤란하다.

이와 관련하여 앞으로 논의되어야 할 중요한 문제는 다른 국가의 내부 문제에 대한 개입의 필요성이다. 유럽연합(European Union)에서는, 특정한 주권국가가 국민들을 보호할 능력이나 의지가 없거나 그것이 국민들에 대한 폭력의 원천이 될 경우 그 책임은 국제사회로 전환된다는 합의(International Commission on Intervention and State Sovereignty 2001, 17)에 주목하면서, 그를 위한 강제력의 사용 가능성과 이를 위한 준비를 강조하고 있다. 유럽연합에서는 인간안보의 원칙으로 "적절한 군사력의 사용"을 포함시키고 있고, 상황의 중대성과 절박성, 성공의 가능성, 임무의 실질성, 주변국가의 입장 고려, 역사적 연계성, 여론 등을 개입의 기준으로 설정하고 있으며, 군인 및 민간인, 그리고 적절한 장비로 무장된 15,000명 규모의 인간안보 대응군(Human Security Response Force)의 창설 필요성을 제기한 바도 있다(EU High Representative for Common Foreign and Security Policy 2004, 11-22). 이것은 명분은 인간안보이면서 수단은 국가안보의 형태를 띤 것으로 인간안보와 국가안보의 조화를 위한 현실적 방책일 수 있다.

● 국가안보의 노력

인간안보와 국가안보의 조화를 위해서는 국가안보, 특히 이를 담당하고 있는 군대의 조화 노력이 중요하다. 현대의 군대는 인간안보가 제기한 근본적인 문제, 즉 "안보의 근본적 목적은 국민들의 안전'이라는 점을 유념할 필요가 있고, 군사력의 증강보다는 외교나 협력, 대결보다는 대화를 중요시할 필요가 있다. 미국의 게이츠(Robert Gates) 전 국방장관이 현대 전쟁에서 "가장 중요한 것은 군사적 승리가 아니라 우리의 적과 친구, 중립적인 위치에 있는 사람들의 행동에 어떻게 영향을 미치느냐이다"라고 언급하면서 외교예산의 증대를 요구한 것은 이러한 맥락일 수 있다(조선일보 2007/11/29) 나아가 "국민의 생명과 재산의 보호, 불안과 공포로부터의 자유, 빈곤과 질병으로부터의 해방" 등도 고려하는 방향으로 국가안보를 "더욱 넓은 의미로 해석"할 필요도 있다(전웅 2004, 42).

군대의 경우 안보 문제에 관해서도 국민 개개인의 의견을 적극적으로 경청하고자 노력할 필요가 있다. 한국의 경우 천안함 함미 및 함수의 인양과 수색 시 가족들의 결정을 존중하는 모습을 보인 것이라든지, 국방부가 앞으로 전사나 순직에 대해서는 사망통보관이 2시간 이내에 가족을 방문하여 통보하도록 약속하였다든지, 천안함 합동조사단이 국민들의 의혹을 해소하기 위하여 노력한 모습 등을 보면 이러한 방향으로의 변화가 이미 시작된 점도 있다. 나아가 군대는 국방예산 사용의 투명성과 효율성을 극대화할 필요가 있고, 부대 출입이나 군사시설보호구역의 처리 등에 있어서 국민들의 불편을 최소화하고자 노력함으로써 국민들의 지지를 획득할 수 있어야 한다.

군 간부들은 현 시대의 변화와 인간안보의 배경과 의의에 관하여 충분히 이해하고, 필요한 사항을 반영할 필요가 있다. 인간안보에 대한 기본적 이해가 전제될 때 군인들은 작전적 필요성과 함께 사회적 맥락이나 인도적 측면을 중요하게 고려할 수 있고, 국제 및 국내의 비정부기구나 개인들의 참여와 요구를 수렴하고자 노력하게 될 것이다. 평화유지활동을 적극적으로 전개함으로써 세계적인 수준에서도 인간안보의 취지를 구현하고자 노력할 수 있고, 국내적으로도 인간안보가 지향하는 사회적 폭력, 빈곤, 질병, 범죄의 예방 및 감소에도 기여할 수 있으며, 국제적이거나 국내의 다양한 비정부기구들과 협조할 수 있는 체제를 구비할 필요도 있다. 인간안보를 중요시하는 선진국 군대와의 연합작전 수행능력을 함양하는 것도 중요할 수 있다.

:: 결론

1990년대부터 유엔 및 유럽을 중심으로 대두된 인간안보의 개념은 그의 높은 호소력을 바탕으로 짧은 시간에 전 세계적으로 확산되었다. 그럼에도 불구하고 인간안보는 기대되는 만큼의 실제적 성과는 산출하지 못한 상태이다. 당분간 인간안보가 국제사회의 중요한 화두로 기능할 가능성은 높지간, 국가안보를 대체하거나 패러다임을 전환시킬 정도가 아님은 물론, 공동안보, 지구안보, 협력안보, 포괄안보와 같은 수준의 유행에 그칠 가능성도 적지 않다는 평가를 받고 있다(Kang 2008, 198).

인간안보의 정착을 위해서는 무엇보다 개념 자체를 어느 정도 제한할 필요가 있다. "결핍으로부터의 자유"까지 망라하는 포괄성을 지닌 상태에서는 어떠한 구현노력도 실질성을 지니기 어렵기 때문이다. 또한 선진국의 국민들이 후진국에게 시혜를 베푼다는 인식에서 벗어나 후진국 스스로 정치적, 경제적, 사회적 안정을 보장할 수 있는 역량을 배양하는 데 중점을 둘 필요가 있다. 그리고 혼란에 빠진 다른 국가들의 국내 상황을 개선하는 데 필요한 국제적 개입을 제도화 및 강화할 수 있어야 할 것이다.

동시에 국가안보 주체들도 인간안보가 주장하는 바를 이해 및 반영하고자 노력할 필요가 있다. 권한이 미흡한 비정부기구나 개인들이 국가안보 측면을 수용하는 것보다 충분한 권한을 구비한 국가와 군대가 인간안보의 요구를 반영하는 것이 더욱 효과적이고 실질적일 것이기 때문이다. 국가안보를 위한 국가와 군대의 노력이 국민들의 안전을 오히려 위태롭게 하는 측면이 있다는 지적을 반성하는 가운데, 제반 활동에 있어서 국민들의 요구를 충분히 수렴하거나 국민들의 편의와 복지에 기여하고자 노력할 필요가 있다. 평화유지활동과 같은 국제적 임무를 적극적으로 수행함으로써 인간안보의 명분을 적극적으로 수용해 나갈 필요가 있다.

인간안보와 국가안보는 노인들의 등 긁기와 같은 관계일 수 있다. 자신의 등이 아니라 상대의 등을 서로 긁어줄 때 두 사람이 모두 만족할 수 있는 것과 마찬가지로 인간안보는 국가안보의 장점을 받아들이고, 국가안보는 인간안보의 이상과 명분을 수용하고자 노력할 필요가 있다. 인간안보 주창자들은 정부와의 협력을 강화하고, 국가안보의 주체들은 다양한 시민단체 및 개인들의 의견을 적극적으로 수렴한다는 자세를 가져야 한다. 서로를 보완하고자 할 때 인간안보와 국가안보는 시너지효과를 얻을 수 있을 것이다.

제3장
동북아시아의
안보지형

2010년 3월 26일 북한이 한국 해군의 초계함인 천안함을 어뢰로 공격하여 격침시킨 사태는 휴전상태라는 남북관계의 냉엄한 현실은 물론이고, 동북아시아에 잠재하고 있는 국제적인 대결구도를 확인시킨 중요한 사례이기도 하였다. 천안함 폭침과 관련하여 미국과 일본은 한국의 입장을 전적으로 지지하였고, 중국과 러시아는 북한을 절대적으로 옹호하는 모습을 보였는데, 이것은 과거 냉전 시대에 존재하였던 남방 3각관계(한국-미국-일본)와 북방 3각관계(북한-중국-러시아)와 정확하게 일치하는 것으로, 세력정치(power politics) 이론이 아니면 해석하기 어렵다.

그렇기 때문에 국제사회가 옳고 그름의 시각에서 사실을 객관적으로 조사하여 올바른 판단을 내려줄 것이라는 믿음에서 천안함 사태의 해결을 유엔에 회부한 한국은 세력정치의 벽을 실감한 채 아무런 성과도 얻지 못하였던 것이다. 기본적으로는 국제사회가 건전하면서도 합리적인 판단을 내릴 것이라고 신뢰해야하겠지만, 세력정치의 측면이 항상 내재하고 있음을 망각해서는 곤란하다. 냉전의 잔재가 상당할 정도로 남아있는 한반도의 상황에서는 더욱 그러하다. 이러한 보수적 안보지형 인식이 병행될 때 평화와 안보를 위한 제반 노력이 현실성을 갖게 될 것이다.

∷ 세력균형이론의 재조명

● 세력균형이론

현실주의적 국제정세 분석의 대표적 이론은 세력균형이론(Balance of Power Theory)이다. 그 용어의 존재 여부와는 상관없이 이 이론이 주장하고 있는 개념은 투키디데스(Thucydides)의 『펠로폰네소스 전쟁사』에서 묘사된 그리스 도시국가들의 관계나 중국 전국시대(戰國時代) 소진과 장의의 합종(合縱)과 연횡(連橫)의 사례에도 적용된 고전적인 국제관계의 형태이다. 다만 현재 이론화되어 있는 세력균형은 19세기 유럽의 정치사에서 영국이 주도적으로 구현한 바가 있고, 일극(一極, Unipolar), 이극(二極, Bipolar), 다극(多極, Multipolar) 체제라는 용어에서 보듯이 국제정치에 대한 보편적인 인식의 틀로 현재도 사용되고 있다. "세력"(Power)[3]에 대한 정의나 합의가 쉽지 않고, 협력지향적인 시대의 국제관계를 설명하는 데는 한계가 있지만, 아직도 세력균형이론은 "현실 국제관계 설명에 가장 적실성이 높은 이론으로 그 생명을 유지하고 있고", "국제사회가 국가중심체제의 속성을

---

3) Power는 '힘'으로 번역할 수도 있지만, '세력균형'이라는 용어와 일관성을 구비하면서 영향력 등의 무형적 요소가 포함되는 정도를 강화한다는 측면에서 '세력'으로 사용하고자 한다.

유지하는 한 의미를 가질 것”으로 인식되고 있다(이상우 1999, 490-491).

세력균형이론의 핵심적인 내용은 특정한 지역 내 국가들의 세력이 균형을 이룰 때는 평화가 유지되지만 그렇지 않을 때는 전쟁이나 분쟁이 발생하기 때문에 평화를 위해서는 각국의 세력이 균형을 이뤄야 한다는 것이다. 즉 특정 국가의 국력이나 군사력 다과보다는 그의 균형 여부를 중요시하는 이론으로서, 최초에는 세력의 평형(equilibrium), 즉 쌍방이 대체적으로 동일한 정도의 세력을 보유하는 데 중점을 두었으나 시간이 지나면서 유리한 균형(favorable balance)이나 불리한 균형(unfavorable balance)을 포함한 안정된 세력의 분포(distribution of power)를 의미하는 것으로 확대되어 왔다(Paul et al. ed. 2007, 30). 즉 산술적인 세력균형 자체보다는 균형으로 인식하는 정도나 상태를 중요시한다고 할 것이다.

개념적으로 볼 때 국가의 세력은, “국가의 목적을 위한 수단”(as means to the nation’s ends)으로서(Morgenthau 1985, 30-31) “국제적인 환경에서 다른 행위자의 행동을 통제하는 능력”이다(Rothgeb Jr. 1993, 44). 이것은 대체적으로 지리, 자원, 산업능력, 군사적 준비태세, 인구, 국가의 특성, 국가의 사기, 외교의 질, 통치의 질 등 다양한 요소로 구성되지만(Morgenthau 1985, 127-169), “소프트 파워”(soft power)의 개념에서 제시되고 있듯이 최근에는 질적인 요소도 중요시되고 있고(Nye Jr. 2004), “스마트 파워”(smart power)라는 개념을 통하여 양적인 측면과 질적인 측면을 상황에 맞도록 효과적으로 사용하는 것이 강조되기도 한다.

다만, 양국의 입장이 극단적으로 상충될 경우에는 클라우제비츠(Carl von Clausewitz)가 말한 “적에게 우리의 의지를 실행하도록 강요하는 폭력”(force to compel our enemy to do our will)(Clausewitz 1984, 75)이

동원될 수밖에 없다는 점에서 결국 국제정치에서의 세력은 군사력이 결정적인 요소를 차지하게 된다. 이런 이유로 각국은 강한 군사력을 확보하고자 노력하고, 주변국가들의 군사력 증강에 민감한 반응을 보이게 되며, 동맹을 통하여 미흡한 점을 보완하게 되는 것이다. 모겐소(Hans Morgenthau)는 "국제정치는 세력정치(power politics)"이고(Morgenthau 1985, 37), 국내정치와 국제정치는 "세력투쟁"(the struggle for power)이라는 점에서는 동일하다고 강조하고 있다(Morgenthau 1985, 52).

세력균형이라고 해서 지역 내의 모든 국가가 동등한 양의 세력을 확보하거나 동등한 위상을 구비해야 한다는 것은 아니다. 대체적으로 지역 내 국가 중에 영향력이 큰 몇 개의 강대국이 있어서 이들을 중심으로 진영이 형성되고, 그들 진영 간에 균형이 형성되는 형태로 진행된다. 이러한 과정으로 인하여 세력균형은 동맹의 배열과 선택의 문제로 귀착된다. 냉전시대를 예로 들면, 세계는 미국과 소련이라는 두 개의 강대국을 중심으로 다수의 국가들이 동맹관계를 형성하였고, 이 두 진영 간에 세력을 둘러싼 경쟁이 발생하였으며, 두 세력 간에 대체적인 균형이 형성됨에 따라 대규모 전쟁이나 분쟁 없이 안정을 유지할 수 있었다.

세력균형이론은 현상을 분석하는 도구이기도 하지만 특정의 국가가 지향해야 할 방향을 제시하기도(prescriptive) 한다. 세력균형이 이루어질 때가 안전하기 때문에 대부분의 국가들은 균형을 창출하거나 유지하는 방향으로 대외정책을 구사해야 한다는 논리가 성립되기 때문이다. 그리고 특정 지역 내에서 이러한 역할을 적극적으로 수행하는 국가가 존재할 때 그 국가를 "균형자"(balancer)라고 하는데, 근세부터 19세기까지 유럽정치에서 영국이 수행했던 바와 같이 균형자는 세력이 강한 쪽을 견제하거나 세력이 약한 쪽을 지원함으로써 전체적인 균형을 유지한다.

특정한 국가의 입장에서 최선의 상태는 당연히 그 지역 국가들의 세력이 자신이나 자신이 속한 진영에게 다소 "우세한 균형"을 이루는 것이다(이상우 1999, 498). 세력이 우세할 경우에는 전쟁이나 분쟁이 발생한다고 하더라도 두려워할 필요가 없고, 필요시에는 균형자 역할을 수행하여 세력 간의 균형을 주도적으로 회복시킬 수 있기 때문이다. 특히 그 강한 국가나 진영이 선량한 의도를 가졌을 경우에는 약소국을 보호하거나 호전적인 국가를 응징함으로써 지역 내의 질서를 확립할 수 있다. 또한 세력균형의 정도를 명확하게 측정할 수 없기 때문에 안전여유(safety margin)가 필요하고, 우세한 균형이 확보되어야 세력균형의 지속성과 자신의 주도성을 보장할 수 있다. 세력전이이론4)이나 패권안정이론5)에 의하면 실제로 우세한 국력을 가진 국가가 지배적인 입장에서 특정 지역의 질서를 확립할 때가 가장 안정적일 수 있다. 특히 "선량한 패권국"(benevolent hegemon)(Huntington 1999)이라는 개념에서 제시되고 있듯이, 민주주의 국가의 경우에는 자신의 선량한 가치를 확산시키거나 전체주의적 국가의 오판을 방지하기 위해서 우세한 세력균형이 필요하다고 인식한다. 이러한 내용을 도식화하면 <그림 1>과 같다.

---

4) 세력균형이론을 동적으로 설명하는 이론으로서, 현 상황에 만족을 느끼는 강력한 국가가 그의 동맹국들고 함께 도전국가나 그의 동맹에 다하여 압도적인 우위를 확보할 때 평화가 보장되고, 현재의 세력균형에 관하여 불만족을 느끼고 있는 국가가 국력을 급격하게 신장하여 현 질서를 지배하고 있는 국가와 유사한 서력을 구비하게 되었을 때 전쟁의 가능성이 높아진다고 주장한다(Organski 1958, 332).

5) Gilpin은 국제사회의 구조를 하나의 강대국이 통제하는 형태, 두 개의 강대국이 통제하는 형태, 세력균형의 형태 등 세 가지로 구분하고, 이 중에서 하나의 패권국(hegemon)이 국제 사회에서의 기본적인 규칙과 권리를 설정하고 집행하는 첫 번째가 가장 안정적이고 보편적인 형태라고 설명하고 있다(Gilpin 1981, 29-30).

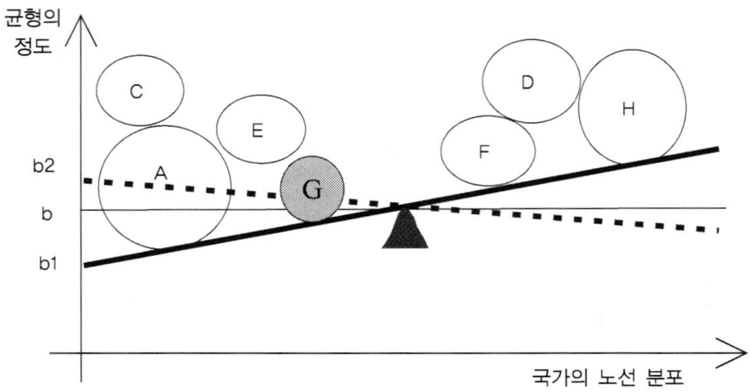

그림 1 ▶ 우세한 세력균형

<그림 1>에서 국가 G의 입장을 분석해보면, G는 스스로가 강한 국가가 아니기 때문에 노선을 같이하는 국가와 협력관계를 형성함으로써 우세한 균형을 유지하는 진영의 부분이 된다. b1이 "우세한 균형"의 수준인데, 그보다 더욱 우세해질 경우에는 상대방이 현상타파를 위하여 도전할 위험성이 있다. 상대방이 다소 우세한 b2에서도 세력이 균형을 이룬다고 할 수 있는데, 안전여유를 고려할 때 수용 가능한 우세 정도는 자신이 속한 진영이 우세하다고 판단하는 정도보다 작을 수밖에 없다('b2-b'는 'b1-b'보다 작다). 따라서 G국가의 입장에서는 b1에서 세력균형을 이루는 것이 최선이고, 최소한 b2 아래일 필요가 있다.

● **협력적 안보의 대두와 한계**

냉전이 계속되면서 세력경쟁 중심의 국제정치가 초래하는 심각한 부작용(군비경쟁이나 핵전쟁의 가능성 등)을 인식한 국제사회는 1980

년대부터 "공동안보"(common security), "협력안보"(cooperative security)
등의 용어를 통하여 협력과 상생에 근거한 국제문제의 해결을 강조
하기 시작하였다. 이러한 노력은 국제정치 이론에도 영향을 주어 브
잔(Barry Buzan)의 "국제안보"(international security), 하프텐돔(Helga
Haftendom)의 "지구안보"(global security)에서 제시되고 있듯이 개별
국가가 아닌 전 세계 차원에서의 안보 문제 접근이 강조되기 시작하
였다. 특히 1989년 베를린 장벽이 붕괴되어 냉전체제가 종식되면서
세력정치라는 말은 국제정치에서 거의 사용되지 않게 되었고, 다양한
협력적 체제의 구성과 발전이 지배적인 경향으로 부상하였다.

그러나 협력안보를 위한 지금까지의 연구와 노력이 실질적인 성과
를 거둔 것으로 평가하기는 어렵다. 협력과 상생의 명분을 전파하는
데 성공한 측면이 있기는 하지만, 국가 간의 갈등을 평화적으로 해결
할 수 있는 장치나 방안을 개발하였거나 제도화시키는 데는 이르지
못하였기 때문이다. 국제적으로 발생하고 있는 다양한 갈등을 해결할
수 있는 유엔의 역량은 여전히 제한적이고, 대량살상무기 확산과 같
은 심각한 문제들은 여전히 해결이 미루어진 채 악화되고 있으며, 걸
프전쟁, 코소보전쟁, 아프가니스탄전쟁, 이라크전쟁에서 보듯이 간헐
적인 군사적 충돌이 지속되고 있다. 다양한 국제 및 지역기구를 형성
하여 활발한 토의를 전개하고는 있으나 실질적인 성과는 도출하지
못하고 있다.

오히려 시간이 지나면서 세계질서는 더욱 혼란스러워지고, 세계적
문제를 협의하여 해결할 수 있는 국제적 역량과 가능성은 미약해지
고 있다. 한동안 미국이 "단극의 순간"(The Unipolar Moment)[6]을 향
유하면서 세계질서를 재단하였지만, 이라크전쟁이나 아프가니스탄

전쟁에서 보듯이 이제는 그 한계를 드러내고 있다. 유럽의 국가들도 세계 전체의 이익보다는 지역이나 개별 국가의 이익 추구에 치중하는 모습을 보이고 있고, 중국과 러시아가 부상하고 있으나 국제문제의 합리적 해결을 위한 책임성을 보여주지 못하고 있다.

동북아시아의 경우에는 더욱 지역정세의 불안전성이 크고, 전략적 경쟁이 재발할 가능성도 높다. 미국은 수년 전부터 "부상하는 중국에 대한 대비"(hedging against a rising China) 또는 "덜 우호적인"(less benign) 중국에 대한 우려를 표명해왔고, 아시아·태평양 지역에 대한 관심을 강화하고 있다. 2001년 중국과 러시아는 서방과의 대결에 대한 대비라고 해석할 수 있는 상하이 협력기구(SCO: Shanghai Cooperation Organization)를 형성하였을 뿐만 아니라 각각의 군비를 증강하는 가운데 연합 차원의 훈련을 실시하고 있다. 이에 자극받아 "미국-일본-호주"는 2002년부터 "3각전략대화"(Tri-lateral Strategic Dialogue)를 출범시켰고, 미국은 일본 및 한국과의 동맹관계를 계속하여 강화하고 있으며, 이 지역에 대한 군사력 배치를 강화하고 있다. 외부적으로는 평온한 상태로 보일지 모르나 내면적으로 상당한 세력경쟁이 진행되고 있는 상태라고 할 것이다. 그리고 그것이 천안함의 격침과 관련된 한·미·일과 북·중·러 간의 시각차로 나타난 것이다.

● 약소국과 세력균형이론

세력균형이론에 의하면 약소국의 입장에서는 대체로 세 가지의 방

---

6) 냉전에서 승리한 미국 중심의 세계질서가 30~40년 정도 지속될 것이라는 전망을 바탕으로 Krauthammer가 1990년에 사용한 말이다. 2002년 두 번째 논문에서 그는 그 순간이 더욱 장기화될 것으로 전망하면서 '단극의 시대'(unipolar era)라는 말로 수정하고 있다(Krauthammer 1990; Krauthammer 2002).

안이 가능할 수 있다. 첫째는 자신의 존재가 세력균형 자체를 변경시키거나 영향을 줄 수 없다는 점을 자각하고, 그러한 서력균형에 무단하거나 중립적인 입장을 견지하는 것이다. 이 경우에는 세력균형을 위한 복잡한 계산과 노력은 필요 없지만, 능동적인 대외정책 수립 및 시행이 곤란하고, 잘못하면 세력균형의 틈바구니 속에서 억울한 희생자가 될 수 있다. 두 번째는 강대국과 동맹관계를 형성함으로써 편승(bandwagoning)하는 방법인데, 이 경우는 강대국의 세력을 빌려서 우세한 균형을 추구할 수는 있지만, 자주성이 위협받을 우려가 있다. 세 번째는 균형자의 역할을 자임하는 것으로서 상대적으로 약소한 국력임에도 주도권을 행사할 수는 있으나, 잘못될 경우에는 외교력만 낭비하고 오히려 고립될 우려가 있다.

국제관계가 단선적인 내용으로 진행되는 것이 아니기 때문에 약소국이 특정한 하나의 정책방향을 선택해야 한다거나 한번 선택한 정책방향을 계속하여 유지해야 한다는 것은 아니다. 약소국의 입장에서는 가능한 범위 내에서 지역정세 변화에 개입되는 소지를 최소화하는 가운데, 주변 강대국과 동맹을 형성하거나 협력적인 관계를 유지하며, 어떤 경우에는 균형자적인 적극성을 띠는 등 상황에 따라서 우 방안들을 혼합하여 적용하는 경우가 대부분이다.

이상적으로만 접근할 경우 약소국의 입장에서는 균형자로서의 우 치를 확보하는 것이 유리하다. 균형자가 될 경우에는 소규모의 국력임에도 대외정책의 자율성을 최대한 확보할 수 있기 때문이다. 다만 균형자가 되기 위해서는 그 국가가 진영을 바꿈으로써 지역의 세력 분포를 변화시킬 수 있는 충분한 세력을 보유하여야 하고, 필요하다고 판단하면 어떤 국가와도 우방이나 적이 될 수 있는 행동의 자유

(freedom of action)를 보유하고 있어야 하는데, 현실적으로 이러한 조
건을 구비하는 것이 쉽지 않다. 또한 특정한 상황에서 균형자의 역할을
수행하였다고 하더라고 상황이 변화되면 그 위치도 흔들리게 된다.

그러므로 세력균형과 관련하여 약소국이 취할 수 있는 방향은 기
본적으로는 지역정세 변화에 대한 불필요한 개입을 자제함으로써 국
력의 낭비를 최소화하고, 우세한 균형을 달성하고 있는 진영에 속하
는 방향으로 동맹관계를 형성하며, 간헐적으로 제한된 범위 내에서
균형자로서의 자율성을 행사하는 것이라고 할 수 있다. 국제정치는
현실이고, 국가안보는 만전을 기해야 한다는 차원에서 "약소국일수
록 균형적 동맹정책보다는 편승 동맹정책을 취하는 경향"이 발생할
수밖에 없다(김우상 1998, 42).

:: 동북아시아의 세력균형과 한국

● 세력균형 평가

동북아시아는 냉전 시대부터 세력균형이론이 이상적으로 적용되
는 환경이었다. 주변의 강대국들이 외곽을 형성함에 따라 세력의 각
축장이 자연스럽게 구획되었고, 내부의 중심에는 휴전상태인 남북한
이 대치함으로써 그러한 세력들에게 각축의 구실을 제공하였기 때문
이다. 소련과 중국의 지원을 받는 북한이 한국전쟁을 야기하고, 이를
막기 위하여 미국을 중심으로 한 우방국들이 참가함으로써 양대 세
력이 실제적으로 충돌하기도 하였다. 만주지역에 대한 폭격을 주장한
맥아더 장군을 미국의 트루먼(Harry Truman) 대통령이 해임한 것은

이곳에 세력대결 구드가 존재하기 때문에 자칫하면 제3차 세계대전
으로 확대될 위험성이 크다고 판단하였기 때문이다. 그 이후로 동북
아시아에는 한반도의 군사분계선을 중심으로 북방의 북한·중국·소
련, 그리 남방의 한국·미국·일본이 대결하고 경쟁하여 왔는바,7) 이
들 간에는 이념적인 국가노선이 명확히 구분되었고, 상대방의 위협을
구실로 진영 내 국가 간 동맹조약을 체결하였다. 따라서 오랫동안 동
북아지역에는 "북방 3각관계"와 "남방 3각관계"로 호칭되는 대결적
구도가 지배하게 되었다.

냉전이 종식되었음에도 불구하고 동북아시아에는 남북한 간의 대
결이 지속되고 있고, 민주주의가 발전한 한국·미국·일본의 3국과
아직도 권위주의적 체제의 특성을 상당 부분 지니고 있는 북한·중
국·러시아의 결합이라는 국가 성격상의 차별이 지속되고 있다. 동북
아시아는 "해양세력인 미국과 일본, 그리고 대륙세력인 중국과 러시
아 간에 패권견제와 역내 주도권 경합이 여전"하여 다른 지역과는 달
리 냉전적 세력 경쟁의 양상이 잔존하고 있다(박종철 외 2006, 25). 경
제, 사회, 문화적으로는 협력이 확대되어가는 모습을 보이고 있지만,
그 저변에서는 군사력 증강과 전략적 경쟁이 진행되는 양상을 보이
고 있다. 그리고 천안함 사태는 이러한 현실을 깨닫도록 하는 하나의
계기였다고 할 것이다.

중국과 러시아의 빠른 성장을 고려할 경우 세력전이(power transition)
가 문제시될 가능성도 배제할 수는 없지만, 동북아시아의 경우 아직

---

7) 지리적으로만 보면 한국, 북한, 몽골, 일본, 중국이 동북아시아에 속하지만, 국제정치에서는 동맹 및 이해관
　계의 정도도 고려할 필요가 있다는 점에서 미국과 러시아는 포함시키고, 대신에 역할이 제한적인 몽골은
　제외시켰다.

은 미국이나 미국이 주도하고 있는 남방 3각관계의 세력이 우세한 형국이다. 경제력 측면을 합산해볼 경우 한국·미국·일본을 결합한 것이 북한·중국·러시아를 결합한 것에 비해서 월등하다. 비록 최근 재정적자로 고전을 하고는 있지만 미국은 이 지역에서 여전히 지배적인 강국이고, 한·미·일은 2개의 동맹조약을 통하여 긴밀하게 연결되어 있으며, 민주주의라는 정치이념과 자본주의라는 경제체제가 강력한 공통분모로 작용하고 있다. 대신에 북방 3국의 경우에는 인구, 영토, 병력수가 많기는 하지만 전체적인 국력도 아직은 미약하고, 북한의 국력이 쇠잔해진 상태이며, 북·중·러의 결속도도 냉전 시대에 비해서 약해진 점이 있다. 즉 동북아시아는 한국, 미국, 일본으로 구성되는 민주주의 진영이 "우세한 균형"을 달성한 상태에서 안정되어 있는 상황이라고 할 수 있다.

동북아시아의 세력균형과 관련하여 앞으로 쟁점이 될 사항은 중국의 부상이다. 영토나 인구 측면에서 중국은 세계 차원의 강대국이 될 조건을 구비하고 있고, 1978년 덩샤오핑이 개혁·개방정책을 추진한 이래 경제적으로 급속하게 성장하고 있으며, 군사력의 현대화 속도가 괄목할만한 정도이기 때문이다. 특히 중국은 역사적으로나 문화적으로 동북아시아에 강력한 연고권을 보유하고 있고, 장거리 국경을 접한 상태에서 동맹조약을 맺고 있어서 북한에 영향을 미치기가 용이하다. 따라서 향후 동북아 안보 구조의 가장 중요한 사안은 중국의 부상에 따른 미국과의 충돌 가능성과 관련된 문제들일 것이고, 이것은 현재 "우세한 균형"을 확보하고 있는 한·미·일 3국에게는 심각한 위협 요인일 수 있다. 실제로 천안함 사태에 대한 중국의 태도와 한미 연합훈련에 대한 민감한 반응은 이 지역 국가들로 하여금 중국

변수의 의미와 정도를 인식하게 하는 계기가 되었다.

● 한국의 상황 평가

동북아시아에서 "우세한 균형"을 차지하고 있는 진영에 속하고 있다는 점에서 현재의 세력균형 형태는 한국에게 유리하다. 비록 북한이 핵 및 미사일을 가발하여 비대칭적 접근(asymmetrical approach)으로 일거에 열세를 만회하고자 하지만 전반적 국력이 워낙 미약하여 결정적 위협을 가하기는 어렵다. 신장된 국력을 바탕으로 한국은 미국에 편승하는 정도를 완화시킬 수도 있고, 중국이나 러시아와의 관계 개선에도 노력할 수 있다. 그렇기 때문에 한국은 90년대 초반부터 대북정책에 관한 유연성을 증대시켰고, 지난 정부에서는 "협력적 자주국방"을 기치로 하여 한미동맹에서의 자율성을 강화시키고자 노력하였으며, 현 정부는 중국과 전략적 동반자 관계를 체결하였고, 러시아와도 우호적인 관계를 증진해 나가고 있다.

돌이켜보면 한국이 상황을 지나치게 낙관했던 측면도 발견된다. 예를 들면, 2005년 3월 21일 3사관학교 졸업식에서 노무현 대통령은 "동북아시아 균형자론"을 제기하였는데, 이것은 지나친 장밋빛 상황 인식에 바탕을 둔 것으로 그 이후의 결과가 말해주듯이 희망대로 구현되기는 어려웠다. 균형자의 역할을 수행하기 위해서는 지역정세의 균형을 좌우할 수 있는 충분한 세력을 구비하거나 "중추적 우치"(pivotal position)[8]를 확보해야 하는데, 한국의 능력이 그 정도에 이른 것은 아니었기 때문이다. 또한 한국 정부는 한미연합사령관이

---

8) 특정한 국가가 탈퇴하기만 하면 그 동맹이 세력균형에서 불리해질 경우 그 특정국가가 점유하는 위치를 말한다(Riker 1975, 125).

행사하도록 되어 있는 전시 작전통제권을 환수하여 한미연합사령부를 해체하고, 한반도 방어의 책임을 한국이 주도하고 미군이 지원하는 방식으로 전환하는 것으로 합의하였으나, 천안함 사태 이후 이를 2015년 12월 1일까지 연기하기로 합의한 데서 나타났듯이 아직은 주한미군의 적극적인 역할이 필요한 상황이다.

중국에 대한 관계개선에도 한국은 상당한 성과를 거두고 있다는 인식이었다. 2008년 5월 27일 한국의 이명박 대통령은 중국을 국빈 방문하면서 후진타오 중국 국가주석과 정상회담을 갖고 "전면적 협력 동반자 관계"이던 한·중 관계를 "전략적 협력 동반자 관계"로 격상시키는 데 합의하였고, 중국에 대한 경계심도 상당히 누그러뜨렸다. 다수의 학자들이 중국과의 협력에 근거하여 한미동맹관계의 변화 필요성을 언급하기도 하였고, 정치, 경제, 군사 측면에서 중국 인사들과의 교류와 협력을 강화하게 되었다. 또한 중국과의 협력을 바탕으로 남북문제를 안정시키거나 통일을 달성하고자 하는 노력도 적지 않았다.

이러한 상황에서 발생한 천안함 사태는 한국의 낙관적 상황인식과 그에 바탕을 둔 다변화 외교정책의 위험성을 경고하였다고 할 수 있다. 사건 현장에서 수거한 북한제 어뢰 프로펠러 등의 증거로 볼 때 북한에 의한 천안함 공격이 명확하고, 군함에 대한 공격은 명백한 침략행위임에도 불구하고, 중국은 명확한 논거도 없이 북한을 비호하고자 하였으며, 한국과의 전략적 협력 동반자 관계가 수사에 지나지 않는다는 인상을 주었다. 천안함 사태 이후 한미연합사령부 해체를 연기한 것에서 알 수 있듯이 한반도의 안정과 전쟁억제에는 한미동맹이 근본적인 바탕이 될 수밖에 없다는 점을 깨닫게 되었다.

한국은 세력 간의 잠재적 대결이 근본적 지형으로 존재하고 있는 동북아시아 국제정치의 본질을 명확하게 이해하는 가운데, 섣부른 희망으로 서두르기보다는 안전과 신중을 바탕으로 국제관계를 추진해 나갈 수밖에 없다. 국가안보는 요행에 근거하거나 도박할 수 없다는 차원에서 조금은 지루하거나 불편하더라도 한미동맹을 바탕으로 한 전통과 안전을 중요시해야 한다. 그것이 천안함 사태로 학습한 중요한 교훈이라면 북한에 의한 천안함 격침은 불행한 일만은 아닐 수도 있는 것이다.

:: 한국의 정책 방향

● 주변국 관계

동북아시아의 세력정치적 특성을 고려할 경우 한국은 한미동맹을 지속적으로 강화해 나가지 않을 수 없다. 한말의 역사에서 보듯이 한반도 주변에서 주변국가들이 각축을 벌일 경우 한국의 독자적인 힘만으로 생존하기는 어렵기 때문이다. 지금까지의 경험으로 볼 때 영토적 야심이 없으면서 세계 최고의 군사력과 경제력을 보유하고 있는 미국과의 동맹은 실보다는 득이 훨씬 많다. 한미동맹은 이미 50년 이상의 역사를 지닌 "기보유(旣保有) 안보자산"이기 때문에(엄태암 2007, 13) 효과적으로 관리하기만 해도 상당한 성과를 거둘 수 있다. 천안함 사태에서 목격했듯이 중국이 북한을 무조건 엄호하는 정책을 견지할 경우 한국으로서는 한미 상호방위조약을 핵심으로 한 동맹 이외에는 선택의 여지가 없을 가능성이 높다.

한미동맹을 강화하고자 할 경우 2015년 12월 1일부로 예정된 전시 작전통제권의 환수 또는 한미연합사령부 해체 문제는 재검토할 필요성이 있다. 한미연합사령부가 해체될 경우 한반도를 둘러싼 실제적인 세력균형이나 세력균형에 대한 주변국들의 인식이 달라질 수 있고, 한반도의 전쟁억제태세도 심각하게 약화될 것이기 때문이다. 전시 작전통제권 환수와 이에 따른 한미연합사령부 해체는 대미 자주성 확보라는 감정적 차원에서 제기된 사안이라는 점에서 이제는 그 득실을 다시 한 번 냉정하게 검토하여 합리적인 판단을 내릴 필요가 있다. 2010년의 천안함 사태와 그 8개월 후에 벌어진 연평도에 대한 북한의 포격에서 알 수 있듯이 북한의 호전성은 더욱 커진 상태이고, 최근에는 핵무기를 개발하였을 뿐만 아니라 미사일에 탑재할 정도로 소형화하는 데 성공하였을 가능성도 배제할 수 없기 때문이다. 이와 같은 심각한 안보불안이 계속되고 있는데도 합의하였다고 하여 계속 추진하는 것은 합리적이기 어렵다.

일본과의 관계도 전향적인 접근이 요구된다. 비록 과거사로 인한 감정적인 요소나 독도 문제를 둘러싼 갈등의 소지를 외면할 수는 없지만, 일본은 한국과 민주주의의 가치를 공유하고 있다. 또한 중국을 견제하는 데 있어서 한국과 일본의 협력은 매우 중요하고, 한미동맹과 미일동맹이 긴밀히 연계되어 있다는 점에서 한미동맹을 강화하기 위해서도 한일관계를 개선할 필요가 있다. 미국은 냉전 종식 이후부터 미일동맹을 대아시아 정책의 "초석"(keystone)으로 인식하고 있고 (Armitage Nye 2007, 2), 1세기 전 영일동맹에서처럼 중국에 대한 견제세력으로 일본의 역할을 확장시키고자 노력할 가능성이 높기 때문에 미국과의 동맹이 중요하다면 일본과의 우호관계 협력은 필수적이다. 북한문제를 해결하기 위해서도 한·미·일 3국이 긴밀하게 협력하는 것이 필수적이다.

지금까지 일본에 대한 한국의 본능적인 경계심에서 탈피하여 실종된 한·일 외교관계를 복원하고, 다른 우방국가와 유사한 정도의 포괄적인 교류 및 협력관계로 발전시켜 나갈 필요가 있다. 양국 간의 차이점보다는 공통점을 강조하고, 전략적 호혜성을 개발하며, 경제, 사회, 문화 측면에서 협력의 사례를 누적시키고, 지도자 및 여론주드층 간의 인간적인 유대관계를 강화해 나가야 할 것이다. 북한의 핵 및 미사일 개발 등 전략적 사안에 대하여 양국이 공동으로 대처하기 위한 노력을 강구할 필요가 있고, 1999년부터 2004년까지 한·미·일 간에 "대북정책 조정감독그룹"(TCOG: Tri-lateral Coordination and Oversight Group)을 설치하여 운용했던 경험을 살려 북한문제에 대한 상호 간의 협의와 공동 대응 노력을 모색해 나갈 필요가 있다.

한국은 중국과의 관계에 대한 지나친 기대에서 벗어나 현실을 직시할 필요가 있다. 역사적으로 한반도는 중국 쪽으로부터 잦은 침략을 받아왔고, 최근 나타나고 있듯이 중국은 한민족의 역사마저 부정하고자 하며, 한반도의 통일에 대해 반대되는 입장을 취할 가능성도 높다. 2008년 중국과는 전략적 협력 동반자 관계를 체결하였지만, 천안함 사태의 처리에는 전혀 기능하지 못하였듯이 실효성이 의문시된다. 한국의 이명박 대통령이 중국을 방문하고 있을 때 중국의 외교부 대변인이 "한미동맹은 지나간 역사의 산물"이라면서 부정적인 시각을 드러낸 점이 있는 바와 같이(조선일보, 2008/5/29) 동북아 세력정치의 시각에서 보면 한·중협력은 한·미협력과 상충될 수밖에 없다. 한국이 미국과 중국의 사이에서 "교집합"의 폭과 깊이를 늘리는 중재자의 역할을 수행할 수만 있다면 최선이지만(최명해 2009, 409) 한중 관계로 한미관계를 대체할 수는 없다는 점을 분명히 인식해야 한다.

특히 한국은 남북한 문제 해결에 관한 중국의 역할을 기대하거나 주문하는 데 신중할 필요가 있다. 중국이 부강해질수록 한반도 문제의 평화적 해결을 위한 "기회"가 증대될 것이라고 보는 시각도 있지만(서진영 2007, 53) 천안함 사태 처리를 위한 유엔 안전보장이사회 토의 과정에서 중국이 보여준 행태를 고려할 때 중국의 합리성을 기대하는 것은 위험할 수 있다. 중국과 북한의 동맹관계는 위협에 공동으로 대처하기 위한 관계가 아니라 공산주의 혁명을 함께 추진하였던 형제국의 유대관계라고 할 수 있고, 북한 정세가 불안해질 경우 중국은 직간접적으로 개입할 뿐만 아니라 군사적 행동까지 취할 것으로 예측되고 있다. 또한 "미국은 실제 권투하는 것을 좋아하지만 중국은 쉐도우 복싱을 좋아한다"(The United Stated likes to box, whereas China likes shadow boxing)라는 말처럼(Odgaard 2009, 215) 중국은 세계나 지역 차원의 문제를 적극적으로 해결하고자 노력하기보다는 사태가 진행되는 대로 버려두는 소극적인 자세를 취할 가능성이 높다. 한국은 미국이나 중국과 협력관계를 유지하지만 그 강도에 있어서는 당연히 차등을 둘 필요가 있다.

러시아의 경우에도 경제 분야의 협력은 지속하여 나가더라도 경계심을 이완시켜서는 곤란하다. 천안함 사태와 관련하여 러시아는 중국과 유사하게 북한을 옹호하는 태도를 보였고, 조사단을 보내기는 하였지만 그 결과를 발표하지는 않았다. 러시아는 근본적으로 유럽국가로서 유럽 정치에 우선적인 관심을 두고 있고, 중국에 비해서는 합리적인 선택을 할 가능성이 높기는 하지만, 미국과의 전략적 경쟁과 북한과의 역사적 관계를 고려할 때 결정적인 사안이 발생하였을 경우 한국을 지지할 것으로 기대하기는 어렵다. 그렇기 때문에 러시아와의 관계 역시 한미동맹을 저해하지 않는 범위 내에서 추진되어야 한다.

다만, 극동지역 개발과 관련하여 한국과 러시아가 협력할 수 있는 소지가 많고, 이를 바탕으로 협력의 폭과 범위가 증대될 경우 국제정치 차원에서도 협력이 가능해질 수는 있다. 러시아는 시베리아 횡단철도와 천연가스관의 설치나 시베리아·극동지역의 자원 개발을 둘러싼 한국과의 협력에 상당한 관심을 갖고 있고, 한국은 러시아의 자원이 필요하다는 점에서 호혜적 협력의 잠재성이 크기 때문이다. 특히 러시아는 최근 국내정치의 안정과 유가 상승에 힘입어 국력과 위상을 상당할 정도로 회복하였다고 할 수 있고, 동북아시아 세력정치에 대한 관여의 정도를 높일 가능성도 없지 않다. 따라서 한국은 경제분야의 협력을 활성화함으로써 상호 간의 호혜성을 보장하고, 이로써 중국을 견제하거나 중국에게 부담을 줌으로써 동북아 세력정치에서 유리한 상황을 조성해 나갈 필요가 있다.

● 남북관계

남북관계에 있어서는 세력정치상의 고려보다는 군사적 대결관계를 해소하고, 평화공존과 통일을 도모한다는 점을 우선적으로 고려할 필요가 있다. 북한은 주변국가들에 비해서 국력이 매우 약하고, 국제적인 위상도 매우 낮으며, 경제난과 체제안정 등 국내적으로 해결해야 할 과제가 적지 않아서 세력정치에서 의미 있는 역할을 수행하기가 어려울 것이기 때문이다. 북한은 핵무기 개발, 2010년의 천안함과 연평도 사태, 김정은으로의 세습 등으로 국제적 신뢰를 극단적일 정도로 상실하였고, 중국과 러시아에게도 부담스러운 존재가 된 점이 적지 않다. 한국은 남북한 간의 문제를 남북한 간에 해결할 수 있는 체제와 관행을 누적시키기 위하여 노력하고, 북한에 대하여 강온 양면의 정책을 적절하게 배합함으로써 한반도의 상황을 악화시키지 않으면서 북한의 변화를 기다린다는 자세를 지닐 필요가 있다. 대결의 구도를 바탕으로 한 협상에서는 인내력이 강한 측이 유리하고, 타협의 의도를 나타낼수록 불리하기 때문에 여유 있는 정책을 선택해야 실질적인 성과를 거둘 수 있다.

북한의 경제난을 고려할 때 인도적 지원은 계속하여야 하지만, 북한이 천안함이나 연평도 사태를 사과하는 등의 능동적인 조치를 취하지 않은 상태에서 조건 없는 대규모 지원을 시행하기는 어렵다. 북한 주민의 최소한의 생활을 보장할 수 있도록 국제사회나 국내 사회단체를 통한 인도적 지원을 계속하되 국가 차원의 대규모 지원에는 신중할 필요가 있다. 북한의 변화와 지원을 연계한다는 정책을 지속하고, 북한의 민주화와 개혁 및 개방 확대를 요구하는 방향으로 국가 수준의 지원을 활용할 필요가 있다. 우선은 다소 불편하더라도 인내하면서 북한을 변화하도록 지속적으로 압박하는 것이 중요하다.

북한과 관련한 한국의 조치 중에서 시급한 것은 북한의 핵과 미사일에 대한 대응태세를 강화해 나가는 것이다. 상황이 악화될 경우 북한이 한국에 대하여 어떤 위협과 도발을 할지 알 수 없기 때문이다. 한국은 동북아시아 지역 국가들과 협력하여 북한의 핵무기 폐기를 집요하게 요구할 필요가 있고, 극단적인 경우에는 예방적 자위(anticipatory self-defense) 개념에 입각하여 북한의 핵이나 미사일을 사전에 무력화하는 방안도 준비하지 않을 수 없다. 또한 미사일 방어망을 구축함으로써 북한이 핵무기를 미사일에 탑재할 정도로 소형화하는 데 성공하였다고 하더라도 전략적 시설 등에 대해서는 최소한의 방어조치를 보장할 필요가 있다. 어떠한 도발을 하더라도 성공할 수 없다는 점을 북한이 인식하도록 한국이 철저한 대비태세를 갖출 때 북한은 한극과의 상생과 협력을 진지하게 검토하게 될 것이다.

● 국내 과제

한국은 국민들의 안보의식 제고에 최우선적인 관심을 기울일 필요가 있다. 천안함 사태의 경우 정부의 발표를 믿지 않는 정서까지는 이해하더라도 유엔 안전보장이사회의 이사국들에게 천안함 조사결과에 대하여 의혹이 많다는 서신을 보내기까지 한 것을 이해하기는 어렵다. 경제, 사회, 문화의 경우에는 보수와 진보라는 상이한 시각을 가질 수는 있지만 안보에 관하여 그 정도로 심각한 견해 차이를 보여서는 곤란하다. 앞으로 정부는 학교교육을 통하여 국가안보의 중요성을 충분히 교육시킬 필요가 있고, 안보에 관한 제반 사항을 국민들에게 신속하면서도 정확하게 알림으로써 공감대를 확산시켜야 하며, 국가의 지도자들부터 국방의 의무를 성실하게 수행하고, 국가안보에 관한 사항을 정쟁의 대상으로 삼지 않고자 노력해야 한다.

동북아시아 세력정치의 잠재성은 한국의 국방태세 강화를 더욱 절박하게 요구하고 있다. 한국은 박정희 대통령 이래로 자주국방을 추진하였고, 최근에는 "국방개혁"이라는 기치 아래 시대적 요구에 부합되는 군대로의 발전을 도모해왔다. 2005년 윤광웅 당시 국방장관은

"국방개혁 2020"이라는 명칭으로 국방분야의 전반적인 변화를 계획하고, 법률로까지 제정하여 지속을 보장하였다. 천안함 사태가 발생한 직후 이명박 정부는 "국가안보총괄점검회의"를 소집하여 국가안보에 관한 전반적인 실태를 점검하고, 2011년 3월 8일에도 37개의 단기과제를 포함한 73개의 장기과제를 제시하면서 대대적인 국방개혁을 추진하여 왔다. 그러나 상당한 시간이 흘렀음에도 실제적으로 달성한 성과는 많지 않고, 시간이 흐를수록 국방개혁의 동력도 약화되고 있다. 한국은 국방개혁과 같은 거창한 슬로건을 제시하는 대신에 실질적인 방향으로 국방의 체질을 전면적으로 개선함으로써 국방분야 노력의 생산성을 향상할 필요가 있다. 특히 지역의 세력균형에 어느 정도 참여하기 위해서는 전략적 억제력을 보장할 수 있는 무기체계의 확보가 긴요하다는 차원에서 이 분야에 배전의 노력을 경주할 필요가 있다.

제한된 국력임에도 동북아시아 세력정치에서 객체가 되지 않고자 한다면 한국은 외교적 역량도 지속적으로 강화해 나가야 할 것이다. 북한의 어뢰가 천안함을 공격한 것이 명백함에도 불구하고 유엔 안보리에서 결의안은 커녕 공격주체도 명시하지 못한 의장성명에 만족하지 않을 수 없었던 점은 한국 외교역량의 한계를 나타낸 것으로, 미래에 동북아시아 정세가 급변하게 될 경우 강대국들의 틈바구니 속에서 국익을 확보할 수 있을 지 우려하게 만들고 있다. 한반도에서 어떤 상황이 발생하였을 경우 국가의 수뇌부들은 물론이고 모든 외교관들이 국제정세 변화를 정확하게 인식한 상태에서 국제사회로부터 필요한 협력을 확보할 수 있는 정보력과 협상력을 구비하여야 한다. 이러한 점에서 한국은 외교부, 재외공관, 외교관들의 적극적인 활동을 주문하고, 이들의 소명의식과 질을 강화시켜야 할 것이다. 한국 나름의 문화와 가치가 지니는 매력(魅力), 즉 연성국력(soft power)을 강화함으로써 스마트 파워(smart power) 외교를 보장할 필요가 있다.

:: 결론

2010년 3월 26일 발생한 북한 어뢰에 의한 "천안함" 격침과 그 이후 각국이 보인 반응은 한국에게 동북아시아의 현실과 한국의 위상을 분명하게 인식시켜 주었다. 냉전 종식 이후 애매해진 점이 있었던 피아(彼我) 인식이 분명해진 점이 있고, 냉전시대의 남방 3각과 북방 3각의 대결구도가 잔존하고 있음을 확인하게 되었기 때문이다. 중국과 러시아의 무조건적인 북한 옹호에서 나타나고 있듯이, 동북아시아 국제정치는 여전히 상식과 합리보다는 세력정치적 계산에 의하여 지배되고 있다.

동북아시아의 세력정치와 관련하여 한국은 우선 지역에서 차지하는 한국의 현실적 위상을 냉정하면서도 정확하게 인식하여야 한다. 한국은 기본적인 규모(mass)에서 주변 강대국들에 비하서 작기 때문에 동북아시아 질서를 주도하기가 어려운 본질적인 한계를 지니고 있을 뿐만 아니라 남북이 분단된 상태로 대치하고 있어 행동의 자유가 더욱 제한된다. 그럼에도 불구하고 한국의 정치지도자들은 균형자와 같은 허장성세에 몰두하거나 외교적 협력을 통한 안전보장이 가능할 것으로 인식하고 있다. 현재와 같은 상황이 계속될 경우 한국은 한말의 역사적 경험처럼 동북아시아 세력정치의 객체로 전락할 위험성이 적지 않다.

현실을 냉정하게 인식할 경우 한국이 선택할 수 있는 최선의 방안은 한미동맹의 지속적인 유지와 강화이다. 한미동맹과 같은 명확한 지원 세력이 존재하지 않을 경우 한국은 강대국 세력경쟁의 희생자가 될 가능성이 크고, 강대국 중에서도 미국은 영토적 야심이 적을 뿐만 아니라 자유민주주의의 이상이나 합리와 상식을 중요하게 생각하며, 무엇보다 한미동맹조약과 한미연합사령부라는 굳건한 제도적 장치가 존재하고 있기 때문이다. 한미동맹이라는 "보험"에 충실한 바탕 위에서 다른 주변국가들과의 관계 개선에 노력해 나가는 것이 효과적이다. 이러한 차원에서 2015년 예정된 한미연합사령부의 해체 여부에 대해서는 근본적인 재검토가 필요할 수도 있다.

북한에 관해서는 당장은 다소 불편한 점이 있더라도 원칙에 입각한 대북정책을 추진하면서 북한의 근본적 변화를 유도할 수 있어야 한다. 북한의 변화와 지원을 지속적으로 연계하고, 천안함과 연평도 포격과 같은 도발을 방지할 수 있어야 한다. 다만, 국제사회나 민간단체를 통한 인도적 지원은 정치와 분리하여 지속하여야 할 것이다. 그리고 북한 내부에서 심각한 불안정 사태가 발생하였을 경우 한국이 어떻게 대처할 수 있고 대처해야 하느냐에 대해서도 충분하게 토의하고 실질적인 대비조치를 강구함으로써 기회가 도래하였을 경우 독일처럼 통일에 성공할 수 있어야 한다.

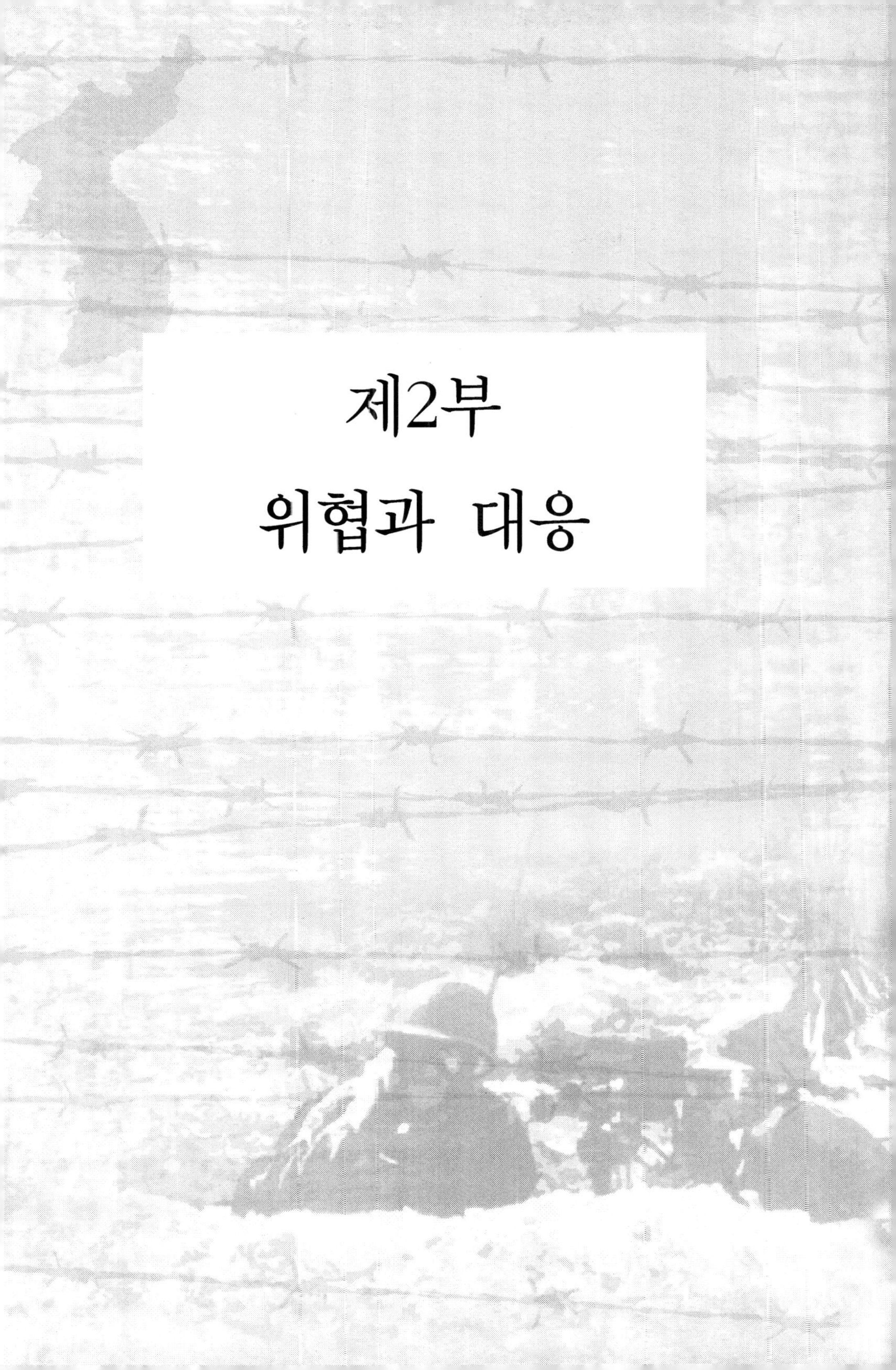

제2부
위협과 대응

제4장
북한의 핵위협

북한의 핵문제에 대하여 지금까지 한국은 미국 및 주변국들과의 협력, 즉 6자회담을 통하여 북한에게 핵 개발을 중단 및 폐기하도록 한다는 입장이었다. 그러나 6자 회담이 열리는 동안에도 북한의 핵개발은 계속되었고, 최근에는 그 6자회담마저 중단된 상태이다. 유엔결의안 1718호(2006년 10월)와 1874호(2009년 5월)를 통하여 북한에 대한 국제적 제재가 가해지고 있지만, 기대되는 성과를 거두지 못하고 있다. 전문가들과 국민들의 대부분은 북한이 핵무기를 포기하지 않을 것으로 판단하고 있그, 따라서 북한이 핵을 보유하고 있다는 전제하에서의 대응책 가련이 필수적이다.

그렇기 때문에 국방부는 2011년 3월 8일 국방개혁 계획을 발표하면서 "적극적 억제능력 확보"를 강조하였다. "적의 도발의지를 사전에 억제하고, 실제적 도발 시 이를 격퇴하고 응징보복할 수 있는 능력"을 확보하겠다는 것이었다(국방부 2011, 11). 이것은 천안함 사태의 재발 방지대책을 강구하기 위하여 소집된 국가안보총괄점검회의가 제시한 "능동적 억제전략", 즉 "북한이 핵이나 미사일 등 대량살상무기와 비대칭전력으로 도발하려 할 때 북한 지휘체계와 주요 공격수단을 미리 타격하거나 제거하는 능력과 의지를 갖춰 전쟁을 억제하는 전략"(조선일보, 2010/9/4)을 계승한 것이다. 북한의 핵위협이 심각하고, 어떠한 상황에서도 핵무기가 남한지역에 투하되어서는 곤란하다는 위기의식이 바탕이 되어 있다. 국회의원을 비롯한 다수의 여론주도자들도 미국 전술핵무기의 재도입이나 한국의 핵무기 개발 필요성을 주장한 바 있다. 이제는 국제정치적 측면에서 북한의 핵개발 의도를 분석하거나, 북한 입장에서 핵전략을 추정하거나, 북한 핵의 폐기를 위한 국제적 협력방안을 논의하는 데서 벗어나 군사적 시각에서 북한의 핵위협을 정확하게 진단하고, 가능한 대안을 모색할 필요가 있다. 선제행동(preemptive actions)[9]을 포함한 모든 대안을 검토함으로써 대안의 현실성을 강화할 필요가 있다.

:: 비핵국가의 핵억제와 선제

● 핵억제의 기본 개념

억제의 개념은 인간이 전쟁을 하게 되면서부터 적용되었을 것이나 억제(抑制, deterrence)[10]라는 용어는 핵무기 등장 이후부터 본격적으

---

9) "선제공격"이나 "선제타격"이라는 용어도 가능하지만 적극성이 지나친 점이 있어 포괄적이면서 중립적 의미가 강한 "선제행동"이라는 용어를 사용하고자 한다. 미국이 사용한 "preemptive actions"도 참고한 결과이다.

10) 한국에서는 대부분 학자들이 일본식 용어를 차용하여 억지(抑止)라고 말하고, 국방대학교를 중심으로 한 군대에서는 억제(抑制)라는 말을 사용한다. 전자의 경우 일반적으로 사용하는 용어가 아닐 뿐만 아니라 소극적이라는 차원에서(능동적으로 제압하여 하지 못하도록 한다는 뜻이 있으므로) 본 논문에서는 후자의 용어를 사용하고자 한다.

로 사용되었다(Dougherty and Pfaltzgraff 1990, 387). 1953년 소련이 핵무기를 개발함으로써 소련의 핵공격에 대한 대응이 심각한 문제가 되자 당시 미국의 아이젠하워(Dwight Eisenhower) 대통령은 억제의 중요성을 강조하면서 그 방안으로 대량보복전략(Massive Retaliation)을 발표하게 되었다. 소련이 핵무기로 공격할 경우 감당할 수 없을 정도의 보복을 감행하겠다고 위협함으로써 소련이 핵공격을 할 수 없도록 억제한다는 논리였다.

억제는 기본적으르 상대방이 원하는 일을 하지 못하도록 강요하는 활동으로서 시도하고자 하는 것이 성공할 수 없거나, 시도할 경우 이익보다 더욱 큰 손실을 입을 것이라는 것을 상대방에게 이해시키는 활동이다. 국제정치 이론에서는 전자를 "거부에 의한 억제"(deterrence by denial)라고 말하고, 후자를 "응징에 의한 억제"(deterrence by punishment)라고 말한다(Snyder 1961, 14-16). 비핵전쟁의 경우 대부분의 국가들은 이러한 두 가지 방책을 적절하게 혼합하여 사용하지만, 핵전쟁의 경우에는 지금까지 응징에 의한 억제 위주로 논의가 진행되어 왔다. 상대가 핵미사일로 공격할 경우 이를 거부할 수 있는 적절한 방책을 갖추지 못한 상태였기 때문이다. 따라서 기대되는 좋은 성과보다 나쁜 후과(後果, consequence)가 많을 것임을 상대에게 확신시켜 행동을 자제하도록 만드는 것이 억제의 핵심적 개념이 되었고, 각국은 이를 의한 능력을 구비하고자 느력하였다. 미국과 소련이 1972년 대탄도탄(ABM: Anti-Ballistic Missile) 조약을 체결하여 서로가 방어망을 구축하지 않기로 한 것은 이러한 논리의 결과물로서 상호확증파괴(MAD: Mutual Assured Destruction) 전략으로 명명된 바 있다.

다만, 상호확증파괴전략은 심각한 약점을 지니고 있었다. 상대방이 공격할 경우 심대한 피해를 줄 수 있는 반격 능력을 구비하고 있다고 하더라도 자유민주국가의 입장에서 인류의 대재앙을 가져올 수 있는 그러한 공격을 결심하기는 어렵고, 이것이 상대방에게 억제의 신뢰성(credibility)을 약화시킨다는 것이었다(Powell 1990, 175-177). 또한 잃을 것이 없는 국가가 공멸을 각오하면서 공격할 경우 마땅한 대응책이 제한될 수밖에 없다. 그렇기 때문에 미국은 1980년대부터 소련의 핵미사일을 요격할 수 있는 수단의 개발을 추진하게 된 것이다. 당시에는 기술적 한계로 어려움이 많았으나 2001년 취임한 미국의 부시 대통령이 공약으로 미사일 방어(MD: Missile Defense)를 추진하면서 요격 미사일의 개발에 성공하게 되었다. 아직 대규모 핵미사일 공격을 완벽하게 방어할 수 있을 정도는 아니지만, 부분적인 거부의 억제는 가능해진 상황이라고 할 것이다.

비핵국가의 입장에서 핵보유국에 대한 억제는 더욱 복잡하다. 거부에 의한 억제는 물론이고, 응징에 의한 억제도 가능하지 않기 때문이다. 핵무기의 경우 비행기, 미사일, 포병 등으로 투하될 수 있는데, 핵무기를 실은 비행기를 공중에서 요격할 수는 있지만 미사일이나 포탄을 요격하기 어렵다는 점에서 거부의 억제가 충분하지 못하다. 미국도 그동안의 노력으로 미사일 요격 능력을 어느 정도 구비하게 되었지만, 그 성능이 완전히 입증된 것은 아니고, 대규모 핵공격을 거부하기는 어렵다.[11] 약소국의 경우 "최소억제"(minimal deterrence, 소수의 핵무기를 보유한 국가가 대규모 핵보유국을 억제시키기 위한 개념으로서, 상대방이 소중하게 여기는 소수의 표적을 집중적으로 공

---

11) 미국의 미사일 방어 능력에 관해서는 다음 사이트 참조. Missile Defense Advocacy Alliance, "Protection", http://www.missiledefenseadvocacy.org/web/page/558/sectionid.

격하여 응징하겠다고 위협함으로써 억제하는 개념이다)의 개념을 원용하여 억제할 수 없는 것은 아니지만 비핵무기로 피해를 끼칠 수 있는 범위는 제한될 수밖에 없고, 실제로 상당한 피해를 끼칠 수 있다고 하더라도 상대방이 그렇게 생각하지 않아서 억제효과가 미미할 가능성이 크다.

결국 비핵국가의 입장에서 상대의 핵무기 사용을 억제하고자 한다면 동맹에 의존하는 수밖에 없다. 응징능력을 구비한 국가와 동맹관계를 형성함으로써 상대방의 핵무기 사용을 억제하는 것이다. 그래서 유럽국가와 한국 등은 미국의 확장억제(extended deterrence) 또는 핵우산(nuclear umbrella)[12]에 의존하는 방식을 선택하고 있다. 다만, 이 방법은 경제적이기는 하지만 유사시 동맹국의 공약이행을 확신할 수 없다는 단점이 있다. 그렇기 때문에 한국의 정치지도자들이 미국 전술핵무기의 한반도 재배치를 요구하고, 자체 핵무기를 개발하여 응징력을 구비할 것을 강조하고 있으며, 국방부는 미사일 방어망을 구축하고자 하는 것이다.

● 선제행동의 필요성

거부와 응징에 의한 핵억제가 불가능한 상황에서 비핵국가가 사용할 수 있는 확실한 대안은 상대방의 핵무기를 사전에 제거하는 것이다. 비핵무기에 의한 공격으로도 핵무기를 사전 제거할 수 있고, 핵무기의 경우 그 파괴력이 너무나 커서[13] 공격을 받은 후 자위권(right of

---

12) 확장억제는 우방국이 공격할 경우에도 미국의 억제전략을 적용한다는 약속이다. 확장억제는 핵과 비핵공격 모두에 해당되는 일반적긴 의미의 용어이고, 핵우산은 핵무기 공격에 국한하여 확장억제를 강조하는 용어이다.

13) 어느 시뮬레이션 결과를 보면, 통상적인 기상조건하에서 서울을 대상으로 20kt급 핵무기가 지면폭발 방식

self-defense) 차원에서 대응한다는 것은 의미가 없기 때문이다. 그렇기 때문에 핵시대에 들어서면서 무력공격이 발생한 후로만 자위권의 행사를 한정하는 것은 선제공격자를 유리하게 만드는 모순이 발생한다는 의견이 제기되고(김현수 2004, 258), 예방적 자위권(anticipatory self-defense) 개념이 논의되고 있는 것이다.

예방적 자위권의 적용을 둘러싼 논쟁은 이스라엘의 군사적 행동과 관련하여 빈번하게 제기되었다. 이스라엘은 이라크가 원자력 발전소를 완성하게 되면 결국은 핵폭탄을 제조하게 될 것이라는 판단하에 1981년 6월 7일 건설의 초기단계에 불과하였던 이라크 오시라크(Osirak) 발전소를 공격하였고, 동일한 논리로 2007년 9월 시리아가 건설 중인 것으로 믿어졌던 다일 아주르(Dair Alzour)의 원자로 시설도 파괴하였다. 이것은 위협이 임박하지도 않은 상태에서 공격한 것으로(위협이 임박한 경우의 공격은 선제공격(preemptive attack)으로, 그렇지 않을 경우에는 예방공격(preventive attack)으로 구분하기도 한다) 국제적으로 용인되기 어려운 사안이었다. 그러나 시리아의 경우에는 자신의 핵무기 보유계획이 폭로될까 봐 폭격받은 사실 자체를 공개하지 않았고, 오시라크 폭격의 경우 서방국가들까지도 이스라엘을 강력히 비난하였지만(예방공격의 부당성을 이유로), 그렇다고 하여 예방적 자위의 개념 자체를 부정하지는 않았다고 평가되고 있다(김현수 2004, 258).

으로 사용된다면 24시간 이내 90만 명이 사망하고, 136만 명이 부상하며 시간이 경과할수록 낙진 등으로 사망자가 증가한다. 100kt의 경우 인구의 절반인 580만 명이 사망하거나 다친다. 용산 상공 300m에서 20kt급 핵무기가 폭발하는 경우 30일 이내 49만 명이 사망하고 48만 명이 부상할 것이고, 100kt급 핵무기를 300m 상공에서 폭발시키는 경우 180만 명이 사명하고 110만 명이 부상당할 것으로 예상된다(김태우 2010, 319).

그 남용에 대한 우려로 인하여 국제사회가 자위권 특히 예방적 자위권의 행사를 정당화하기는 어렵지만, 그것이 필요한 상황의 존재마저 부정하기는 어렵다. 결국 자위권이나 예방적 자위권 또는 그에 근거한 선제행동은 당시의 상황이나 맥락에 의하여 특정 국가가 판단하여 결행하고 그 책임을 부담해야 하는 사안이라고 할 것이다. 1993년 북한이 핵확산금지조약(NPT: Nuclear Non-Proliferation Treaty)을 탈퇴한 직후 북한의 핵시설에 대한 폭격이 진지하게 논의되었던 것도 이러한 인식이 바탕이 되었다. 2008년 3월 26일 김태영 합참의장 후보자가 자신의 인사청문회에서 "적이 핵을 가지고 있을 만한 장소를 빨리 확인해서 적이 그것을 사용하기 전에 타격하는 것"을 강조한 것도 예방적 자위권의 행사가 불가피한 상황의 가능성을 염두에 둔 발언이라고 할 수 있다.

:: 북한 핵개발의 경과와 현황

● 북한의 핵개발 경과

북한은 한국전쟁의 휴전협정이 진행 중이던 1953년 3월 소련과 "원자력 평화적 이용협정"을 체결한 이후 1963년 소련으로부터 소형 원자로를 도입하였고, 1970년대 중반부터 영변지역에 독자적인 핵시설을 건설하면서 핵무기 개발을 추진하기 시작하였다(국회도서관 2010, 5). 1985년 12월 북한은 NPT에 가입하였고, 1991년 한국과 "한반도 비핵화 공동선언"에 합의하였으며, 1992년 유엔의 국제원자력기구(IAEA)와 "핵안전조치협정"을 체결하고 핵사찰을 수용하였다. 그러나 1992년 5월부터 2월까지 6차례에 걸친 IAEA 사찰의 결과, 북한이 신고한 플루토늄 추출량과 IAEA 추정량 사이에 수 kg의 차이가 존재한다는 사실이 발견됨에 따라 특별사찰을 요구하게 되었고, 북한이 이를 거부하여 NPT를 탈퇴함으로써 북한 핵문제는 심각한 국제적 사안으로 부각되었다.

1994년 10월 미국과 북한은 "제네바 합의"를 통하여 북한의 NPT 탈퇴로 인한 위기를 해소하는 데 합의하였다. 미국은 북한의 기존 흑연감속로를 대체할 수 있는 1천 MW급 경수로 발전소 2기를 건설하여 제공하고, 1기 완공 시까지 연간 중유 50만 톤을 제공하며, 북한은 5MW 원자로의 폐연료봉을 봉인 후 제3국으로 이전하고, IAEA의 안전조치협정을 이행하면서 특별사찰을 수용한다는 내용이었다. 그러나 경수로 공사가 지연되면서 북한이 불만을 제기하기 시작하였고, 2002년 10월 제임스 켈리(James Kelly) 미 국무부 동아태차관보가 북한을 방문하는 동안에 북한이 고농축우라늄을 이용한 핵개발 계획의 존재를 시인하는 발언을 하게 되었다. 이로 인하여 2002년 12월 미국은 북한에 대한 중유지원을 중단하기로 하였고, 북한은 1994년 합의한 핵동결조치를 해제함과 동시에 IAEA 사찰단을 추방하게 되었으며, 북한 핵문제는 또다시 심각한 국면으로 접어들게 되었다.

2003년 4월 주변국들은 북한 핵을 해결하기 위하여 중국, 미국, 러시아, 일본, 한국과 북한으로 구성된 6자 회담을 개최하는 데 합의하였고, 2003년 8월부터 북경에 모여 해결책을 논의하기 시작하였다. 2005년 9월 "9·19 공동성명"을 통하여 북한은 현존 핵 프로그램을 포기하고 NPT 및 IAEA 안전조치로 복귀하기로 하는 대신에, 미국은 북한을 공격하지 않겠다는 점을 명시하면서 경수로를 제공하는 데 합의함으로써 상당한 성과가 기대되기도 하였다. 그러나 6자 회담이 진행되는 도중인 2006년 10월 9일 북한은 1차 지하 핵실험을 실시 하였고, 이에 대한 제재로 유엔 안보리는 결의안 1718흐를 채택하게 되었으며, 북한 핵문제는 또다시 어려운 상황에 처하게 되었다.

이를 극복하기 위한 6자 회담국들의 노력에 의하여 2007년 2월 "2·13 합의"가 도출되어 "9·19 공동성명"의 이행을 위한 초기조치에 일부 합의하고 2007년 10월에는 "10·3합의"를 통하여 2단계 조치에도 어느 정도 합의하였다. 그러나 2007년 12월말까지 북한이 현존 핵 프로그램을 "완전하고 정확하게" 신고하기로 한 약속이 이행되지 못하였고, 2008년 8월 26일 북한이 전격적으로 "핵 불능화 중단 성명"을 발표함에 따라서 6자 회담을 통한 북한 핵문제 해결은 불가능한 상황에 처하게 되었다. 또한 2009년 4월 5일 북한은 장거리 미사일 시험발사를 실시하였을 뿐만 아니라 그 달에 IAEA 검증요원을 추방하고, 폐연료봉 재처리를 시작하였으며, 2009년 5월 25일 제2차 핵실험을 실시하기도 하였다. 이후 북한 핵문제 해결을 위한 제안과 시도가 없었던 것은 아니지만, 가시적 성과는 없는 상태에서 현재에 이르고 있다.

● 북한의 핵무기 개발 현황

현재 북한이 어느 정도의 플루토늄과 몇 개의 핵구기를 보유하고 있는지에 대한 확실한 정보는 없다. 북한이 추출한 플루토늄 양을 계산할 경우 1994년 제네바 합의 이전에 확보한 10~14kg, 제네바 합의 이전에 영변원자로를 가동한 후 보관 중이던 폐연료봉을 2003년 이후 재처리하여 얻은 20kg, 그리고 2003년 영변 원자로를 재가동하고 그 폐연료봉을 재처리하여 얻은 10여kg을 포함하여 총 40~50kg의 무기급 플루토늄을 추출한 것으로 추정된다. 또한 2009년 9월 북한은 불능화 작업이 진행 중이던 폐연료봉을 재처리하여 무기급 플루토늄을 추가로 확보하였다고 주장한 바가 있다. 여기에서 2006년과 2009년 두 차례의 핵실험을 위하여 플루토늄을 사용하였다는 점을 고려하면 북한은 현재 30~40kg의 플루토늄을 보유하고 있을 것으로 추정된다(김진무 2010, 334).

북한의 핵무기 제조능력의 수준에 대해서도 정확한 정보는 없지만, 대체적으로 2006년 10월 9일에 북한이 실시한 핵실험의 규모는 1kt 이하로 추정하고, 2009년 5월 25일에 실시한 2차 핵실험은 15~20kt 정도로 추정한다. 두 번째의 실험에서 그 위력이 증대하였다는 것은 그 수준을 지속적으로 향상시키는 데 성공하고 있다는 것이다. 다른 국가들의 인정 여부와 상관없이 북한은 능력 측면에서 "비배치 핵보유국"(undeployed nuclear weapon state) 정도에 해당된다고 평가되고 있다(전경만 외 2010, 35).

북한은 아직 핵무기를 운반수단과 결합시키지는 못한 것으로 판단되지만, 제2차 세계대전 시 미국이 일본에 항공기를 이용하여 2개의 핵폭탄을 투하한 것에서 보듯이 항공기를 통한 운반은 언제나 가능하다. 북한은 현재 820대의 전투기를 보유하고 있는데(국방부 2010, 271), 이 중에서 IL-28 폭격기, MIG-21, 23, 29 전폭기 등은 핵무기 투발에 사용될 수 있다. 그 외에도 북한은 해상 및 육상을 통한 특공대 침투방식으로 핵무기를 반입하여 테러 방식으로 사용할 수 있고, 단순히 플루토늄 분말을 살포하는 방사능 살포무기만으로도 한국의 대도시를 공격할 수 있다.

핵무기를 운반할 수 있는 가장 효과적인 수단은 미사일이다. 다만, 핵무기를 미사일에 탑재하기 위해서는 직경 70cm, 무기 1t 이하(또는 700kg)로 핵무기를 소형화해야 하는데, 일반적으로 신생 핵보유국이 2t 정도 중량의 핵무기를 개발하였던 전례에 비추어 전문가들은 북한이 미사일에 탑재 가능한 정도로 핵무기를 소형화하지는 못하였을 것으로 판단하고 있다(김진무 2010, 336). 김관진 국방부 장관이 2011년 6월 13일 국회 증언에서 "북한이 핵실험을 2006년, 2009년 두 차례 한 뒤 상당한 시간이 지났기 때문에 다른 나라의 예에서 보듯 소형화에 성공했을 시기라고 판단한다"고 언급하였듯이 북한은 개발된 핵무기를 미사일에 탑재할 수 있도록 소형화하는 데 전력을 다하여 왔을 것이고, 성공했을 가능성도 배제할 수 없다. 특히 북한은 다양한 종류의 미사일을 800기 이상 보유하고 있기 때문에 핵무기와 미사일의 결합에 성공할 경우 한국에게는 치명적인 위협이 될 수 있다.

:: 북한 핵 억제를 위한 한국의 능력 평가

● 한미연합 및 국제적 억제력

북한의 핵개발을 중단 및 저지시키기 위한 지금까지의 국제적 노력은 생산적이지 못하였다. 국제원자력기구에 의한 사찰, 미국에 의한 북한과의 직접적 협의, 6자회담을 통한 주변국가들의 집단적인 노력에도 불구하고 북한은 결국 핵무기를 개발하였고, 계속하여 성능을 향상시키고 있기 때문이다. 북한의 핵개발에 대한 유엔의 경제적 제재조치들은 북한의 대외 수출과 수입 측면에서도 전혀 효과를 거두지 못했다. 다음의 인용문에서 설명하고 있는 바와 같이 현재로서는 북한의 핵개발을 저지할 수 있는 대안을 찾기가 어려운 것이 사실이다.

사실 미국을 비롯한 국제사회가 북한의 핵전략을 제지할 수 있는 뚜렷한 방안이 없어 보인다. … 미국도 북한의 핵을 포기시킬만한 대안을 가지고 있지 않다. 유엔 안보리 제재와 같은 국제사회의 제재는 중국의 적극적인 참여 없이는 북한에 미치는 영향이 제한적이며, 군사적 옵션도 가능성이 희박하다(김진무 2010, 3512).

북한의 핵무기 개발을 저지하거나 폐기하는 것이 어렵다면 이제 국제사회는 북한이 핵을 사용하지 못하도록 해야 하는데, 이 또한 충분하지 못한 점이 많다. 미국의 경우 능력 자체는 북한의 핵무기 사용을 효과적으로 응징 및 거부하거나, 필요할 경우 선제행동으로 제거할 수도 있다. 그러나 북한이 한국에 대하여 핵무기를 사용하였을 경우 미국이 핵으로 응징하는 것은 결코 쉬운 결정이 아니고, 한반도의 짧은 종심으로 인하여 북한 핵미사일을 미국이 요격해줄 수 있는 것도 아니며, 국제적 비난과 사태 확산의 위험성을 무릅쓰고 미국이 선제행동을 취하여 북한 핵무기를 제거하는 것도 간단한 일이 아니다. 미국은 2005년 9월 제4차 6자 회담에서 북한을 핵무기나 재래식 무기로 공격하지 않는다는 소위 소극적 안전보장(Negative Security Assurance)을 약속한 바가 있다(Victor Cha 2009, 126). 비록 2010년 발표된 『핵태세검토보고서』(Nuclear Posture Review Report)에서는 NPT 가입국으로서 그 의무를 준수하는 비핵국가에 대해서만 소극적 안전보장을 제공한다고 말함으로써 북한을 배제하였지만(Department of Defense 2010, 15), 핵무기 사용을 가급적 자제하겠다는 미국의 입장만큼은 명확하다고 할 것이다.

다만, 최근 들어서 한미 양국은 북한 핵 억제의 중요성을 인식하고 그를 위한 공동 노력을 강화하고 있다. 양국은 2009년 6월 서울에서 개최된 한미정상회담에서 "한미동맹 공동비전"을 발표하면서 "확장억제"(extended deterrence)를 명시적으로 포함시켜 우럽과 유사한 수준의 동맹관계를 과시하였고, 그해 10월 개최된 한미 국방장관 간의 제41차 연례안보협의회의(SCM: Security Consultative Meeting)에서도 "미국의 핵우산, 재래식 타격능력 및 미사일 방어 능력을 포함하는 모든 범주의 군사능력을 운영하여 대한민국을 위해 확장억제를 제공한다는 미국의 공약을 재확인"하였다(국방부 2010, 303). 또한 2010년 10월 워싱턴에서 개최된 제42차 한미연례안보협의에서도 양 국방장관은 더욱 실효성 있는 억제를 위하여 "한미 확장억제 정책위원회" 설치에 합의하였고, "한미 국방협력지침"을 작성하여 구체적인 협력 방안을 강구하고 있다(국방부 2010, 308-309). 또한 2011년 10월 서울에서 개최된 제43차 한미연례안보협의회의에서도 동일한 방침이 재확인되었다.

최근 북한의 핵사용을 억제하기 위한 미국의 공약과 한미 양국의 협조체제가 강화되고 있기는 하지만, 한국의 입장에서는 미국의 약속에 전적으로 의존하면서 아무런 조치를 강구하지 않을 수는 없다. 아무리 확고한 동맹관계라고 하더라도 실제 시행 여부는 그 당시의 국제적, 국내적 상황에 좌우될 수밖에 없기 때문이다.

● 거부와 응징 능력

거부능력의 경우 한국군은 북한의 핵무기를 운반하고 있는 북한의 항공기를 충분히 요격할 수 있다. 철저한 한미연합 감시태세를 유지하고 있고, 공군력의 질적 우위를 확보하고 있기 때문이다. 북한이 예상외의 기습적 방법을 사용할 개연성을 전혀 배제할 수는 없지만, 북한의 항공기가 이륙하는 순간 이를 파악하여 추적 및 대응책을 강구하고, 필요할 경우 공중에서 요격하는 데 큰 문제는 없다.

다만, 북한이 미사일을 통하여 핵무기를 투발할 경우 한국은 거부할 능력을 보유하고 있지 못한 상태이다. 한국군은 항공기 방어용으로 개발된 PAC-2 미사일 2개 대대를 보유하고 있지만 이것은 파편형이라서 공격해오는 미사일을 맞추더라도 일부를 손상시킬 뿐이라서 완전하지 못하다. 미사일의 몸체를 타격하여 파괴할 수 있는 직격파괴(直擊破壞, hit-to-kill) 능력을 갖춘 미군의 PAC-3 2개 대대가 한반도에 주둔하고 있지만 방어 범위는 20~30km에 불과할 뿐만 아니라 주한미군기지 방어목적으로 배치되어 있고, 앞으로 한국형 공중 및 미사일 방어체제(KAMD: Korea Air and Missile Defense)를 구축해 나간다는 입장이기는 하지만 실질적인 미사일 요격능력을 구비하는 데는 상당한 시간이 걸릴 것이다. 지리적으로 북한과 워낙 가깝게 인접하고 있기 때문에 탐지와 요격을 위한 충분한 시간이 가용하지 않을 가능성이 크다. 특히 북한은 고체연료를 사용하는 이동식 미사일인 KN-02[14)]까지 보유하고 있어서 더욱 탐지나 요격이 어렵다.

응징능력 측면에서 볼 때 한국은 핵무기에 비견할 수는 없지만 상당한 피해를 끼칠 수 있는 능력을 보유하고 있다. 북한지역을 공격할 수 있는 무기로 한국군은 야포 5,200문, 다련장포 200문, 지대지미사

---

14) 이 미사일은 이동식 단거리 미사일로 2010년 10월 10일 북한의 조선노동당 설립 60주년 기념 열병행사에도 등장하였다. 이 미사일은 5분 내에 준비하여 사격한 후 이동하기 때문에 탐지나 파괴가 어렵다

일 30문, 전투함 120척, 잠수함 10척, 전투기 460대 등을 보유하고 있고(국방부 2010, 271), 한미연합전력까지 고려할 경우 응징력은 더욱 커진다. 그러나 일거에 한국을 황폐화시킬 수 있는 핵무기에 비해서 비핵무기에 의한 공격은 오랜 시간이 소요되어야 하기 때문에 이러한 응징력이 제대로 기능할 것으로 기대하기는 어렵다. 1968년 1·21사태를 비롯하여 1983년의 아웅산 폭파사건, 1987년의 대한항공 여객기 폭파사건 등 무수한 북한 도발 사례[15]에 대하여 한국이 제대로 응징한 적이 없어 한국의 응징의지 자체를 북한이 신뢰하지 않을 수 있다.

● 선제행동 능력

북한의 핵무기 사용을 억제하는 데 있어서 가장 효과적인 방안은 선제행동을 통하여 북한의 핵무기를 제거하는 것이다. 이것은 예방적 공격인지 아니면 선제공격인지를 명확하게 판단하는 것이 어렵고, 어떤 경우든 먼저 도발한 것으로 인식되어 국제적 비난을 받을 수는 있지만 핵공격이나 공격 위협에 무방비 상태로 노출된 채 아무 행동도 하지 않는 것에 비하면 책임성 있는 방안일 수 있다. 한국의 선제행동에 대하여 북한이 반발할 경우 군사적 긴장이 높아지거나 전면적으로 악화될 수도 있지만, 이 또한 핵공격을 당하여 국가가 폐허가 되는 것에 비해서는 감당할 수 있는 결과이다.

선제행동에는 응징을 위한 모든 능력을 사용할 수 있기 때문에 능력상으로 한국군은 선제행동이 가능하다. 그러나 문제는 그것이 불가피하지 않은 상황에서 결행된 예방적 행동인지, 아니면 북한의 핵공

---

15) 북한은 1954년부터 2010년 11월까지 1,640건의 침투(육상 720건, 해상 920건)와 1,020건의 도발을 자행하였다(국방부 2010, 250-251).

격이 임박하여 어쩔 수 없는 불가피한 조치였는지에 대한 국제적 여론이다. 그에 대한 명확한 기준이 없기 때문이다. 군사력 사용이 절실하게 요구될 만큼 위협이 심각하거나, 위협 해소에만 충실하거나, 다른 모든 수단이 소용없다고 판단되었거나, 위협에 상응한 정도의 수단을 사용하거나, 결과가 지나치게 위험하지 않을 경우 예방적 자위권 차원의 무력사용이 용인될 수도 있다는 기준이 토론되고는 있지만(Evans 2004, 59-81), 우리의 선제행동으로 무산된 적의 의도를 입증할 수가 없기 때문에 선제행동이 국제적으로 인정되기는 어렵다.

더욱 관건이 되는 것은 선제행동의 후과를 감당하겠다는 한국 국민들의 의지이다. 2008년 3월 26일 당시 김태영 합참의장 내정자가 국회청문회에서 "북한이 핵을 가지고 있다고 가정했을 때 대비책은 무엇이냐"는 질문에 대하여 "우선 제일 중요한 것은 적이 핵을 가지고 있을 만한 장소를 빨리 확인해서 적이 그것을 사용하기 전에 타격하는 것"이라고 답변하였는데, 이에 대하여 다수의 국민들은 "군의 대북 전략에 선제공격이 포함돼 있음이 드러났다"며 비난하였고, 급기야 대통령이 "일반적인 대응"이라며 진화하는 상황에까지 이르렀다. 군사적으로는 선제행동이 불가피한 상황이라고 하더라도 국민들이 그에 선뜻 동의할 것으로 단정하기는 어려운 것이 사실이다.

● 소결론

북한 핵에 대한 한국의 억제태세는 충분하지 못하다. 한미동맹에 의존하고 있지만 불확실성이 상존하고, 다소의 응징력은 보유하고 있지만 핵무기의 사용을 확실하게 억제할 수 있을 정도는 아니며, 북한의 미사일을 요격할 수 있는 거부 능력은 구비하지 못하고 있다. 북한이 핵무기를 사용하기 전에 그것을 선제행동으로 제거 또는 무력화하는 것이 확실한 대안인 것은 분명하지만, 이 경우 확전의 위험성이 존재하고, 국제적이거나 국내적인 동의를 획득하기가 어렵다.

더욱 우려가 되는 것은 북한이 미사일에 탑재할 정도로 핵무기를 소형화했을 경우이다. 한국의 능력으로는 핵무기를 탑재한 북한 미사일을 요격할 수 없고, 그러할 경우 한국의 모든 도시가 북한 핵공격에 무방비로 노출되는 결과가 될 것이기 때문이다. 이런 상황에서도 북한 미사일에 대한 방어책이 한국에서 진지하게 논의되지 않는 상황임을 감안할 때 북한의 핵위협은 시간이 지날수록 더욱 심각해질 우려가 있다. <표 3>에서 제시되고 있듯이 미국과 일본은 과장하고 있다고 할 정도로 북한의 핵위협을 강조하면서 미사일 방어망 구축을 서둘러 상당한 능력을 구비하게 되었지만, 한국은 그렇지 못하였다.

표 3 ▶ 북한 핵, 미사일 문제에 대한 6자회담 참가국의 대응조치 비교

	경제제재	경제적 인센티브	공세적 군사조치	방어적 군사조치
미국	●	○	○	●
일본	●	○	△	●
한국		●		
중국		●		
러시아				

* ●: 강한 적용, ○: 약한 적용, △: 검토
* 출처: 남창희 · 이종성 2010, 86.

:: 한국의 대응 방안

한국은 이제 북한 핵문제에 관하여 취해왔던 지금까지의 접근방식에서 벗어나 대안의 범위를 더욱 확대할 필요가 있다. 핵개발의 중단이나 핵무기의 폐기와 함께 핵무기의 사용이나 사용 위협을 효과적으로 억제할 수 있는 방책까지도 토론할 필요가 있고, 선제행동의 가능성도 포함하여 다양한 대안을 검토할 수 있어야 한다. 북한이 어떤 식으로든 핵무기를 보유하고자 하는 것이 사실이라면 북한의 태도를 변화시킬 수 있는 것은 군사적 강압밖에 없다는 현실을 인정할 필요가 있다(문순보 2010, 116).

● **북한의 핵개발 중단 및 핵무기 폐기를 위한 국제적 협력 계속**

성공의 가능성이 적기는 하지만 북한의 핵개발을 중단시키거나 개발된 핵무기를 폐기하기 위한 국제적 협력을 지속하지 않을 수는 없다. 그러한 노력 자체가 북한의 핵개발을 지연시킬 수도 있고, 외교적 해결을 위하여 최선을 다하는 한국의 모습을 국제적으로 과시하게 될 것이기 때문이다. 국제적 협력을 통하여 북한 핵문제 해결을 위한 한국의 부담을 경감시킬 수도 있다.

다만, 6자 회담의 유용성에 대해서는 현실적인 평가를 내릴 필요가 있다. 6자 회담의 경우 그 의도는 좋았다고 하더라도 결과적으로 북한에게 핵무기 개발을 위한 시간을 부여해온 측면이 크고, 주변국가들로 하여금 6자회담 개최에만 집착하게 하여 다른 조치를 고려하지 못하도록 만든 점이 있었다. 6자회담에서는 한국이 1/6의 발언권에 국한될 것이기 때문에 북한 핵무기 개발의 피해를 가장 직접적으로 겪어야 하는 한국의 처지와 부합되지 않는다. 6자 회담의 경우 주로 북경에서 열리면서 중국이 주도권을 보유하고 있어 한국에게 유리한 방향으로 협상을 진행하기도 쉽지 않다.

오히려 북한과의 직접적인 대화와 협상을 강조할 필요가 있다. 직접대화를 북한이 거부하여 미국이 나선다고 하더라도 한·미, 또는 한·미·일 공조체제를 형성하면 문제가 되지 않을 수도 있다. 1999년부터 2004년까지 한·미·일 간에 "대북정책 조정감독그룹"을 설치하여 운용했듯이 3가국 간의 긴밀한 협의와 공동대응 노력은 북한 핵문제 해결에 유용할 수 있다. 북한을 대상으로 한국, 미국, 일본이 단결된 자세를 보이고, 통일된 입장을 나타낼 수 있기 때문이다.

2010년 워싱턴에서 제1차 회의, 2012년 한국에서 제2차 회의가 개최된 핵안보정상회의(Nuclear Security Summit)도 북한 핵문제 해결을 위한 유용한 도구로 활용할 수 있다. 이는 미국의 오바마 대통령이 "핵 없는 세상"(nuclear-free world)을 주창함에 따라 시작된 회의로서 비록 실질적인 해결책을 강구하는 데 성공하고 있지는 않지만, 지속될 경우 세계의 핵문제를 해결하기 위한 중요한 기회로 격상될 가능성도 있다. 한국은 이 회의를 통하여 북한 핵문제에 대한 국제사회의 공감대를 형성하고, 북한의 양보를 강요할 필요가 있다.

● 군사적 억제책 강화

북한 핵의 중단이나 폐기가 쉽지 않고, 그 위협이 현실화된 상황에서는 군사적 억제책을 강화할 수밖에 없는데, 이 중에서 가장 시급한 분야는 미사일 방어이다. 북한이 미사일에 핵무기를 탑재하여 발사할 경우 한국은 전혀 요격할 수 없기 때문이다. 한국은 전략적 시설이라도 방호할 수 있도록 공격해오는 미사일을 직격파괴(hit-to-kill)할 수 있는 PAC-3급의 무기체계를 시급하게 확보할 필요가 있다. 또한 한반도의 내륙과 중부지방을 방호하는 데는 제한이 있지만 해상에서도 직격파괴가 가능한 SM-3급의 중거리 요격미사일을 확보할 필요가 있다. 이와 같이 시급한 최소한의 무기체계를 확보해 나가면서 한국은 현재의 상황과 여건에 부합되는 한국형 미사일 방어망의 전반적인 청사진과 무기체계 소요를 확정하고 차근차근하게 확보해 나가야 할 것이다.

국방개혁 계획에서 "적극적 방위" 전력을 구축하겠다고 공언한 바와 같이 한국군은 북한 핵에 효과적으로 대응할 수 있는 방향으로 전력증강의 우선순위와 내용을 조정할 필요가 있다. 모든 전력의 균형된 증강에서 과감하게 탈피하여 "표적 정보수집 체계, 조기경보체계, 장거리 타격체계, 미사일 방어체계, 사이버전 체계, 신종 파괴무기체계, 전자기파 방호체계, 개인·부대·시설 방호 장구 및 생존체제"(전경만 2010, 258) 등을 우선적으로 확보할 필요가 있다. 또한 응징보복 차원에서 유사시 타격해야 할 북한의 전략적 표적을 식별하고, 타격의 우선순위를 설정하며, 표적별 임무를 할당하고, 성공을 보장할 수 있는 방향으로 계획을 더욱 정교하게 발전시키면서 필요한 훈련을 강화해 나갈 필요가 있다. 나아가 한미연합방위태세를 활용하여 미국의 핵무기로 응징을 할 수 있는 협의와 계획을 구체화할 필요가 있고, 그것에 대한 신뢰성이 충분하지 못할 경우 일각에서 제기되고 있듯이 자체 핵무장의 가능성과 득실도 검토할 필요가 있다. 핵무장이 현실적으로 어려울 경우 주한미군의 전술핵 재배치를 추진하는 방안도 토론이 가능할 것이다(전성훈 210). 국가의 안보가 절대적으로 위협받을 경우에는 모든 대안을 고려하지 않을 수 없다.

● 선제행동에 관한 검토

한국이 인정해야 할 현실은 북한의 핵무기 사용 위협이 노골화될 경우 현재 상태에서는 선제행동 이외에 확실한 대안을 찾기 어렵다는 것이다. 선제행동을 할 경우 국제적 비난을 받게 되겠지만, 핵위협이 노골화되는 상황에서 예방적 자위권의 행사가 전혀 인정되지 않는 것도 아니다. 즉 "북한이 대남 군사 공격을 감행하려는 구체적이고 임박한 동태와 정보가 포착되는 경우, 북한의 핵 사용 위험을 예방하기 위해 유엔 안보리의 사전 결의 없이 군사적 선제행동을 추하더라도 국제사회가 이것을 정당하지 않다고 볼 가능성은 없다"(전경만 2010, 262). 이스라엘의 경우 핵위협이 임박하지 않은 상태에서도 이라크나 시리아의 핵 발전시설을 예방공격 차원에서 파괴시킨 것에서 알 수 있듯이 핵위협은 어느 정도의 국제적 비난을 감수하면서도 적극적으로 조치해야 하는 심각한 사안이다.

사실 북한 핵문제의 해결을 위한 선제적 공격의 필요성은 1993년 북한이 NPT 탈퇴를 선언함으로써 제기된 북한 핵 위기 시부터 적극적으로 검토되었다. 미국의 페리(William J. Perry) 당시 국방장관을 비롯한 다수의 안보전문가들은 북한 핵시설에 대한 외과수술과 같은 정밀타격(surgical strike)의 필요성을 심각하게 고려하였다. 일본에서도 최근 "적 기지 공격론"이나 선제공격의 불가피성이 제기되었고(남창희·이종성 2010, 80-81), 한국에서도 김태영 전 국방장관은 선제타격밖에 대안이 없다는 합참의장 인사청문회에서의 입장을 계속하여 고수한 바 있다.

나아가 한국은 이스라엘의 예방공격 사례처럼 북한이 본격적으로 핵무장을 하지 못하도록 사전에 파괴하는 방법도 논의에 포함시킬 필요가 있다. "핵 단추가 예고 없이 눌릴 개연성이 없지 않는 '대량살 상무기 시대'인 오늘날 한국군이 북한의 대규모 공격이 결정적으로 임박하는 시기까지 기다린다는 것은 비합리적일 뿐만 아니라 비인도 적"일 수 있기 때문이다(전경만 2010, 261). 한국은 수반될 수 있는 문제점을 충분히 검토한 상태에서 불가피하다고 판단될 경우 예방적 행동을 실행할 수 있는 계획과 능력을 구비할 필요가 있다. 이러한 점에서 북한의 핵 위협과 핵사용 움직임을 조기에 경보하고, 필요시 에 핵무기 발사와 관련된 시설을 타격할 수 있는 정밀 폭격능력을 향 상시키며, 지휘통제체제를 첨단화시키고, 감시정찰능력을 확보해 나 가는 것은 너무나 중요한 과제라고 할 수 있다. 국민들도 예방적 행 동이나 선제적 행동의 불가피성을 이해하는 바탕 위에서 그 후과를 감당할 마음의 자세를 갖출 필요가 있다.

● 북한 핵에 대한 정확한 정보파악과 국제적 협의

북한 핵문제의 효과적 해결을 위한 근본적 전제는 북한의 핵개발 실태에 대한 정확한 정보의 확보이다. 북한의 핵개발이 어느 수준이 고 정도인지를 파악해야 적절한 조치를 논의할 수 있기 때문이다. 따 라서 한국은 북한이 정말로 핵무기 개발에 성공하였는지, 그 질은 어 느 정도인지, 몇 개를 보유하고 있는지, 미사일에 탑재할 정도로 소형

화하였는지, 어디에 은닉하고 있는지를 파악하는 데 국가 및 군사 정
보능력을 집중해야 할 것이다. 그리고 북한의 핵사용에 대한 조기경
보체제를 구축하고, 민감한 정보가 획득될 경우 정부, 군대, 국민들이
필요한 조치를 강구하도록 전파 및 활용할 필요가 있다.

이와 같은 정보는 관련 국가들과 교환 및 공유함으로써 그 신뢰성
과 활용성을 증대시킬 수 있다. 한국은 북한 핵과 관련된 미국과의
정보공유체제를 더욱 확대 및 심화시키고, 일본이나 증국과도 선별적
으로 협력 및 공유하며, 필요할 경우 유엔이나 다른 관련국가와도 긴
밀한 정보공유체제를 형성해 나갈 필요가 있다. 이로써 정보를 통하
여 북한 핵문제에 대한 한국의 주도권을 강화하고, 국제사회의 협력을
확보할 수 있어야 한다. 특히 미국이 우월하다고 할 수 있는 기술정보
(Techint)와 한국이 유리점을 지니고 있는 인간정보(Humint)를 효과적
으로 보완함으로써 정보의 신뢰도를 높일 필요가 있다.

북한 핵에 대한 정코를 바탕으로 한국은 미국과 일본을 비롯한 으
방국가와 필요한 조치를 협의하고 공동의 대응책을 강구할 수 있어
야 한다. 1966년에 NATO가 소련의 핵사용에 대응하기 위하여 창설
한 핵계획그룹(Nuclear Planning Group)의 사례를 참조하여 한·미·열
3국 간에 "3국 핵자둔회의"를 설치하는 방안(전성훈 2010, 81-84)을
포함하여 군사분야의 협력까지도 포함한 한·미·일의 정책적이7
나 군사적인 공조 및 협력을 정례화할 필요가 있다. 북한 핵과 미사
일에 대한 전략적이거나 전술적인 대응 조치를 강구하지 않은 상타
에서 북한의 협력을 유도하기 위한 정책을 계속하는 것은 북한 핵폭
탄의 탄두화와 소형화를 위한 시간을 벌어주는 결과밖에 되지 않는
다는 점에서(남창희·이종성 2010, 90) 그러한 조치에 대한 국제적 협

력을 강화할 수 있어야 한다.

● 북한 핵문제 해결에 대한 주인의식 강화

이제 국민들은 북한 핵문제에 관하여 확고한 주인의식(ownership)을 가질 필요가 있다. 그동안 한국은 북한 핵문제 해결을 미국에게 미룸으로써 북한의 핵무장을 방치한 결과를 초래한 점이 있었다. 북한의 핵무기는 실존하고 있고, 상황이 악화되면 한국에 대하여 사용될 수 있으며, 사용될 경우 심각한 피해를 끼칠 것이라는 인식을 바탕으로 과거와 다른 태도로 접근해야 할 것이다. 아래 인용문에서 제시되고 있듯이 지금까지의 태도에 대한 자성과 변화가 필요하다고 할 것이다.

> 북한의 핵보유는 한국이 남북분단 이후 직면한 가장 비정상적인 안보상황이라는 각성을 토대로 과거의 타성에서 벗어나기 위한 각오와 노력이 필요하다. 북한 핵이 초래한 새로운 안보현실은 그동안 한국이 안주해 온 안보의 온실에 구멍이 뚫려서 비가 새고 매서운 찬바람이 들어오는 것에 비유할 수 있다. 발상의 전환과 결연한 의지가 필요한 이유가 바로 여기에 있다(전성훈 2010, 84).

정부는 북한의 핵무기 개발현황과 핵무기의 위협상태를 국민들에게 정확하게 분석하여 알리고, 한국의 입장에서 가용한 대안과 미흡한 현실을 있는 그대로 이해시킬 필요가 있다. 북한 핵무기에 대하여 사용할 수 있는 거부 및 응징 방안을 제시하고, 선제행동이 불가피한 상황이 초래될 수 있음을 알려줘야 한다. 북한의 핵무기가 사용될 수도 있다는 점을 인식시키고, 위협의 정도에 따라 대피시설을 구축하며, 피해를 최소화할 수 있는 대피요령을 교육할 수 있어야 한다.

북한 핵무기에 대한 토론과 연구의 방향 전환도 필요하다. 핵보유의 의지가 굳은 국가에 대하여 이를 포기시키는 유일한 방법은 군사적 제재인데, "이 유일한 수단을 제외하고 다른 방법들만을 모색하고 있기 때문에 대북 제재의 가시적 성과가 나타나지 않고 북핵문제가 표류하고 있는 것이다"(문순보 2010, 102). 북한의 핵위협을 분석하는 데만 그칠 것이 아니라 핵무기를 사용하지 못하도록 억제하기 위한 실제적인 방책들을 토의 및 연구하고, 현재의 상황에서 한국에게 가용한 모든 정책대안을 식별하며, 정책대안별 장단점을 도출하고 그 중에서 현실성 있는 대안을 선택하여 구현할 수 있는 준비를 갖추는 방향으로 토론과 연구의 실질성을 강화할 필요가 있다.

:: 결론

그동안의 다양한 국제적 저지 노력에도 불구하고 북한은 핵무기를 개발하는 데 성공하여 핵보유국으로서 인정받고 있는 분위기이다. 북한의 핵개발을 저지하기 위한 국제적 노력이 부족해서라기보다는 북한의 핵무기 개발 의지가 너무나 집요하였기 때문이다. 이러한 집요함은 앞으로도 변하지 않을 가능성이 크다. 북한이 더욱 노력하여 미사일에 탑재할 정도로 핵무기를 소형화하는 데 성공할 경우 한국으로서는 마땅한 대안이 없다는 점에서 그 이전에 어떤 조치를 강구하지 않을 수 없고, 지금이 해결이 가능한 마지막 기회의 창(window of opportunity)이라는 절박성을 가질 필요가 있다.

한국은 북한의 핵 개발을 중단시키거나 개발된 핵무기를 폐기하고자 하는 외교적 노력과 함께 북한의 핵무기 사용을 적극적으로 억제하기 위한 군사준비태세를 강화할 필요가 있다. 우선은 한미동맹을 바탕으로 미국의 확장억제를 보장할 수 있는 실질적 대책들을 긴밀하게 강구해 나가되, 필요할 경우 한국 단독 또는 미국과 협력하여 북한 핵무기 사용 시 거부 및 응징할 수 있는 계획과 능력을 검토하고, 필요한 보완조치를 강구할 필요가 있다. 북한이 미사일에 탑재할 정도로 핵무기를 소형화할 경우를 대비하여 지금부터라도 실질적인 미사일 방어능력을 구비하고자 노력할 필요가 있다.

그럼에도 불구하고 북한 핵무기에 대한 유일한 해결책은 선제행동을 통한 사전 제거일 가능성이 크다. 어떠한 경우에도 북한은 핵무기를 포기하지 않을 것이고, 잃을 것이 거의 없는 북한으로서는 엄청난 응징이 예상되더라도 사용할 가능성이 크기 때문이다. 따라서 한국은 북한의 핵위협이 어떤 형태나 어느 정도에 이를 경우 선제행동을 검토할 수밖에 없다는 점을 내부적으로 명확하게 정립하고, 그의 핵심적인 내용을 "한계선"(red line)으로 설정하여 북한에게 제시하며, 그 한계선을 넘을 경우 북한의 핵능력을 무력화시킬 수 있는 계획과 능력을 준비할 필요가 있다. 한국의 김태영 국방장관이 선제행동의 불가피성을 거론하였을 때 북한이 강력하게 반발한 것에서 알 수 있듯이(조선일보, 2010/1/25) 선제행동은 북한에게 불리하고 한국에게 유리한 대안임이 분명하다.

일본의 후쿠시마 원자력 발전소의 사고로 인하여 방사능이 누출될 경우 초래되는 해악을 국민들은 생생하게 목격한 바 있다. 한반도에 핵무기가 사용된다면 그와는 비교가 되지 않을 처참한 결과가 될 것이다. 지금까지의 결과로 판단해볼 때 통상적인 방법으로는 북한의 핵무기 위협이나 사용을 억제하기는 어렵다면, 더욱 단호하고 절박한 태세로의 변화가 절실하다. "평화를 원하거든 전쟁을 대비하라"는 격언을 재삼 상기할 필요가 있는 상황이다.

제5장
북한의 재래식 도발

2011년 12월 17일 김정일이 사망하고, 2011년 12월 31일 그의 아들 김정은이 인민군 최고사령관에 임명됨으로써 북한의 지도체제가 확립되었다. 김정은 체제가 어느 정도로 지속되고 어떠한 노선을 선택할지 확신할 수는 없으나 당분간 북한 상황의 불확실성이 증대될 가능성이 높다. 김정은은 장례식 직후인 2012년 1월 1일 공식일정으로는 가장 먼저 한국전쟁 때 서울에 최초로 입성한 "근위 서울 류경수 제105탱크사단"을 방문하였는바, 선군정치의 유훈을 확실하게 받들고 그의 능력을 과시하거나 내부결속을 도모하기 위하여 다양한 형태의 대남도발을 자행할 수도 있다.

북한이 도발할 경우 그것은 도발이나 군사적 충돌 자체로서 끝나지 않는다. 남북한 국민 간에 심각한 적대심을 초래하여 화해와 협력의 기반 자체를 흔들 수 있고, 진행되고 있는 정치적, 경제적, 사회적, 인도적 교류를 중단시키게 될 것이며, 동북아시아 국제정세에도 심각한 영향을 줄 수 있다. 10년이 넘게 화해협력정책을 추진하여 이룩했던 성과가 2010년 3월의 천안함 폭침과 11월의 연평도 포격으로 사라진 것이 생생한 사례이다. 따라서 북한의 도발은 사전에 억제하는 것이 중요하고, 도발하더라도 현명하게 대처함으로써 불필요한 확산과 피해를 최소화할 수 있어야 한다.

실제로 1953년 휴전협정 이후 지금까지 북한은 1,640건 이상의 침투와 1,020건 이상의 국지도발을 감행하였다(국방브 2010, 259-251). 이 중에서 1968년 1월 북한 124군부대의 청와대 기습과 이틀 후의 미 정보함 푸에블로 호의 납치, 그해 10월 120명 무장공비의 울진·삼척 지구 침투, 1976년 판문점 도끼만행 사건, 1987년 KAL 폭파, 2002년과 2009년 서해 북방한계선에의 공격, 그리고 최근 2010년의 천안함 폭침 및 연평도 포격은 단순한 도발로만 인식하기 어렵다. 한국이 조금만 단호하게 대응하기로 하였다면 전쟁으로까지 확산될 수 있는 심각한 상황이었다. 다행히 한국이 자제함으로써 그러한 사태는 발생하지 않았지만, 이로 인하여 북한은 아무 때나 도발을 해도 괜찮다고 생각할 수 있고, 이것이 한국 정부를 점점 곤란하게 만들고 있다.

예를 들면, 지난 2010년 11월 23일 북한이 백주 대낮에 한국의 영토인 연평도를 무차별적으로 기습 포격하였음에도 불구하고 한국이 충분한 대응조치를 강구하지 못하자 국민들은 심각한 패배주의적 좌절감을 겪었고, 북한 도발에 대한 단호한 조치를 주문하고 있다. 국민들은 그 당시 "단호하게 대응하되 확전을 방지하라"는 대통령 지시가 군의 대응을 막았다면서 정부를 격렬하게 비판하였고, 급기야 대통령은 국방장관을 교체해야만 했다.

이제 한국은 북한이 도발할 경우 자위권 차원에서 단호하게 대응하지 않을 수 없고, 그러할 경우 상황이 극단적으로 악화될 가능성도 배제할 수 없다. 이러한 점에서 한국은 가능한 북한의 군사도발 형태를 예상하고, 형태별 대응방향을 정립하며, 그러한 도발에 대한 효과적인 억제와 대응에 필요한 조치를 사전에 강구해둘 필요가 있다. 또한 자위권과 교전규칙에 관한 사항을 정확하게 이해함으로써 단호하게 대응하되 확전을 방지할 수 있어야 할 것이다.

:: 자위권과 교전규칙

● 자위권(Right of Self-defense)

자위권이란 "외국으로부터 급박 또는 현존하는 위법한 무력공격이 발생한 경우 공격을 받은 국가가 이를 배제하고 국가와 국민을 방어하기 위하여 부득이 필요한 한도 내에서 무력을 행사할 수 있는 권리이다"(강영훈·김현수, 1996, 42). 그러나 개념적으로는 그렇다고 하더라도 어떤 경우에 어느 정도로 대응하는 것이 자위권에 해당되느냐에 대해서는 세계적으로 통일되었거나 구체화된 것은 아니다.

자위권에 관한 논쟁을 촉발시킨 대표적인 사례는 1837년 영국군이 미국 선박인 캐롤라인 호를 파괴시킨 사건이다. 이에 대하여 영국이 자위권 행사를 위한 불가피한 파괴였다고 주장함으로써 미국과 논쟁이 벌어졌고, 이 과정에서 자위권 행사에 필요한 조건들이 제시되기 시작하였다. 당시 미 국무장관이었던 웹스터(Daniel Webster)는 자위권의 행사는 그 필요성이 즉각적이고(instant), 압도적이며(overwhelming), 다른 수단의 선택 여지가 없고(leaving no choice of means), 숙고할 여유가 없는 경우(no moment for deliberation)에만 허용되어야 한다는 점을 강조하였는데(김동욱 2010, 37), 이것이 지금까지 자위권 행사의 정당성 여부를 판가름하는 중요한 기준으로 적용되고 있다.

1928년 국제사회는 "부전조약"(不戰條約)으로 불리는 "켈록-브리앙 조약"(Kellog-Birand Pact 또는 Pact of Paris)을 체결하여 국가 간 정책 해결의 수단으로 전쟁을 사용하지 않기로 하였는데, 그의 서명 직전 교환된 서한에서 자위권 행사는 동 조약에 영향을 받지 않는다는 점을 명시함으로써 자위권 차원의 전쟁은 예외로 허용하였다(김정건 외, 2010, 195). 따라서 1945년 설립된 국제연합(유엔, UN: United Nations) 헌장(charter)에는 제51조, 즉 "이 헌장의 어떤 규정도, 우엔 회원국에 대하여 무력공격(armed attack)이 발생할 경우, 안전보장이사회가 국제평화를 유지하기 위해 필요한 조치를 취할 때까지 개별적 또는 집단적 자위의 고유한(inherent) 권리를 침해하지 아니한다" 라는 조항이 포함되었다. 다만, 국제사법재판소에서 유엔헌장에 명시된 사항이 자위권에 관한 유일한 기준이 되어서는 곤란하고 관습 국제법도 함께 고려해야 한다는 견해를 밝힘으로써(김찬규 2009, 6-7) 자위권의 정당성 여부는 여전히 그 당시의 상황에 따라 판단되어야 할 사항으로 남아 있다고 할 것이다.

● 예방적 자위권(Right of Anticipatory Self-defense)[16]

자위권에 포함되어 있지만 최근 분리되어 쟁점이 되고 있는 사항은 예방적 자위권이다. "고성능, 고도의 명중률, 고도의 파괴력, 장거

---

16) 한글로는 "예상적 자위권"이라고 번역하는 것이 더욱 정확하겠지만, 지금까지 대부분의 학자는 "예방적 자위권"으로 번역하여 사용하고 있어서 그를 따르고자 한다. Preventive Self-defense라는 용어는 서운에서 사용하지 않는다.

리 공격 등을 갖춘 신무기가 발달함에 따라 자위권을 무력공격이 발생한 후로만 한정한다면 선제공격자를 오히려 유리하게 만드는 모순이 발생할 수 있다"는 인식 때문이다(김현수 2004, 258). 예방적 자위권은 1962년 쿠바 미사일 위기를 계기로 국제사회에서 활발하게 논의되기 시작하였다.

예방적 자위권에 대하여 국제사법 재판소가 견해를 표명할 기회가 두 번 있었지만(1984년 당시 미국의 국내 군사적 개입을 금지시켜 달라는 니카라과의 제소에 대한 1986년의 결정, 1997년과 1998년 콩고 영토 내 우간다의 군사작전에 대한 2005년의 결정) 모두 견해를 표명하지 않기로 하였듯이(김찬규 2009, 5-6) 국제사회는 예방적 자위권에 대한 토의를 회피하고 있다. 남용을 우려하기 때문이다. 그렇다고 하여 예방적 자위권의 필요성이 완전히 부정되고 있는 것은 아니다. 다수의 서구 국제법학자(예를 들면, D. W. Bowett, C. H. M Waldock, M. S. McDougal, W. V. O'Brien, J. Stone 등)들은 자위권은 국가의 고유한 권리(inherent right) 또는 자연법상의 권리(natural law right)이기 때문에 유엔헌장 제51조 "무력공격"의 범위는 급박한 "무력의 위협"도 포함하는 것으로 넓게 해석되어야 한다고 주장하고 있다(최태현, 1993, 210).

예방적 자위권의 행사가 국가적 정책으로 선언된 적도 있다. 2001년 9/11 테러를 당한 이후 미국은 그와 같은 참사를 당하고 나서 보복하는 것이 의미가 없다고 판단하여 테러분자들의 근거지를 찾아내어 선제공격하겠다는 정책을 강조하였던 것이다. 미국은 2002년 발간된 『국가안보전략서』(The National Security Strategy of the United States of America)에서 "국가안보 위협에 대한 선제행동(preemptive actions)"

방안을 보유하고 있다는 점을 공식화하였다(The White House 2002, 15).

최근 국내에서도 예방적 자위권에 대한 분석이 점점 활발해지고 있다. 유엔헌장과 상관없이 관습 국제법의 중요한 요소인 "선제적 자위권"은 존속하고 있다는 견해도 발표된 바 있고(김찬규 2009, 7), 급박한 무력공격의 위협이 객관적으로 존재하거나(제성호 2010, 73) 공격징후가 확실할 경우(김현수 2004, 260)에는 예방적 자위권이 행사될 필요성도 강조되고 있다. "필요성(necessity)의 원칙과 비례성(proportionality)의 원칙 그리고 전자의 자연적 귀결로서의 급박성(imminence)의 원칙"으로 예방적 자위권의 요건을 제기하기도 하였다(최태현 1993, 206-205).

● 교전규칙(Rules of Engagement)

자위권을 보장하면서도 불필요한 상황 악화를 방지하기 위한 목적으로 제정되어 군대에 적용되고 있는 것이 교전규칙이다. 교전규칙의 직접적인 근거는 부대자위권(Unit Self-defense)으로서, 모든 지휘관은 부대자위권 차원에서 부대의 생존에 대한 위협을 해소할 수 있는 수단과 방법을 사용할 수 있는 권리와 의무를 보유하고 있고, 모든 장병들은 개인자위권을 보유하고 있다는 것이다(US Joint Chiefs of Staff. 2000, A-4). 다만, 자위권의 행사 여부와 범위를 지휘관과 개인의 판단에만 맡길 경우 자칫하면 과도한 대응이나 불필요한 확전으로 비화될 수 있기 때문에 교전규칙이라는 명칭하에 부대별로 상황별 대응수준을 사전에 설정하여 두는 것이 교전규칙이다.

교전규칙의 경우 예하부대나 부대원의 대응방향을 제한하는 목적이기는 하지만, 이에 얽매어 우군의 불필요한 희생을 초래해서는 곤란하다는 원칙은 전제되어 있다. 미군은 그들 교전규칙의 서두에 최우선적인 "정책"(policy)으로서, "이 교전규칙은 자신의 부대 및 인근 기타 미군부대의 자위를 위하여 필요한 모든 가용한 수단을 사용하거나 적절한 모든 조치를 강구하는 지휘관의 고유한 권한과 의무를 제한하지 않는다"라는 사항을 강조하고 있다(US Joint Chiefs of Staff 2000, A-2). 교전규칙은 단호한 대응과 확전 방지를 동시에 충족하고자 하는 군대의 고민을 반영하고 있고, 전 부대에 걸쳐 대응의 일관성을 확보하기 위한 노력이라고 할 것이다. 그렇기 때문에 미군은 합참에서 교전규칙의 기본적인 형식과 내용을 작성하여 하달하면, 각 전투사령부(combatant commands: 태평양사령부나 중부사령부와 같은 지역사령부)에서는 임무와 상황에 맞도록 더욱 구체적인 교전규칙으로 발전시키고, 그 예하부대들도 그대로 적용하거나 자신들의 임무와 상황에 맞도록 변화시켜서 적용한다.

한국군의 경우 전시 교전규칙은 작전계획에 포함되어 있고, 엄격한 비밀로 분류되어 관리되고 있다. 또한 현재가 완전한 평시가 아니라 정전(armistice) 시기이기 때문에 비무장지대를 관리하는 한국군 부대들은 유엔군사령부/한미연합사령부의 정전 시 교전규칙을 적용하고 있다. 이 규정 또한 비밀로 관리되어 정확한 내용은 공개되지 않지만, 대체적으로 무력사용은 최후의 수단이어야 하고, 적대행위에 결정적 타격을 주고 아군부대의 안전을 지속적으로 보장하는 데 필요한 범위를 초과하지 않으며, 유일한 수단인 경우에 허용되어야 하고, 사용되는 대응화기는 장병 및 지휘관에게 위임된 범위를 넘어서는 곤란하다는 점을 강조하고 있다(공군본부 법무감실 1996, 55). 한국군 부대들도 이러한 정전 시 교전규칙의 지침을 바탕으로 작전예규(作戰例規) 또는 작전지침의 형식으로 교전규칙에 해당되는 세부사항을 발전시켜 적용하고 있다.

따라서 북한이 도발할 경우 기본적으로는 자위권 차원에서 대응을 하되 불필요한 상황 악화를 방지할 수 있도록 부대별로 정해진 교전규칙에 따라야 한다. 이를 보장하고자 한다면 한국군은 가능한 다양한 상황들을 예상하고, 그 상황에 맞도록 교전규칙을 사전에 수정 및 보완하여야 할 것이다. 교전규칙에 명시되지 않은 상황이 발생하더라도 지휘관이 단단하여 조치하면 되지만, 그만큼 결심의 타당성을 보장하기 어렵고, 시간이 지체되거나, 책임소재가 불분명해질 수 있다.

:: 북한의 미사일 위협

● 개발 현황

북한은 1980년대 초에 이집트로부터 확보한 소련제 Scud-B(탄도) 미사일(이외에 계속하여 로켓에 의하여 추진되는 미사일을 순항미사일이라고 하는데, 이의 위협은 심각하지 않기 때문에 대부분의 경우 미사일 위협은 탄도미사일을 지칭한다)의 추진력을 역설계하여 자체의 미사일을 개발하고, 1984년 시험발사에 성공하였으며, 그 후 사정거리 300km의 Scud-B 미사일과 500km의 Scud-C 미사일을 생산하여 배치하였다. 1990년대에는 사정거리 1,300km인 노동미사일을 배치하였고, 2007년에는 사정거리 3,000km 이상의 중거리 미사일을 배치함으로써 일본과 괌을 직접 타격할 수 있게 되었다. 또한 북한은 1990

년대부터 장거리 미사일 개발에 착수하여 1998년 대포동 1호, 2006년
과 2009년에 대포동 2호를 시험 발사하였다. 북한은 사거리는 120km
에 불과하지만 정확성이 높고(공산오차가 100~200m에 불과), 교체연
료를 사용하면서 이동식인 KN-02 미사일을 개발한 것으로 알려져 수
도 서울이 휴전선에 근접한 한국에게는 심각한 위협으로 인식되고
있다. 공개된 자료를 통하여 북한이 보유하고 있는 미사일과 그 제원
을 살펴보면 <표 4>과 같다.

표 4 ▶ 북한의 미사일 현황

구분	SCUD-B	SCUD-C	노동	중거리 미사일	대포동1호	대포동2호
사거리(km)	300	500	1,300	3,000	2,500	6,700 이상
탄두중량(kg)	1,000	770	700	650	500	650-1,000 (추정)
보유규모	600여 기	200	?	10-12	?	
비고	배치	배치	배치	배치	시험발사	개발 중

출처: 국방부 2010, 282; 국회도서관 입법정보실 2009, 7.

북한이 보유하고 있는 대부분의 미사일은 한국의 중요 지역 및 시
설을 언제든지 타격할 수 있다. 또한 북한의 장거리 미사일은 괌(북
한으로부터 3,500km 이격)의 미군기지도 위협할 수 있고, 대포동 2호
의 완성도가 높아질 경우 알래스카(5,600km) 및 하와이(7,100km)까지
타격할 수도 있으며, 중량을 줄일 경우 워싱턴(10,700km)도 타격할
수 있어 한반도 유사시 미군의 지원을 저지하는 방편으로 사용될 수
도 있다.

● 한국의 대응능력

한국의 미사일 방어능력을 보면 적의 미사일 기지를 공격할 수 있
는 능력은 구비하고 있지만, 발사된 미사일을 공중에서 요격할 수 있
는 능력은 상당히 미흡한 수준이다. 최근 독일로부터 구입한 PAC-2
미사일은 미사일 요격에 필수적인 직격파괴(直擊破壞, hit-to-kill: 공격
하는 미사일의 몸통을 요격미사일로 직접 타격하여 파괴하는 형태)
능력을 갖추지 못하여 충분하지 않다. 방위사업청은 2010년 10월의
국회 국방위원회 국정감사에서 한국은 향후 10년 이내에 북한 탄도
미사일을 요격할 수 있는 무기체계를 획득할 여건이 되지 않는다고
답변한 바 있다.

한국이 지금까지 미사일 방어에 대한 제반 사항을 충분히 토론하
여 최선의 대응방향을 정립해온 것은 아니다. 1999년 3월 5일 천용택
당시 국방장관이 외신기자와의 간담회에서 한국은 미국 미사일 방어
체제 구축에 참여할 "경제력도 기술력도 없다"고 말한 입장이 "미국
MD(Missile Defense) 불참=미사일 방어 자제"라는 방향으로 고착되어
현재에 이르고 있고, 진보주의 학자들을 중심으로 반미의식에 기초하
여 미사일 방어망 구축에 반대하는 입장이 적극적으로 발표되었으며,
그 결과 미사일 방어는 제대로 추진되지 못하였다. 군대의 경우에도
공군과 육군 중에서 어느 군이 미사일 방어를 담당해야 하는지가 불
분명하고, 미사일 방어책임을 수행하는 통합된 부대가 지정되거나 창
설되어 있는 상태도 아니다. 북한의 미사일 발사에 대하여 적극적으
로 대비해온 미국이나 일본에 비하여 한국의 미사일 방어는 매우 미
흡한 수준이라고 할 것이다.

● 한국의 대응방향

　북한이 미사일을 사용하여 한국의 도시를 공격할 경우 한국은 당연히 자위권 차원에서 북한의 미사일 기지를 공격할 수 있다. 포 사격의 경우와 마찬가지로 북한의 미사일 공격은 명백한 무력공격이기 때문이다. 2006년 유엔안전보장이사회에서 만장일치로 통과한 결의안 1718호로 인하여 북한이 어떠한 목적하에서 미사일을 발사하더라도 유엔결의안을 위반한 것으로 간주되고, 이에 대해서는 국제연합과 관련국들이 필요한 대응조치를 강구할 수 있다. 또한 현재 한국은 북한의 미사일을 요격할 수 있는 능력을 구비하지 못하고 있다는 점에서 다른 수단이 가용하지 않다는 자위권 발동 요건에도 부합된다.

　다만, 북한의 미사일 기지를 공격하는 것은 포진지를 공격하는 것과는 성격이 다르다. 북한의 미사일 기지는 북한 전 지역에 걸쳐 분산되어 있기 때문에 그것을 공격하는 것은 곧 북한 전역을 공격하는 것이 된다. 한국의 경우 북한 미사일 기지를 효과적으로 파괴할 수 있는 수단은 공군기인데, 공군기가 북한 전역을 비행할 경우 전면전의 상황과 별반 다르지 않게 된다. 북한의 어느 지역에 있는 미사일 기지를 공군기로 파괴하고자 할 경우 그 접근로상에 있는 북한의 대공포들을 무력화시키지 않을 수 없고, 이렇게 되면 북한을 직접 공격할 수밖에 없다. 북한이 1~2발의 미사일을 발사하였을 경우에는 그 발사기지만을 선별하여 타격할 수 있겠지만, 북한이 미사일 발사 수량을 조금만 늘려도 북한 전역으로 공격범위를 확대할 수밖에 없다. 더구나 북한이 이동식 미사일을 사용할 경우 표적을 찾아내는 것조차 어렵고, 미사일을 찾아내는 과정에서 북한 전역에 대한 포괄적이면서 공세적인 작전이 불가피해질 수 있다.

한국의 입장에서 최선의 대안은 북한이 발사하는 미사일을 공중에서 요격하는 것이다. 다만, 현재 한국은 그러한 능력도 구비하고 있지 못할 뿐만 아니라, 한국의 경우 짧은 반응 허용 시간, 근접한 거리, 서울의 취약성, 북한의 의도 파악의 곤란성을 고려할 때 요격능력을 구비한다고 하더라도 실제 대응에는 상당한 제한이 발생하는 것이 사실이다. 그럼에도 불구하고 최소한 청와대 등을 비롯한 주요 전략표적에는 PAC-3(사거리: 15-45km+, 고도: 10~15km) 요격미사일을 시급하게 확보하여 배치한 상태에서, 전반적인 미사일 방어의 청사진을 마련하여 추진할 필요가 있다. 다만, 미사일 방어에는 막대한 비용이 소요되기 때문에 저비용 고효율을 보장할 수 있는 방안을 모색해야 할 당위성이 적지 않다. 그렇기 때문에 레이저빔 등을 통한 미사일의 요격 등 다양한 창의적 기술개발을 시도할 필요가 있다.

북한이 미사일을 발사할 준비를 하고 있다는 정보가 확실할 경우 예방적 자위권 차원에서 선제공격하여 파괴하는 문제도 논의할 필요가 있다. 특히 화생무기나 핵무기를 미사일에 탑재하여 발사하고자 할 경우 한국에게는 선택의 여지가 없는 상태가 될 수 있다. 즉 예방적 자위권 행사를 위한 "필요성"과 "급박성"이 모두 충족된다는 것이다. 이를 고려할 경우 한국에게는 북한 미사일의 위치 및 발사 여부에 대한 정확한 정보를 확보하는 것이 중요하다. 또한 최소한의 타격으로 적의 발사를 예방할 수 있는 정밀타격능력을 확보함으로써 "비례성"까지 충족시킬 수 있어야 할 것이고, 이로써 확전을 방지하면서도 단호한 대응을 보장할 수 있어야 할 것이다.

:: 북한의 국지도발 위협과 대응방향

● 북한의 국지도발 유형

북한은 선군정치를 기반으로 하고 있듯이 대규모의 군사력을 보유하고 있고, 이를 통하여 다양한 형태의 도발을 자행할 수 있다. 비록 질에는 다소 문제가 있을 수 있더라도 북한의 양적인 군사력 규모는 막강하고, 이러한 군사력들은 대부분의 국지도발 임무를 수행하는 데는 문제가 없다. 남북한 군사력을 비교하면 <표 5>와 같다.

표 5 ▶ 남북한의 주요 군사력 비교

구 분		한국	북한
육군		52만여 명	102만여 명
해군		6.8만 명(해병대 27,000여 명 포함)	6만여 명
공군		6.5만여 명	11만여 명
계		65만여 명	119만여 명
육군	사단	46	90
	전차	2,400여 대(해병대 포함)	4,100여 대
	야포	5,200여 문(해병대 포함)	8,500여 문
해군	전투함정	120여 척	420여 척
	상륙함함정	10여 척	260여 척
	잠수함정	10여 척	70여 척
공군	전투임무기	460여 대	820여 대
헬기(육,해,공)		680여 대	300여 대
예비병력		320만여 명	770만여 명

출처: 국방부 2010, 271.

북한은 양적으로 막강한 군사력을 바탕으로 당연히 전면전을 감행할 수 있다. 그러나 현재의 상황에서 전면전을 시도하기는 어렵다는 것이 일반적인 분석일 뿐만 아니라 한국은 이에 대하여 한미연합 작전계획과 한미연합사령부(CFC: Combined Forces Command)를 중심으로 체계적으로 대비해왔고, 시나리오별로 구체적인 대응책을 마련해둔 상태이며, 다양한 연습(exercise)과 분석을 통하여 그의 타당성을 검증 및 개선해둔 상태이다. 천안함 폭침이나 연평도 포격에서 보듯이 전면전보다는 국지도발 가능성이 증대하고 있는 것이 사실이다.

북한의 국지도발은 한국이 예상하지 못한 형태로 다양하게 전개될 것으로 판단되나 그중에서 가장 우려되는 사항은 수도권에 대한 포병공격이다. 북한이 보유하고 있는 170미리 자주포와 240미리 방사포는 현재 배치된 진지에서 수도권에 대한 기습 집중 사격이 가능한 상태이기 때문이다. 북한은 한국 사회를 혼란시키거나 위협하는 데 있어서 수도권에 대한 포격보다 효과적인 방안은 없다고 판단할 가능성이 높다. 특히 김정은은 포병 화력 운용의 전문가로 선전되고 있다는 점에서 포병을 통한 도발의 가능성이 크다.

북한은 전방지역에 버치된 다양한 갱도포병을 활용하여 전방의 한국군 진지, 시설, 인구밀집지역을 공격할 수 있다. 북한군의 갱도포병은 군사분계선(MDL)으로부터 10km 이내에 70% 이상 배치되어 있고, 170미리 자주포 및 240미리 방사포는 물론이고 122미리 자주포와 152미리 자주포는 경기도 북부지역까지 진지 변환 없이 사격이 가능하다. 포와 갱도의 상태에 따라 다소 다르지만 북한의 갱도포병은 10발 사격을 기준으로 할 경우 20~30분 정도에 사격을 마치고 복귀할 수 있는 것으로 판단되고 있어, 한국군의 경우 대응시간이 매우 제한된다.

한국이 서북방어사령부를 창설하여 대비하고 있듯이, 북한은 서해 5도에 대한 상륙공격을 감행할 수도 있다. 북한은 1970년대 초반 이후 건조된 공기부양정과 고속상륙정 등 총 260척의 상륙함정과 소해정 30척을 보유하고 있고, 2개의 해상저격여단을 보유하고 있어 대형 상륙함이 없이도 단거리 기습상륙작전을 수행할 수 있다(국방부 2010, 25). 최근에 북한은 백령도에서 50~60km 떨어진 황해남도 고암포 인근에 고속 상륙작전 수행에 사용되는 공기부양정 기지를 완성하였는바, 이 기지에 북한이 보유하고 있는 총 130여 척의 공기부양정 중에서 60여 척이 배치되면 1,800~3,000여 명의 특수부대를 기습적으로 상륙시킬 수 있고, 따라서 서북 도서 기습 공격시간은 종전 4시간에서 30~40분으로 크게 줄어들게 된다(조선일보, 2011/05/30). 이로써 북한은 한국의 증원군이 도달하기 이전에 상륙을 시도할 수 있는 능력을 구비한 상태로서 매우 심각한 상황일 수 있다. 공군기나 헬기가 출동하기 어려운 악천후를 이용하여 공격할 경우 성공할 가능성도 배제할 수 없다.

● 한국의 대응능력

한국은 북한의 국지도발에 대하여 대체적으로는 충분히 대응할 수 있는 능력을 구비하고 있다. 다만, 기습을 당할 가능성이 높고, 확전을 초래할 위험성으로 인하여 가용한 모든 수단을 사용하기가 어렵다는 제한사항이 있다. 북한은 한국이 대응하기 어려운 상황, 방법, 수단을 선택하여 도발할 것이다.

북한이 포병을 통하여 서울이나 한국의 어떤 지역을 공격할 경우 이를 조기에 무력화시키기는 어렵다. 북한 포병의 대부분은 갱도진지에 배치되어 있어 탐지가 어렵고, 짧은 시간에 사격한 후 복귀해버리기 때문에 공격의 시간도 제한된다. 공군기를 사용하면 효과적이지만 확전의 위험성이 적지 않고, 비용대효과 측면에서 최적의 대응형태가 아니다. 더구나 전시에는 관측수를 사용할 수 있지간 평시에는 아군 대포병사격의 명중 여부를 판단하거나 탄착점을 유도하는 것이 현실적으로 쉽지 않아 대포병사격의 정확성을 보장하기 어렵다.

서북도서 지역에 대한 북한의 상륙기도에 관해서는 항공기나 헬기가 가용할 경우에는 충분히 저지할 수 있을 것으로 판단된다. 그러나 한국의 항공기나 헬기가 출동하기 어려운 악천후를 활용하여 북한이 공격할 경우 대응이 쉽지 않다. 해당지역을 방어하고 있는 해병대가 어느 정도의 포병화력을 보유하고 있고, 그 외에 다양한 방어조치를 강구해둔 상태이기 때문에 북한이 쉽게 공격하기는 어려울 것이라고 판단되지만, 공격의 시간, 장소, 방법을 선택할 수 있는 북한은 그들이 성공할 수 있다고 판단되는 시간, 장소, 방법을 선택하여 기습적으로 공격할 가능성이 높다.

● 한국의 대응방향

한국은 북한의 다양한 국지도발 형태를 상정하고, 도발형태별로 효과적으로 방어할 수 있는 대책을 강구해두지 않을 수 없다. 이 중에서 시급한 사항은 북한이 포병사격을 감행할 경우 조기에 포를 파괴하는 대포병사격이다. 이를 위해서는 스웨덴으로부터 새로 도입된 ARTHUR-K 표적탐지레이더(기존의 AN/TPQ-36, 37)를 대체를 지속적으로 보강하고, 다양한 무인정찰기를 활용할 수 있어야 한다. GPS 체계를 활용하여 표적을 정확하게 공격할 수 있는 미 육군 차세대 우도포탄인 엑스칼리버탄과 같은 신형 포탄을 도입할 필요성도 크다. 또한 스카이가드(Skyguard, 고에너지 레이저를 이용하여 적의 포탄을 공중에서 파괴하는 무기로 미국의 노드롭 그루먼(Northrop Grumman)사에서 개발)나 아이언 돔(Iron Dome, 이스라엘에서 개발)을 구입하여 적의 포탄을 공중에서 요격할 수 있는 능력을 구비할 필요도 있다. 서북방어사령부를 중심으로 북한의 포병 사격이나 상륙작전에 대한 한국의 능력을 점검하고, 미흡한 부분을 발견하여 대비책을 강구해야 한다.

북한이 한국의 수도권이나 전방지역에 대하여 포병사격을 가하거나 서해 5도 지역에 상륙작전을 감행할 경우 한국군은 당연히 자위권 차원에서 해당되는 북한의 무기와 부대를 공격할 수 있고, 그것을 지휘 및 지원하는 상급제대를 공격할 수 있다. 지상에 대한 포사격이나 상륙은 유엔헌장 51조에서 말하고 있는 무력공격에 해당될 뿐만 아니라 유엔 헌장 제2조 4항에서 금지하고 있는 사항, 곧 "영토의 보전과 정치적 독립을 중대하게 침해하고 훼손하는 행위"이기 때문이다. 발사되는 포탄이나 상륙하는 군인들로 인하여 증거도 명확할 뿐만 아니라 즉각적인 대응의 절박성도 크다. 다만, 이 경우 역시 자위권의 적절한 범위를 결정하기는 쉽지 않다. 단호한 대응을 위해서는 공격을 하는 부대는 물론이고, 그것을 지휘하는 상급제대까지도 공격하여야 하지만, 그러할 경우에는 확전의 위험성이 크다. 북한이 수도권에 포사격을 감행하면서 동시에 상륙작전을 시행할 경우에는 더욱 자위권 행사의 범위는 복잡해진다. 한국에 대한 심각한 공격이고 침략행위이지만, 그렇다고 하여 바로 전면전을 선포할 수는 없기에 신중하게 대응하지 않을 수 없다.

그러나 어떠한 도발도 억제하는 것이 중요하다. 일단 도발을 하면

방어하는 것이 쉽지 않고, 어느 정도의 사상자가 발생할 것이며, 그렇게 될 경우 북한과의 모든 관계가 악화될 것이기 때문이다. 따라서 북한군이 장사장포로 서울을 공격하거나 서북도서 지역에 상륙작전을 감행할 경우 우리도 북한의 전략적 표적을 타격함으로써 북한에게 더욱 큰 손해를 끼치겠다는 개념을 발전시키거나 북한 수뇌부가 은신할 것으로 예상되는 지하벙커를 탐지 및 파괴할 수 있는 능력을 과시함으로써 북한이 도발 자체를 자제하도록 만들 필요가 있다. 미국이 핵전략에서 사용한 대량보복전략의 개념을 원용하더라도 북한의 추가적 도발을 억지하는 것이 중요하다.

:: 북한의 사이버 위협

● 북한의 사이버 위협 현황

워낙 폐쇄적인 국가이기 때문에 그 현황을 파악하기는 어렵지만, 북한은 전통적 전력의 열세를 보완할 수 있는 비대칭적 수단으로 사이버 위협을 인식하고 있는 것으로 판단된다. 북한을 탈출하여 한국으로 망명한 과거 북한의 컴퓨터 전문가는 "북한은 1995년경부터 사이버전력 확보를 위한 전략수립과 부대 창설, 사이버공격 기술연마, 지휘체계 구축에 집중하기 시작하였다"고 증언하고 있다(김흥광 2011, 5). 북한은 유지비용이 타 전력에 비해 적게 들고, 평상시에도 효과적으로 활용할 수 있으며, 공격행위를 감출 수 있어 대남전략 구현에 적당하고, 강력한 비대칭적 우위를 구사할 수 있으며, 보안에 취약한 인터넷의 태생적 허점을 활용할 수 있고, 사이버공간은 한국 정부의 통제가 어렵다는 이점을 갖고 있는 것으로 판단하였다는 것이다.

북한은 1990년대 초반부터 사이버전사를 양성함과 동시에 다수의 고성능 컴퓨터를 중국과 해외에서 대량으로 구입하였고, 인민무력성 정찰국 예하로 있던 사이버부대 121소를 별도의 사이버전국으로 격상시켜 정찰총국에 직속시켰다. 이 정찰총국의 사이버전국이 바로 한국의 기관들에 대한 사이버 테러와 공격, 민간기관과 단체들에 대한 해킹 및 인터넷 대란을 일으키는 작전을 총괄하는 총본산 역할을 수행하고 있다고 판단된다. 그 외에도 "중앙당 35실 기초자료실", "총참모부 적공국 204소" 등이 설립되어 있고, 김일성 종합대학, 김책공업종합대학, 평양컴퓨터대학교 이과대학, 미림대학 등에서 최고의 사이버 전사들을 육성하고 있다(김흥광 2011, 11-14).

그 실체가 북한으로 명확하게 확인된 것은 아니지만, 한국의 경우 2003년 1월 "슬래머 웜바이러스"에 의한 인터넷 대란이 발생하였고, 2004년 4월 국회·해양경찰청·원자력연구소 등 24개 주요 국가·공공기관 PC가 마비되어 복구에 2개월이 소요되기도 하였으며, 2007년 7월 Daum 회원 7,000명과 2008년 2월 옥션 해킹으로 수백만의 개인정보가 유출되는 일이 있었다. 2009년 7월 7일부터 발생한 주요 국가기관과 공공기관에 대한 3차에 걸친 "분산서비스거부(DDoS) 공격"은 좀비 PC를 쓰는 등 사이버 공격방법이 진화하는 모습을 보여 주었다. 그리고 2011년 4월 12일 농협전산망이 수일동안 마비되었고, 북한의 소행으로 발표되기도 하였다.

● 한국의 대응능력

한국은 나름대로 사이버 위협의 심각성을 인식하고, 다각적인 대비책을 강구하고 있다. 한국은 2003년 1월 25일 인터넷 대란이 발생하자 "국가사이버테러 대응체계구축 기본계획"을 수립하여 국가정보원에 국가사이버안전센터(국가, 공공분야), 국방부에 국방정보전대응센터(국방분야), 정보통신부에 인터넷침해사고대응센터(민간분야)를 설치하였고, 국가정보원이 총괄 기능을 수행하도록 체계를 갖추었다. 국가정보원은 국가 사이버위기 경보체계를 관심(Blue), 주의(Yellow), 경계(Orange), 심각(Red) 등 4단계로 구분하고, 각 수준별로 적절한 수준에서 대응하도록 하였다.[17]

국방부에서는 2000년 1월 국방부 및 각군본부에 사이버전 침해사고대응팀(CERT: Computer Emergency Response Team)을 설치하였고, 2003년 인터넷 대란 이후에 국군기무사령부 내에 "국방정보전대응센터"를 설치하였으며, 2005년에는 작전사령부 및 군단급까지 CERT를 구축하여 사이버위협에 대응하였다. 2010년 1월에 사이버사령부를 창설한 후 2011년 7월 1일부로 국방부 직속의 사이버사령부로 격상시켰는데, 현재 400명 정도의 인원이 근무하고 있다. 2012년부터 고려대학교 정보보호대학원에 30명 규모의 사이버국방학과를 신설키로 하는 등 민간학교에서 사이버전사들을 육성하여 군대로 영입하는 방안도 발전시키고 있다.

그럼에도 불구하고 사이버 위협에 대한 한국의 대비태세는 당시 대두되는 위협에 대한 임시방편적이면서 단편적인 활동에 머물고 있는 수준으로서 사이버공간 전체에 걸친 포괄적이면서 체계적인 접근은 미흡한 수준이다. 미국을 중심으로 국가 차원에서 사이버 위협에 대한

대비가 강조되고, 미군들의 경우 사이버공간작전(cyberspace operations) 이라는 용어를 통하여 포괄성과 적극성을 강화하고 있으나(Department of Defense 2011), 한국은 그 정도의 심각성으로 대비하고 있지는 않다. 한국은 아직 인터넷 공간에 대한 범죄나 북한의 해킹 등으로부터 한국의 인터넷 공간을 보호하는 수준으로서, 적의 공격 근거지를 파악하여 물리적이거나 사이버 공격으로 무력화시킬 수 있는 태세는 충분하지 못하다. 2011년 1월에 사이버사령부를 창설하기는 하였지만 군대의 컴퓨터 네트워크를 보호하는 임무에 중점을 두어 운영하고 있는 실정이다.

● 한국의 대응방향

사이버 위협의 심각성과 국가안보 차원에서의 대응 필요성에 대한 공감대 형성이 시급하다. 2007년 5월 러시아 해커들에 의한 에스토니아(Estonia) 공격과 2008년 8월 러시아가 그루지야(Georgia)를 공격할 때 사전에 그루지야의 정부사이트들을 무력화시킨 사례에서 보듯이 미래에 국가 간 심각한 정책적 충돌이 발생할 경우 그 첫 번째 전장은 사이버공간일 것이고, 승패를 좌우할 수 있는 새로운 방법과 수단도 사이버공간과 관련되어 있을 거라는 점을 인식하는 것이 중요하다. 특히 김정은은 그의 젊음과 탁월성을 입증하기 위한 방편으로 사이버공격을 적극적으로 활용할 가능성이 높다.

따라서 한국은 법적인 측면에서 분산된 다수의 사이버공간 작전 관련 법안을 하나로 통합함으로써 대비의 체계성과 포괄성을 보장하고, 사이버공간 작전에 관한 국가단위의 의사결정부서와 그 의사결정을 실행할 수 있는 기관을 설치할 필요가 있다. 국방부는 사이버사령부의 기능을 적극적인 방향으로 확대한 상태에서 실제적인 사이버방어와 공격을 수행할 수 있는 작전수행부대를 창설할 필요가 있고, 장기적으로는 이 분야를 담당하는 병과를 설정하는 문제도 검토할 필요가 있다.

특히 사이버공간을 보호하거나 필요시에 적 사이버공간을 공격할 수 있는 기술을 발전시키는 것이 중요하다. 이를 위하여 국가와 군대는 사이버공간 작전과 관련하여 전 세계적으로 개발되고 있거나 가용한 기술을 적시적으로 파악하고, 그러한 기술을 학습하거나 그러한 기술에 대응할 수 있는 방안을 도출하며, 나아가 독창적인 기술의 비중을 증대시키고자 노력하여야 한다. 사이버공간 작전의 경우에는 기술의 진부화 속도가 워낙 빠르기 때문에 필요한 시기에 적시적으로 개발하여 적용하는 데 중점을 둬야 한다. 또한 사이버공간 작전에서는 소수의 천재적인 전문가들이 결정적인 역할을 수행하게 되기 때문에 개방적이고 유연한 충원제도를 적용하여 당시 상황에 맞는 민간분야의 인재를 확보할 수 있어야 할 것이다.

사이버공간에 대한 위협에 대해서도 당연히 자위권을 행사할 수 있지만, 공격의 실체를 정확하게 파악하기가 어렵다는 제한사항이 존재한다. 외부의 공격일 수도 있지만, 내부의 범죄자들일 수도 있기 때문이다. 한국이 최근에 다수의 사이버공격을 당하였음에도 북한을 정확하게 지목하거나 그에 대한 반격을 시행하지 못한 것이 그 사례이다. 다만, 증거를 확보하기 어려운 것은 상대방도 마찬가지일 가능성이 있기 때문에 공격 자체는 오히려 용이할 수도 있다.

:: 결론

  국가안보를 위해서는 상대가 도발할 경우 자위권 차원에서 단호하게 대응하여 도발을 분쇄하고 추가적인 도발을 억제할 수도 있어야 하고, 불필요한 확전도 방지함으로써 평화를 보존할 수도 있어야 한다. 상대가 도발할 경우 하나의 방향으로 대응하는 것으로 단순하게 결정하기는 어렵다. 따라서 한국의 지도자와 국민들은 자위권 및 교전규칙의 본질과 내용을 정확하게 이해하는 가운데 단호한 조치와 확전방지라는 두 개의 상충되는 측면을 조화시킬 수 있는 지혜를 지녀야 한다. 불가피해질 경우 한국군 단독으로도 자위권을 행사할 수 있다는 각오와 그를 위한 준비를 게을리 하지 않으면서, 유엔군사령부의 정전 시 교전규칙을 준수해야 하는 이중적인 상황을 염두에 두면서 북한의 제반 도발에 대응하거나 대비하여야 할 것이다.

  북한이 개혁과 개방을 추진하는 등으로 바람직하게 변화하는 것이 한국에게는 최선이지만, 그러한 결과를 확신하기 어려운 것이 현실이기 때문에 한국의 입장에서는 북한의 도발에 대한 철저한 대비태세를 유지할 수밖에 없다. 북한이 한국의 어느 도시를 공격하기 위하여 미사일을 발사하더라도 그것을 공중에서 요격할 수 있고, 북한이 수도권을 포병으로 포격하더라도 포진지를 금방 탐지하여 무력화시킬 수 있으며, 북한이 기습적으로 상륙작전을 시도하더라도 금방 전멸시킬 수 있고, 북한이 사이버공격을 할 경우 북한의 사이버공격 사이트를 철저하게 무력화시킬 수 있으면, 북한은 더 이상 도발하지 못할 것이기 때문이다. 북한 상황의 불확실성이 클수록 이러한 대비태세의 중요성은 커질 것이다.

　　나아가 한국은 북한의 도발에 대하여 지금까지에 비해서는 더욱 단호하게 대응함으로써 도발 자체가 그들에게 손해라는 인식을 확고하게 심어줄 필요가 있다. 북한이 도발할 때마다 한국은 확전방지에만 치중하여 자제하면서 차후에 또 도발하면 단호하게 대응하겠다는 입장만 반복하였고, 이로 인하여 북한은 부담 없이 도발해왔던 것이 사실이기 때문이다. 한국은 공격하는 대상 그 자체--예를 들면, 포사격 시의 포대나 미사일 발사시의 미사일 포대--를 공격함은 물론, 그러한 공격을 지시하는 상급부대나 수뇌부에 대해서도 상응한 보복을 감행함으로써 도발 자체가 북한에게 손해가 되도록 만들어야 한다. 이러한 과정에서 일시적으로 남북한 간의 긴장상태가 고조되겠지만, 이렇게 하지 않을 경우 한국은 계속 북한도발의 인질이 될 가능성이 있다.

　　북한의 군사도발에 대한 기본적인 전제는 북한이 어떠한 도발을 하더라도 효과적으로 방어할 수 있는 한국군의 능력이다. 한국근은 북한의 전면전 도발은 물론이고, 다양한 도발에 대응하기 위하여 구비해야 하는 능력--예를 들면, 북한의 미사일 요격 능력, 북한군 도진지에 대한 정확한 대포병 사격을 보장할 수 있는 공중 관측수단이나 정밀유도포탄, 북한의 상륙작전을 저지할 수 있는 포병 및 헬기 전력, 사이버공간작전 수행능력--을 확실하게 구비할 필요가 있다. 특히 최근 들어서 북한의 국지도발 위험성이 증대되고 있다는 점에서 그에 대비하기 위하여 필요한 전력증강소요를 도출하여 신속하게 확보할 필요가 있다. 예상되는 북한 도발 형태별 한국의 대응태세를 실저적으로 검증하고, 미흡한 부분은 최단 시간 내에 보완할 필요가 있다. 이로써 북한에게 도발을 해도 성공할 수 없다는 사실을 깨닫게 하여 북한 스스로 도발을 자제하도록 만들어야 한다.

제6장
북한의 심각한
불안정 사태

1990년대 이후 한국에서는 "급변사태"(急變事態)라는 명칭으로 예상하지 못한 갑작스러운 변화가 북한 내부에 발생하는 상황을 상정하고, 그에 대한 나름대로의 대응방향을 고민하여 왔다. 1994년 김일성이 사망하면서 이듬해에 심각한 홍수까지 발생하자 북한의 급변사태는 그 여부가 아니라 시기의 문제일 뿐이라고 예상되기도 하였다. 그러한 사태는 발생하지 않았지만 북한 지도체제의 변화나 심각한 경제난이 보도될 때마다 한국에서는 급변사태의 발생 가능성과 대응방안이 논의되고, 이를 활용하여 통일을 달성해야 한다는 희망이 제시되었다.

실제로 북한에 "심각한 불안정 사태"[18]가 발생할 가능성과 그러한 상황이 통일로 연결될 가능성은 어느 정도이고, 한국은 무엇을 어떻게 대비해야 할 것인가? 다수의 학자들이 예상한 바와 다르게 김정일

---

18) 급변사태는 지도자의 돌발적 사망과 같은 예상치 않던 급격한 변화를 의미하는 것으로 그 결말이 포함되어 있지 않고 북한을 자극할 수 있는 용어이다. 또한 북한의 붕괴, 내란, 무정부 상태라는 용어의 경우 그 내용이 지나치게 제한적이고 공격적일 수 있다. 다소 범위가 애매한 점은 있지만 포괄성이 크다는 점에서 "심각한 불안정 사태"라는 일반적 용어를 사용하고자 한다.

이 사망하였어도 북한 내부가 심각하게 불안해졌다고 보기는 어렵다. 그럼에도 불구하고 북한의 심각한 경제난과 지도체제 내부의 알력 가능성으로 인하여 북한 내부가 갑작스럽게 불안해질 가능성이 없다고 말하기는 어렵다. 그 가능성이 높지는 않더라도 그러한 사태는 한반도의 평화정착과 통일을 영구적으로 보장할 수 있는 중요한 기회이기 때문에 한국은 이에 관한 제반 사항을 충분히 검토하고, 필요한 조치를 사전에 준비 및 강구해둘 필요가 있다.

:: 북한 불안정 사태의 의미와 논의 경과

북한의 심각한 불안정 사태, 소위 급변사태에 관한 정의는 사람에 따라 다양하다. 국제법 학자인 김명기는 "법학적 개념으로 그것은 기존 '정부의 종료'(extinction of government) 또는 '정부의 부(不)존재'(non-existence of government)를 의미한다"(김명기 1998, 81)고 설명하고 있고, 제성호(1999, 369-370)는 "한반도 유사(有事)"라는 용어를 사용하면서 "한반도의 평화와 안정에 중대한 영향을 주는 위급한 상황이 발생하여 외부로부터의 긴급지원이 요구되는 비상사태(긴급사태)"라고 정의하고 있다. 국제정치학자인 김일영(2008, 138-139)은 "북한에서 급격한 변화가 일어나 외부의 군사개입이 불가피할 정도의 상황이 조성되는 상태"로, 김연수(2006, 67)는 "북한 내에서 급격한 정치적 변화가 발생하여 외부의 정치·군사적인 개입 가능성이 증대되는 상황이 조성되는 사태"로, 라미경·김학린(2006, 36)은 '북한의 정권 혹은 체제의 붕괴를 초래하는 비상사태가 발생하고, 주변국을 비롯한 국제사회가 비상조치를 강구할 필요성이 있는 상황"으로 정의하고 있다. 이렇게 볼 때 한국에서 논의하고 있는 북한의 심각한 불안정 사태, 또는 급변사태는 사태 자체에만 국한되는 것이 아니라 외부의 지원 없이는 회복이 불가능할 정도로 국가체제가 붕괴되는 결과까지를 포함하는 개념이라고 할 수 있다. 그래야 한국으로서 어떤 조치를 강구해야 할 필요성이 발생하기 때문이다.

북한의 심각한 불안정 사태와 그에 따른 붕괴 가능성에 대한 논의는 1990년대 초 소련과 동유럽에서 공산주의 체제가 전격적으로 붕괴된 데 고무되어 제기되었다. 특히 1994년 김일성이 사망하고 1995년 홍수 등으로 북한의 경제가 더욱 어려워지자 주한미군사령부를 중심으로 북한의 붕괴 가능성이 진지하게 논의되기 시작하였다. 당시 주한미군사령관 겸 한미연합사령관이었던 럭(Gary Luck) 대장은 1996년 3월의 미 의회 증언을 통하여 북한의 붕괴는 그 여부가 아니라 어떻게, 언제 붕괴할 것이냐의 문제라고 언급하였고, 이것이 한국 언론에 보도됨으로써(조선일보 1996/03/17, 1) 한국에서도 본격적으로 다뤄지게 되었다. 주한미군사령부에서는 북한의 붕괴가 외부에 대한 공격(explosion)으로 분출되거나 내부폭발(implosion)로 끝날 가능성을 언급하면서 ① 식량난 등 자원고갈 단계로부터 시작, ② 대상을 선별해 자원을 공급하는 차별화 단계, ③ 생존을 위협받음에 따라 각 지역별로 자구책을 마련하는 지역독립 단계, ④ 중앙정부의 억압단계, ⑤ (내부) 저항단계, ⑥ 폭력을 수반한 균열단계, ⑦ 권력재편의 7단계로 진행될 것으로 예상하고, 당시에는 2단계에서 3단계로 넘어가는 과정이라고 평가하였다(조선일보 1996/03/25, 1).

그러나 북한의 붕괴 없이 1990년대가 지나갔고, 자연히 이에 대한 관심도 약화되었다. 그러다가 2000년대 중반 김정일의 건강에 문제가 있다는 분석이 제기됨을 계기로[19] 북한의 심각한 불안정 사태와 그로 인한 붕괴 가능성에 대한 토론이 재개되었다. 한미 양국군은 국방위원장의 유고 등 정권교체, 쿠데타 등에 의한 내전 상황, 핵·미사일·생화학무기 등 대량살상무기의 반군 탈취 및 해외 유출, 대규모 주민 탈북사태, 대규모 자연재해, 북한 체류 한국인 인질사태 등 6가지의 상황을 상정하여 군사적 대비책이라고 할 수 있는 "작전계획 5029"를 완성한 것으로 보도되기도 하였다(조선일보 2009/11/02, A6).

2011년 12월 17일 김정일이 사망하고 3남 김정은이 계승하면서 북한의 불안정 사태에 대한 논의는 다소 약화되고 있다. 예상 밖으로 김정은 체제가 견고한 것으로 평가되고 있고, 북한 내부에서 불안정의 징후가 발견되지 않고 있기 때문이다. 그럼에도 불구하고 북한의 붕괴가 가속화되고 있다는 러시아 국책연구소의 연구보고서나(조선일보, 2012/1/4, A2) 김정은의 성공 가능성에 대한 이복형 김정남의 부정적 시각)에서 보듯이(조선일보, 12/13, A6) 여전히 북한의 장래에 대한 회의론이 적지 않은 것이 사실이고, 따라서 앞으로도 지속적으로 이 문제는 논의될 가능성이 높다.

---

19) 그 당시에 김정일은 뇌졸중으로 한번 쓰러졌을 뿐만 아니라 만성화된 후두염과 신장 질환 등을 앓고 견어서 그 수명이 길어야 3년 정도일 거라는 분석이 한미 양국에서 보도된 바 있다. 조선일보 2010/07/10 A6.

:: 북한 불안정 사태의 예상 과정과 결말

● 전개 과정

북한 내부에 심각한 불안정 사태가 발생하여 붕괴에 이르게 되는 일련의 과정을 예상하는 데는 동구권 국가들의 사례가 참고가 될 수 있다. 소련은 "개혁·개방 정책 시도 → 통제불능 → 반체제적 변혁 초래 → 보수강경파의 저항 및 쿠데타 기도 → 붕괴"의 과정을, 루마니아는 "인접 공산체제 붕괴 → 국민들의 생활고에 대한 불만 팽배 → 독재자에 의한 관제 충성집회 소집 → 군중들의 야유 발생 → 전국적 반정부 시위, 군부의 가담 → 독재자의 몰락과 체제붕괴"의 과정을 거쳤다. 동독은 "인접 공산체제 붕괴 → 난민탈출 → 기존 정치세력에 의한 봉쇄 시도 → 민중시위, 인접국의 반개혁세력 지지거부 → 붕괴"의 과정을, 폴란드는 "1990년대 독립적 노동조합 결성과 개혁요구 → 야루젤스키의 탄압으로 일시적 분쇄 성공 → 1998년 경제회생을 위하여 솔리대러티 등과 타협 → 공산당의 총선 패배로 평화적 붕괴"의 과정을 거쳤다고 분석되고 있다(정낙근 외 2008, 45). 세부적인 진행과정은 다르더라도 대체적으로는 경제적 어려움이 전제된 상황에서 집권세력이 약화되자 국민들의 집단적이거나 조직적인 불만이 표출되었고, 이것을 효과적으로 통제하는 데 실패하거나 그러한 힘을 보유하고 있는 조직이 존재하지 않음에 따라 붕괴되었다고 할 수 있다.

북한의 경우 어떤 방식으로 진행될지 판단하기는 어려우나, 독재체제의 특성을 고려할 때 권력 내부의 변화(정치지도자나 군부에 의한 쿠데타 등)가 불안정으로 이어지고(이 경우 남한에 대한 무력도발로 외부분출을 시도할 수도 있다), 이에 자극받아서 민중 봉기가 점차 강화 및 확대됨으로써 내란 또는 무정부 상태로 변화될 가능성이 높다. 즉 "경제난 등으로 북한주민의 불만이 고조된 가운데 → 다양한 원인으로 북한 권력층 내의 변화가 발생하고 → 권력공백이나 권력투쟁이 발생하며 → 그 과정에서 공산당의 통제력이 약화되면서 대규모 민중 봉기가 발생하고 → 민중봉기의 결과 또는 진압과정에서의 상황악화로 인하여 내란 또는 무정부 상태로 악화되며 → 상당한 기간 동안 사태가 진정되지 않는 가운데 무차별한 약탈과 살생이 발생"한다는 각본이다(박휘락 2009, 69-71) 다만, 언급하고 있는 각 과정이 일사천리로 진행되는 것이 아니라 안정과 불안정이 반복되면서 점점 심각한 불안정으로 발전해 나갈 것이고, 어떤 과정은 생략될 수도 있다. 어느 경우든 국가의 정상적인 기능이 정지된 상태에서 외부의 도움 없이는 자체적으로 회복할 수 없는 상태에 이르게 될 것이라는 것이 한국에서 북한의 심각한 불안정 사태를 연구하고 대비하는 전제라고 할 것이다.

● **예상 결말**

북한에서 심각한 불안정 사태가 발생하였을 경우 어떤 상황으로 결말을 맞을지 예측하는 것은 쉽지 않다. 북한 내부 및 국제적인 다양한 요소들이 영향을 미칠 것이기 때문이다. 다만, 논의의 범위를 구체화하기 위하여 가능하다고 판단되는 대표적인 유형을 제시하면 다음과 같다.20)

---

20) 이 결말은 한반도선진화재단과 조선일보가 공동으로 2011년 5월 27일 실시한 "제2차 통일포럼"에서 제기된 "① 중국 개입, ② 유엔 개입, ③ 한·미·중·일·러 개입, ④ 한·미 개입, ⑤ 한국 단독 개입"에

북한의 자체 해결: 북한의 심각한 불안정 사태가 맞을 수 있는 가장 가능성이 높은 결말은 북한에 의한 자체적 해결이다. 일시적으로 극심한 불안정 상황으로 악화되더라도 결국은 나름대로의 안정을 되찾게 된다는 것이다. 공산주의 체제의 응집력이 크고, 주민 저항의 조직화 가능성이 높지 않으며, 주변국가들 간의 상호견제로 개입이 조심스러울 수밖에 없다는 점을 고려할 때 이 결말의 가능성을 높게 볼 수밖에 없다. 소규모의 소요사태가 발생하더라도 최고 엘리트로 구성되어 있고 폭력적 수단을 독점하고 있는 군부가 동원될 경우 금방 사태를 장악할 가능성이 높다. 1994년 김일성의 갑작스러운 사망 이후 주한미군사령부에서 북한의 붕괴는 그 여부(whether)가 아니라 시기(when)의 문제일 뿐이라고 단언하였지만, 외부에서 주목할 만한 소요조차 북한에서 발생하지 않았다는 점을 상기할 필요가 있다. 다만, 경제적 어려움이 계속되는 한 일시적으로는 안정되더라도 곧 새로운 불안정 사태가 도래할 가능성은 높다.

중국의 단독 개입: 북한에 심각한 불안정 사태가 발생하였을 경우 중국이 북한과의 상호우호조약과 국경지역 대량탈북자 통제를 명분으로 군대의 투입을 포함한 적극적 개입을 시행하고, 그 결과로 북한 사회가 안정을 되찾는 형태이다. 중국은 개입 자체를 대외적으로 공표하지 않은 채 은밀히 병력을 진주시킬 가능성이 높고, 다른 국가들이 파악하여 대책을 강구하였을 때는 이미 상당한 중국의 병력이 북한지역을 통제하고 있을 가능성이 크다. 중국은 북한 정부의 요청에 의하여 군대를 진주시킨 것으로 정당화할 가능성이 크고, 북한의 나

북한 자체해결을 추가한 상태에서 상상력을 활용하여 다소 구체화한 내용이다(조선일보 11/05/30, A18).

진과 선봉 지역을 중국이 빌려서 사용하고 있어 중국 군대가 평시부터 일상적으로 북한으로 진입하는 상황이 발생할 수도 있다. 이러할 경우 북한은 중국의 일방적 영향력 아래 남겨지게 될 가능성이 높다.

유엔에 의한 개입: 북한의 심각한 불안정 사태를 처리하는 가장 합리적인 방안은 유엔에 의한 개입과 처리이다. 이는 북한문제가 안전보장이사회에 회부되어 유엔이 처리하는 것으로 결정되었을 경우이다. 유엔은 회원국들에게 다양한 인도적 지원을 제공하도록 촉구함은 물론 북한 내에 발생하고 있는 인권침해 사태를 조사하기 위한 위원회를 구성하게 될 것이고, 대규모 난민 수용을 위한 조치를 강구하게 될 것이다. 그러한 조치로도 상황이 관리되지 못한다고 판단할 경우 유엔은 평화유지군을 형성하여 북한지역에 파견할 수 있다. 이러할 경우 북한의 처리문제는 유엔을 중심으로 한 국제사회가 결정하게 될 것이다.

지역 5개국에 의한 공동개입 및 관리: 이 방식은 북한의 불안정 사태를 유엔이 아닌 지역 국가들의 협력에 의하여 해결하는 방식이다. 북한의 불안정 상황으로부터 직접적으로 영향을 받는 동북아시아 지역의 관련국가, 즉 한국, 미국, 중국, 러시아, 일본이 당사자들로서, 이들 국가 간의 협의를 통하여 북한을 안정시키는 데 필요한 제반 사항을 논의하게 된다. 북한의 핵문제 해결을 위한 6자회담을 준용한 방식으로서, 북한이 불안정해질 때 북한핵 통제에 관한 사항을 협의하기 위하여 주변국들이 모였다가 북한 관리에 관한 전반적인 사항까지 토의하게 되는 경우이다. 중국처럼 북한문제에 대한 개입이 용이한 국가를 견제하기 위하여 다른 국가들이 공동개입을 주장할 가능성도 존재한다.

미국과 한국에 의한 개입: 이것은 중국이 한미 양국에 의한 북한의 안정화 노력을 용인하거나 한미 양국이 일방적으로 북한에 개입하여 상황을 안정시키기로 결심한 경우이다. 가능성이 높다고 할 수는 없으나 미국은 북한에 존재하는 핵을 어떤 식으로든 통제할 필요가 있고, 한국은 북한과의 통일이 지상목표라는 점에서 한미공동개입의 결정이 내려질 가능성도 배제할 수는 없다. 중국의 일방적 개입이 한미 양국의 개입을 강요할 수도 있다. 중국이 묵인할 경우 한미 양국군은 북한은 효과적으로 통제할 수 있지만, 중국의 개입과 한미 양국의 개입이 정면으로 충돌할 경우 한반도는 심각한 군사적 충돌의 상황으로 치달을 수 있다.

한국 단독에 의한 개입: 북한이 요청하거나, 다른 국가들이 한국에게 북한지역에 대한 처리의 책임과 권한을 위임하거나, 한국의 정치지도자가 북한의 불안정사태를 활용하여 통일을 달성하겠다는 결심을 하였을 경우 한국 단독으로도 북한 지역에 개입할 수 있다. 당연히 북한 지도층의 전부 또는 일부가 한국의 개입을 요청하는 것이 최선이지만, 북한의 불안정 사태가 워낙 심각하여 요청의 주체가 불분명해질 경우 인도적 지원을 명분으로 한 한국의 일방적 개입이 불가피해질 수도 있다. 이 경우 한국은 북한에 대한 배타적 영향력을 확보할 수는 있으나 모든 정치적, 경제적 책임을 단독으로 담당해야 한다는 부담이 있다.

● **결말의 분석**

북한에 심각한 불안정 사태가 발생하였을 경우 가장 가능성이 높은 결말은 북한 스스로에 의한 안정이다. 대부분의 국가에서와 같이 다소 간의 혼란을 거친 후 어떤 형태로든 내부적인 안정을 되찾을 가능성이 크다고 봐야 할 것이다. 그러나 현재의 북한 경제사정을 고려할 때 그러한 안정이 지속되기는 어렵고, 안정과 불안정을 반복하면서 점진적으로 붕괴되는 형태를 취할 것으로 판단된다.

북한의 불안정이 계속될 경우 개입의 의도, 명분, 능력 측면에서 유리한 국가는 중국이다. 중국은 지리적으로 인접하고 있고, 상호우호조약을 체결한 상태이며, 중국이 군대를 투입한다고 하더라도 서방 국가들이 제대로 파악하거나 저지하는 것이 어렵기 때문이다. 중국은 안보리 상임이사국의 지위를 이용하여 그들의 주둔을 정당화시킬 것이고, 친중국 정권을 수립한 이후 철군해버릴 경우 국제적으로 비난하기도 쉽지 않다.

이 외에도 동북아 지역 5개국에 의한 공동개입, 중국과 미국으 공동 개입, 유엔 차원에서 집단적 조치가 취해질 가능성도 전혀 배제할 수는 없으나 어느 경우든 다수 국가가 관련될 경우 북한의 미래에 대한 한국의 주도성은 감소되고, 한반도의 통일은 또다시 강대국들의 논의에 의하여 결정될 가능성이 높다. 독일 통일의 경우처럼 주변 강대국들이 한국 주도의 통일에 합의할 가능성이 전혀 없다고 할 수는 없지만, 중국과 러시아가 쉽게 동의해줄 것으로 기대하기는 어렵다.

한국의 입장에서 북한의 불안정 사태가 진행되는 추이를 지켜브는 데서 만족하기는 어렵다. 한국의 헌법에 의하면 북한은 미수복 점령지역으로서 그 지역을 통제하는 세력이 없어질 경우 당연히 수복하고자 노력해야 할 대상이다. 한국이 아무런 행동을 취하지 않을 경우 다른 국가들이 북한에 영향력을 행사하게 될 것이고, 그러할 경우 한

민족의 생활터전을 축소시키는 결과로 연결될 수도 있다. 따라서 한국은 북한이 심각한 불안정 사태에 빠질 경우 이를 유리하게 전환시킬 수 있는 방법을 모색하고 수단을 구비하지 않을 수 없다. 그리고 실제적인 사용 여부와는 상관없이 그러한 사태의 통제를 위하여 군사력 개입 시에 대한 제반 사항을 사전에 면밀히 검토하고, 필요한 준비를 갖출 필요가 있다.

:: 한국의 적극적 개입에 관한 분석

북한에 심각한 불안정 사태가 발생하였을 경우 한국이 군대를 포함한 모든 수단을 사용하여 개입함으로써 한국에 유리한 상황으로 변화시키지 못한다면 그러한 상황에 대한 분석은 아무런 유용성이 없다. 한국의 입장에서 북한의 불안정 사태에 대하여 관심을 갖는 것은 그것을 활용하여 한반도의 영속적인 평화나 통일을 달성하고자 하는 것이고, 이를 위해서는 어떤 식으로든 북한에 대한 영향력을 행사할 수 있어야 하기 때문이다. 이 경우 실제 사용 여부와 상관없이 필요 시 군사력을 사용할 수 있다는 전제가 없다면 한국은 북한에 대한 영향력을 확보하였다고 말하기 어렵다. 군대야말로 외부로 국력을 투사 및 작동시키는 근본적 수단이기 때문이다. 다만, 외부에 대하여 군대를 사용하는 것은 국제법이나 다른 국가들과의 역학관계를 면밀하게 고려하여야 하는 민감한 사항이다. 따라서 그러한 요소들을 고려하여 한국군의 북한 개입에 따른 현실성을 분석하는 것이 우선적으로 검토되어야 한다.

● 국제법적 측면

남북한이 유엔에 동시에 가입한 별개의 국가라고 할 때 북한이 심각한 불안정 상태에 있을 경우 한국이 군사력을 투입하는 등으로 적극적으로 개입하는 것은 유엔헌장에 위배된다. 유엔 헌장 제2조 제7항에서는 "이 헌장의 어떠한 규정도 본질상 어떤 국가의 국내 관할권 내에 있는 문제에 간섭할 권한을 유엔에 부여하는 것이 아니며, 또한 그러한 문제를 이 헌장이 정한 해결방법에 부탁하도록 회원국에 요구하는 것도 아니다"라고 명시하고 있다. 또한 제2조 제4항에서는 "모든 회원국은 국제관계에 있어 다른 국가의 영토보전이나 정치적 독립에 반하거나 또는 국제연합의 목적과 양립할 수 없는 다른 어떠한 형태의 무력 위협 또는 무력행사를 삼간다"라고 규정되어 있다.

북한에 대한 한국의 적극적 개입을 정당화할 수 있는 논리가 전혀 없는 것은 아니다. 그것은 남북관계의 특수성으로서, 대한민국 헌법에 의하면 한반도에서는 한국만이 유일한 합법정부이고, 북한은 "미수복 불법점유지역"이며(신범철 2008, 92), 따라서 "대한민국의 헌법과 법률은 휴전선 남방지역뿐만 아니라 북방지역에도 적용되어야 한다"(제성호 2010b, 22). 비록 7·4공동성명이나 남북기본합의서, 6·15 및 10·4 선언 등 남북관계의 진전과정에서 남북한이 서로를 별도의 당국으로 인정한 바가 있기는 하지만 그것은 남북관계의 개선을 위한 잠정적인 조치였을 뿐 북한을 국가로 인정한 것이라고 보기는 어렵다.21) 최대한 너그럽게 인정한다고 하더라도 1991년 남북이 합의

---

21) 이러한 인식은 1991년 남북기본합의서의 비준과 관련한 정부의 입장에서 잘 나타나고 있다. 두 개의 별도의 국가라면 남북기본합의서는 당연히 국회의 비준을 받아야 하지만 "분단국을 구성하는 대한민국과 조선민주주의 인민공화국이라는 두 정치실체 간에 이루어진 특수한 성격의 합의서"이기 때문에 국회의 비준 동의를 얻지 않았다고 설경하고 있다(통일원 1992, 14).

하여 체결한 남북기본합의서에 명시된 바처럼 남북관계는 "잠정적 특수관계"에 불과하다.[22]

남북한은 1950년 발생한 한국전쟁의 휴전상태에 있다는 점을 강조할 수 있다. 한국전쟁의 경우 1953년 7월 27일부로 상호 간 화력의 교환을 멈추기는 했지만 진정한 종결을 위한 정치적 협상이 완료된 것이 아니기 때문이다. 비록 휴전협정을 어기는 것으로 비난받을 수는 있지만 휴전상태는 전쟁 중이라는 의미이기 때문에 군대를 투입할 경우 극단적인 비판을 받을 것으로는 보이지 않는다. 다만, 휴전 이후 60년 정도가 흐른 현재 시점에서 위 근거를 사용하는 것이 국제적 설득력이 크지 않다는 점은 유념할 필요가 있다. 1970년대 후반에 유엔 군사령부를 해체해야 한다는 제안이 유엔에서 제기되었던 것과 같이 한국전쟁은 사실상 종료된 것으로 봐야 한다는 시각도 적지 않기 때문이다.

● **강대국들의 역학관계**

북한의 심각한 불안정 사태에 대한 한국의 적극적 개입과 관련하여 국제법보다 주변 강대국들 간의 협의와 합의가 더욱 직접적이라고 할 수 있다. 이들은 한반도의 안보상황과 직접적인 관련을 갖고 있고, 6자회담에서 보듯이 그의 해결을 위하여 적극적으로 나서기도 하였으며, 유엔의 결정을 주도할 수 있기 때문이다.

이 중에서 미국은 가급적이면 한국을 지원하고자 노력할 것이고, 한국의 적극적 개입도 용인해줄 가능성이 크다. 미국은 한국과 혈맹

---

22) 남북기본합의서 전문에는, "쌍방 사이의 관계가 나라와 나라 사이의 관계가 아닌 통일을 지향하는 과정에서 잠정적으로 형성되는 특수관계라는 것을 인정하고…"라고 되어 있다.

관계이고, 자유민주주의에 의한 통일을 선호할 것이기 때문이다. 현실적으로도 미국은 철저한 반미의식으로 무장된 북한에 군대를 투입하는 것을 꺼리고 있고(란코프 2009, 147), 북한 핵무기를 통제하는 측면 이외의 군사적 개입은 회피하고자 할 가능성이 크다(이수석 2009, 8). 전시 작전통제권 전환과 관련하여 한미가 합의한 한반도 방어에 관한 "한국 주도, 미국 지원"의 관계와 같이, "북한 위기에 대응함에 있어서 한국이 주도하고(take the lead), 미국이 핵심적인 지원역할(a vital supporting role)을 수행해야 한다"는 주장도 존재한다(Klingner 2010, 13).

중국의 경우 한국의 적극적 개입을 용인하기가 어려울 것이라는 분석이 대부분이다. 중국 정부가 공식적 입장을 표명하지도 않았고, 일부 중국학자들의 의견이 중국 정부를 대표할 수는 없지만, 이춘근은 다수 중국학자들과의 토론결과를 바탕으로 중국은 북한의 붕괴를 전제로 하는 대한민국의 통일정책에 반대할 것이라는 결론을 내리고 있다(2011, 156). 재독학자인 박성조도 "중국은 종전부터 추진해온 '동북 4성 전략'의 테두리에서 북한을 '중국의 식민지'로 생각할 것"(박성조 2006, 69)이라고 평가한다. 상식적으로 생각해봐도 동맹국인 북한을 한국이 통일하는 것을 중국이 허용하거나 묵인할 것으로 기대하기는 어렵다.

다수의 북한 전문가들은 중국 스스로의 개입 가능성을 매우 높게 평가하고 있다. 김연수는, "한반도 북부지역에 대한 높은 전략적 이해관계를 갖고 있는 중국이 북한 급변 사태 시 어떤 식으로든 개입할 것이라는 점은 틀림없다"라고 분석하고 있고(2006, 78-80), 중국 전문가인 소치형(2010, 50)은 "중국의 직간접적 개입은 불가피하고…북한을 내경(內境)에 머물도록 하기 위해 군사적 행위까지 취할 수 있을 것으로 보인다"라고 판단하고 있으며, 박창희(2010, 35)는 "중국은 필요하다고 판단할 경우 주저 없이 북한지역에 군사력을 파견할 것"이라고 예측하고 있다. 허동욱(2011, 357)은 "중국의 입장에서 북한의 급변사태는 군사개입의 부담보다는 불개입에 따르는 불확실성과 위험부담이 훨씬 크다"고 분석하고 있다. 미국의 연구기관에서도 북한의 급변사태 발생 시 중국은, "전략적 중심, 지역적 영향력, 경제적 안정을 유지하는 등 자신의 핵심이익을 지키고자 할 것이고, 이것들은 미국 및 한국과 충돌을 빚게 될 것"이라고 분석하고 있고(Stares and Wit 2009, 7), 직접 개입을 위한 우발계획을 작성하였을 가능성도 있다고 추측하고 있다(Klingner 2010, 10). 실제로 중국과 북한은 1961년 체결된 "조선민주주의인민공화국과 중화인민공화국 간의 우호, 협조 및 호상 원조에 관한 조약"23)에 의하여 현재도 동맹관계이고, 앞으로도 중국은 이 조약을 북한을 관리하는 기제로 사용할 가능성이 높다(최명해 2009, 405).

중국이나 미국에 비해 개입을 위한 의지와 수단의 가용성은 미흡하지만 러시아도 미국을 비롯한 주변국가들이 개입할 경우 제한된 규모의 개입도 시도할 가능성을 갖고 있고(이수석 외 2009, 11), 일본의 경우에도 미·일 신안보공동선언(1996년)과 미·일 방위협력지침(1997)을 바탕으로 미국과의 협조를 통하여 한반도 상황 변화에 영향력을 행사하고자 노력할 가능성이 있다(이수석 외 2009, 10).

---

23) 제2조에서 "체약 일방이 어떠한 한 개의 국가 또는 몇 개의 국가들이 련합으로부터 무력침공을 당함으로써 전쟁상태에 처하게 되는 경우에 체약 상대방은 모든 힘을 다하여 지체 없이 군사적 및 기타 원조를 제공한다"라고 되어 있고, 제7조에서는 "쌍방 간의 합의가 없는 이상 계속 효력을 가진다"라고 명시되어 있다(최명해 2009, 441-442).

이렇게 볼 때 강대국들의 역학관계 측면에서도 북한의 내란이나 무정부 사태에 한국이 개입하는 것을 허용할 가능성은 크다고 할 수 없다.

● 북한의 태도

북한에서 심각한 불안정 사태가 발생하였을 경우 한국이 개입하기 위한 최선의 방안은 북한 정부 또는 권력을 장악한 정파가 한국 정부에게 개입을 요청하는 경우이다. 국제법적으로 "정통정부의 요청에 의한 간섭은 적법한 간섭"이기 때문이다(김명기 1997, 202).

북한의 정부나 권력을 장악한 정파가 한국의 지원을 우선적으로 요청할 가능성이 높다고 보기는 어렵다. 북한 지도층의 경우 그동안 누적된 한국에 대한 적대감이 적지 않고, 한국 주도로 사태가 해결될 경우 심판받을 가능성을 우려할 것이기 때문이다. 2008년 11월 이상희 당시 국방장관이 국회에서 작전계획 5029의 필요성을 설명한데 대하여 북한의 노동신문은 "북침야욕을 기어이 실현하기 위한 엄중한 군사적 도발행위"라고 반발하면서 군사분계선을 통한 육로통행을 제한하고, "전면적 대결태세에 진입"할 것과 남북 사이의 합의사항을 무효화할 것이라고 반발한 사실(정성장 2009, 6-7)을 감안하면, 한국군의 개입에 대한 북한 지도층의 부정적 인식은 크다. 최근 중국과 러시아에 대한 북한의 적극적 외교활동을 고려할 때 위급한 상황일 경우 중국이나 러시아의 지원을 요청할 가능성이 높다. 다만, 다수의 정파가 대립하는 상황에서 어느 한쪽이 중국이나 러시아의 지원을 요청할 경우 그와 대립하는 다른 한쪽이 한국의 지원을 요청할 가능성은 존재한다고 할 것이다.

● 국내여론

　북한의 심각한 불안정 사태에 한국이 개입함에 있어서 국내여론이 절대적인 지지를 보낼 것으로 단순하게 판단할 수는 없다. 북한에 대한 국민들의 관심도는 계속 하락하고 있고, 급속한 통일보다는 점진적 통일을 지지하는 국민들이 압도적으로 많으며, 통일 이후의 경제적 부담을 우선적으로 고려하는 경향이 증대되고 있는 것이 사실이기 때문이다. 다시 말하면, 북한에 군대를 보내서라도 통일을 달성해야 한다는 사실에 대하여 남한 국민들의 공감대가 충분하다고 보기 어렵다. 외국인의 시각에서도 "한국의 부모들은 자식들을 북한 땅의 안정과 나라의 통일을 위해 위험한 전장으로 보낼 의지가 전혀 없다고" 평가되고 있다(란코프 2009, 189).

　따라서 국가지도층의 단호한 의지와 추진력이 없을 경우 북한의 내란이나 무정부 상태에 개입하는 것 자체를 실행하지 못할 가능성도 적지 않다. 군대를 북한지역으로 파견할 경우 국회의 동의가 필요할 것인데, 이 과정에서 시기를 상실하거나 예상하지 못한 장애에 부딪칠 가능성도 크다. "중국과 미국은 북한에 위기가 발생하였을 경우, 남한은 국내 문제에 마비돼 신속한 대북조치를 취하기 어려울 것이라고 판단하고 있다"(란코프 2009, 275)는 관찰에 유의할 필요가 있다.

● 소결론

　이상에서 논의한 사항을 종합해볼 때 북한에서 심각한 불안정 상황이 조성되었을　경우 한국이 군사력을 포함한 국력의 모든 요소를 동원하여 적극적으로 개입할 수 있는 국제법적 근거, 주변 강대국들의 허용, 북한의 요청, 국내여론의 지지 여부는 확실하지 않다. 남북한은 유엔에 동시 가입한 상태이고, 북한과 접경한 상태로서 동맹관계인 중국이 묵인할 가능성이 적으며, 최근 들어서 남북한 간에도 적대적 감정이 증대된 상태이고, 통일을 위한 부담을 걱정하는 국민도 적지 않기 때문이다.

그러함에도 불구하고 한국의 지도자들이 북한에 적극적으로 개입하여 한반도의 항구적 평화공존을 제도화하거나 통일을 달성하는 것으로 결심하였다고 할 때, 가장 바람직한 상황은 북한 지도층의 일부 또는 전부가 한국 정부의 적극적 개입을 요청하는 경우이다. 국제법적으로도 특정 정부의 요청에 의한 개입은 정당화되고, 다수 정당가 난립할 경우 특정 정파를 북한을 대표하는 것으로 간주하여 행동할 수 있기 때문이다. 이러할 경우 한국군은 방해받지 않는 상태에서 북한 지역으로 군대를 포함하여 필요한 국력의 수단을 전개시킬 수 있고, 한국 나름의 계획으로 북한지역을 안정화시킬 수 있으며, 한국이 원하는 방향으로 평화공존과 통일을 달성할 수 있다.

한반도의 평화공존이나 통일에 대한 염원이 너무나 간절할 경우 한국의 일방적 개입이 전혀 불가능하다고 볼 수는 없다. 북한은 한국의 미수복 점령지역이고, 동족이 겪고 있는 고난을 계속하여 방관할 수는 없기 때문이다. 이러한 점에서 한국은 단독 개입까지도 포함하여 모든 대안을 고려하는 가운데 북한 상황의 변화를 예의주시할 필요가 있다. 단독개입의 경우 국제적인 파장이 적지 않을 것이기 때문에 그의 정당성을 보장하거나 부작용을 최소화할 수 있어야 하고, 이를 위해서는 사전에 조치해야 할 사항이 상당수 존재할 수도 있다. 이러한 최악의 상황까지도 고려하여 필요한 조치를 강구할 때라야 북한에 대한 한국의 적극적 개입이 현실성을 갖게 된다고 할 것이다.

:: 한국의 과제

● 적극적 개입의 한계에 대한 정확한 인식

유사시 적극적 개입을 보장한다는 측면에서 한국에게 있어서 가장 중요한 것은 북한 문제에 대한 한국 개입의 근거가 충분하지 않다는 사실을 국민들이 이해하는 것이다. 동일한 민족끼리 통일하는 것이 당연하다는 인식은 국제사회에서 통용되기 어렵다. "북한이 내란 상태 또는 일시적 무정부상태에 있을 경우 남한이 북한 영역에 대해 통치권을 행사하기 위해 남한의 국가기관으로 하여금 북한의 영역에 들어가도록 하는 것은 남한의 국내법으로는 허용이 되나, 국제법상으로는 특히 '국제연합헌장'상으로는 다른 국가의 영토보존과 정치적 독립을 침해하는 것으로 되어 있는 제2조 제4항의 규정에 따라 금지되어 있다"(김명기 1998, 80). 이를 이해하지 않은 상태에서 통일에 관한 논의를 진행할 경우 한민족의 통일은 요행을 바라고 있는 것이다.

그럼에도 불구하고 한국은 주변국가들은 물론이고 전 세계를 대상으로 남북관계의 특수성을 인식시키고자 노력하지 않을 수 없다. 남과 북은 공히 각자의 헌법에서 한반도에 하나의 국가만이 존재하는 것으로 명시하고 있다는 점, 1991년 남북 간에 합의된 "남북기본합의서"에도 남북관계가 "잠정적 특수관계"로 명시되어 있다는 점, 남북교역이 민족 내부 거래로 인정되고 있다는 점 등을 설명함으로써 한반도 문제에 대한 한국의 주도성을 인정하도록 만들 필요가 있다(김연수 2006, 88). 북한이 지고 있는 모든 책임과 갚아야 할 부채를 한국 정부가 부담한다는 점을 공식화하거나 북한지역이 국제법으로 논란의 소지가 있는 지역임을 강조하는 것도 하나의 방법일 수 있다(신범철 2008, 96).

동시에 국제법의 한계에 대한 냉정한 인식도 필요하다. 국제법은 국내법과 같은 강제력을 갖고 있지 못하고, 어떤 경우에는 강대국들의 행동을 정당화하기 위한 구실로 사용되는 점도 적지 않기 때문이다. 국가의 생존이나 통일과 같은 절대적인 목적을 위하여 어떤 구체적 조치가 요구됨에도 불구하고 국제법에 얽매여서 결심을 하지 못해서는 곤란하다. 국제법을 무시함으로써 감수해야 하는 국제적 비난이나 제재와 국가적 과제를 달성해야 한다는 불가피성을 비교하여 후자가 클 경으 필요한 조치를 결행하는 국가도 존재한다. 이스라엘이 전형적인 국가로서, 이스라엘은 이집트가 공격을 준비하고 있다면서 1967년 6월 5일 새벽 이집트, 시리아, 요르단 비행장에 주둔 중인 항공기들을 선제타격함으로써 중동전쟁을 발발하였고, 이라크가 원자력 발전소를 완성하게 되면 결국은 핵폭탄을 제조할 것이라는 판단하에 1981년 6월 7일 건설의 초기단계에 불과하였던 이라크의 오시라크(Osirak) 발전소를 공격하였으며, 동일한 논리로 2007년 9월 시리아가 건설 중이었던 다일 아주르(Dair Alzour)의 원자로 시설을 공군기로 파괴하였다.

● 북한 정부의 요청 유도 노력

한국의 적극적 개입과 관련하여 가장 정당하면서도 효과적인 방책은 북한 정부 또는 북한 정부로 인정될 수 있는 어떤 단체로부터의 요청을 받아 움직이는 것이다. 현재로서 그러한 요청을 유도할 수 있는 가능성이 높지 않을 수는 있지만, 한국이 노력할 경우 높일 수 있는 여지가 큰 것도 사실이다. 남북한은 같은 민족이고, 어떤 형태로든 다양한 접촉이 발생할 수밖에 없는 상황이기 때문이다.

한국은 평소부터 북한 내 권력자들과 의사소통 채널을 형성하고, 그들이 통일될 경우 지금까지의 특권을 상실하지 않을까 염려하고 있다는 점을 감안할 필요가 있으며(란코프 2009, 146), 개혁개방을 지지하는 인사를 중심으로 인맥을 형성 및 확대해 나갈 필요가 있다(이수석 외 2009, 15). 특히 북한 군부에 대하여 통일이 되더라도 그들이 예상하는 것과 같은 대규모 숙청은 없을 것이라는 점을 공언하고, 극단적인 범죄를 저지르지 않은 한 군복무를 계속하거나 사회로 나가더라도 필요한 직장을 알선해주겠다는 입장을 전달할 필요가 있다. 다시 말하면, 북한 지도층, 군부 및 주민들과의 전략적 소통(strategic communication)[24]을 강화할 필요가 있다.

이러한 점에서 급변사태라는 용어의 사용이나 북한 지도자가 사망할 경우 급변사태로 연결될 것이라는 언급도 자제할 필요가 있다. 2010년 1월 15일 북한은 국방위원회 대변인 성명을 통하여 "(남한) 보도에 의하면 최근 남조선 당국자들이 우리 공화국에서의 급변사태에 대비한 '비상통치계획-부흥'이라는 것을 완성해 놓았다고 한다"면서, "청와대를 포함해 이 계획 작성을 주도하고 뒷받침한 남조선 당

---

24) 2001년 9/11 테러 이후 미국의 의도를 세계에 제대로 알려야겠다는 인식하에 강화된 개념으로서, "국력의 다른 요소와 통합된 정보, 주제, 계획, 프로그램, 행동들을 잘 조정하여 사용함으로써 국가이익과 목표를 증진시키는 데 유리한 환경을 창출, 강화, 보존할 수 있도록 핵심 청중들을 이해 및 접촉 유지하는 정부의 집중적인 과정과 노력"이다(Department of Defense 2004, 3).

국자들의 본거지를 날려 보내기 위한 거족적 보복 성전이 개시될 것”
이라고 언급한 바 있고(조선일보 10/01/16, A1, A6), 이명박 대통령의
통일세 신설에 관해서도 북한은 “역도가 떠벌린 통일세란, 어리석은
망상인 ‘북 급변사태’를 염두에 둔 것”이라면서, “불순하기 짝이 없는
통일세 망발의 대가를 단단히 치르게 될 것”이라고 비난한 바 있다
(조선일보 10/08/18, A1). “북한 급변사태에 대해 대비한다고 하는 것
이 오히려 북한을 자극해 한반도 안보상황을 악화시킨다면 이는 ‘의
도하지 않은 결과’를 초래하는 셈이다”(장성장 2009, 8). 따라서 급변
사태 대신에 “북한 재건지원 사태”나 “북한 안정지원 사태” 등과 같
은 긍정적인 용어로 변경시키는 방안을 검토해볼 필요가 있고, 실제
에 있어서는 북한의 심각한 불안정 사태에 대한 검토를 지속하면서
도 북한을 자극하지 않도록 선언적 정책(declaratory policy)에서는 신
중할 필요가 있다.

● 한미동맹에 근거한 미국과의 공동 토의 및 대비

북한의 심각한 불안정 사태를 관리함에 있어서 한미동맹은 여전히
유용하고, 효과적인 틀이다. 미국은 강력한 국제적 영향력을 갖고 있
고, 북한문제에 개입해야 할 몇 가지 결정적인 이해관계를 지니고 있
으며,[25] 한국과 미국은 한미연합사령부라는 효과적인 제도적 협력수
단을 공유하고 있기 때문이다. 미국은 단독행동이 불가피하다고 판단
되는 결정적 사태가 발생하지 않는 한 북한 사태 처리에 있어서 한국
의 희망과 지도성을 인정해줄 가능성이 높다(Stares and Wit 2009, 29).

---

[25] 이종철은 미국의 개입 유인은 동북아 및 한반도의 평화와 안정, 대량살상무기 통제, 주변국 통제, 인도적
위기 대처의 4가지로 설정하고 있다(이종철 2011, 139–147).

미국 정부가 집중적이고 정교한 외교적 노력(intensive and deliberate diplomatic effort)으로 관련 국가들의 안보 우려를 해결함으로써 독일 통일이 가능했다는 점을 참고할 필요가 있다(Stares and Wit 2009, 30). 따라서 북한이 심각한 불안정 사태에 빠졌을 때 관련된 모든 사항을 미국과 토의 및 협의하고, 그 결과로써 한미 간의 유기적 공조를 보장할 필요가 있다.

비록 미국에 의존할 경우 남북한의 문제가 미국과 중국의 전략적 경쟁의 일환으로 전환될 수 있고, 북한 문제 해결을 위한 한국의 독자성이 침해받을 소지가 없는 것은 아니다. 그러나 독일의 예에서 보듯이 미국과 같은 강력한 우방국이 외교 및 군사적으로 지원하지 않을 경우 주변국가들을 설득하거나 개입을 억제시키기는 어려운 것도 사실이다. 따라서 한국은 실제적으로는 미국의 협력을 추구하되, 그러한 부정적 측면을 최소화할 수 있도록 협의는 하되 시행은 한국이 주도하는 등으로 다양한 세부적 배려를 할 필요가 있다.

그의 공개 정도는 다양한 측면을 고려하여 조정할 필요가 있지만 한국과 미국은 동맹의 틀을 바탕으로 북한의 정세 변화에 관한 사항들을 긴밀하게 토의하고, 필요하다면 북한 사태 해결을 위한 공동의 비전(common vision)을 발전시킬 필요가 있다(Stares and Wit 2009, 23). 그러한 노력을 통하여 목표를 일치시키고, 과제를 분담하며, 상호 간의 입장을 조율할 경우 미국은 독일에 대해서 그러했던 것처럼 한반도 통일의 후견인 역할을 자청할 수 있다. 또한 한반도 평화공존이나 통일을 위한 한국의 입장을 미국이 지원해주도록 요구함과 동시에 한국은 북한 핵문제에 관한 미국의 입장과 역할을 존중해주고, 동북아시아 지역에서 미국이 적극적인 역할을 할 수 있도록 지원할 필요가 있다. 미국이 제외된 동북아 안보협력체의 형성에 대한 토의를 자제하는 것도 필요할 수 있다(박용옥 2009, 44).

● 중국 개입의 억제와 대응 노력 강화

북한에서 심각한 불안정 사태가 발생하였을 경우 한국에게는 스스로의 주도적 역할을 모색하는 것도 중요하지만, 중국이 결정적인 영향력을 행사하지 못하도록 예방 및 억제하는 사항도 중요하다. "만일 북한이 붕괴한다면 북한 체제의 권력 공백 상태가 중국의 북한 지배로 이어질"(박성조 2005, 63-64) 것이고, "중국이 북한 문제를 해결해주고 바로 철수할 거라고 기대하는 것은 너무 순진하다"(란코프 2009, 146)라는 지적처럼 중국의 개입은 한반도 북쪽의 영토 상실로 연결될 수 있다. 따라서 한국은 미국과의 협력을 바탕으로 국제사회가 중국을 압박하도록 전방의 외교적 노력을 경주해야 한다. 북한 정부에 대해서도 중국이라는 외세를 불러들일 경우 사태를 해결하지도 못할 뿐만 아니라 민족사의 죄인이 된다는 사실을 인식 및 설득시킬 필요가 있다.

나아가 극단적인 상황에서는 군사적 충돌도 각오하거나 대비하지 않을 수 없다. 외교적 노력이 실패하였음에도 한국이 북한지역을 포기할 수 없다면 신라 통일과 같은 노력밖에 대안이 없을 것이기 때문이다. 이러한 점에서 일부 한국인들은 북한 급변사태 시 투입될 수 있는 중국 군사력을 추산해보기도 한다(이종훈 2011, 290). 중국이 보유하고 있는 항공모함과 다수의 잠수함, 항공기, 그리고 선양군구, 지난군구, 베이징군구의 대규모 육군부대를 고려할 때 한국은 상당한 어려움을 각오하지 않을 수 없다는 점을 인식하고, 이러한 점을 향후 군사력 증강에도 반영할 필요가 있다. 미국이라는 동맹국의 힘을 빌려서라도 통일이라는 한국의 대전략을 구현한다는 자세가 필요하다(이춘근 2011, 164-165).

동시에 한국의 통일에 대한 중국의 지지를 획득하기 위한 노력도 적극적으로 경주해야 한다. 북한의 붕괴, 다시 말해서 통일한국의 등장이 중국의 국가이익을 침해하지 않는다는 점을 설득하고, 통일한국은 중국에 대한 위협이 아니라 경제와 문화의 파트너일 것이며, 북한보다는 통일한국과의 협력을 통한 동북아시아의 균형 유지가 유리함을 설득할 필요가 있다(오경섭 2011, 36). 미국에 대한 경계심을 고려하여 통일 후 미군이 북한지역에 진주하지 않거나 어느 정도 시간이 지나면 한반도에서 철수할 것이고(한미가 협의하여 철수 시한을 제시할 수도 있다), 북한이 중국에 대하여 갚아야 할 모든 채무를 부담하는 등 중국의 우려를 불식시키기 위한 조치도 취할 필요가 있다(란코프 2009, 274).

● 군사력 전개의 명분 개발

불가피한 상황에서 군사력의 전개를 포함한 적극적 개입을 시행하는 데 있어서 어떤 명분을 내세우는 것이 국제적으로 설득력이 있을 것인지도 판단할 필요가 있다. 한국의 입장에서는 동일민족이라는 사실에 근거한 통일이 중요한 명분이겠지만, 국제적으로 이는 다른 국가의 불안정을 이용하여 정복 또는 통일하는 것으로 인식되어 허용되기 어려울 것이다. 또한 북한지역에 민주주의를 이식하겠다는 명분도 어느 정도는 설득력이 있지만, 국가마다 다른 이념과 체제를 구현할 수 있다는 시각에서 보면 지지가 엇갈릴 수 있다. 대신에 북한 주민들을 독재의 질곡에서 구해내겠다는 인도주의적 명분이 유용할 수 있다. 이것은 인류의 보편적 가치이고, 한국이 자유와 인권을 위하여 솔선수범하는 것으로 인식되기 때문이다. "통일은 자유와 인권이라는 가치를 중심으로 추진"할 때 정당성을 갖게 된다고 할 것이다(박성조 2006, 190-200).

최근 세계적으로 인권을 기준으로 한 개입이 정당화되어 가는 추세라는 점도 참고할 필요가 있다. 국가보다는 국민들의 안전을 우선시하는 인간안보(human security)의 개념, 보호 책임(Responsibility to Protect, RtoP)의 개념, 2005년 세계정상회의(2005 World Summit)에서 "국제사회의 평화적 수단이 부적절하고, 특정 국가의 정부가 대량학살, 전쟁범죄, 인종청소, 인도적 범죄 등으로부터 국민들을 보호하는 데 실패하는 것이 명확할 때" 유엔을 비롯한 국제사회가 집단적 행동을 취할 준비를 해야 한다는 결정(UN General Assembly 2009, 4), 그리고 2011년 3월 17일 유엔안전보장이사회가 공격을 받고 있는 리비아 국민들을 보호하기 위하여 유엔 회원국가들이 국제기구 등을 통하여 필요한 모든 조치(all necessary measure-군사적 조치 포함)를 취하도록 한 결의안 1973호에 합의한 바에서 알 수 있듯이(UN Department of Information 2011), 다른 국가의 주민이라도 그들의 인도적 권리가 심각하게 침해받고 있다고 판단할 경우 국제사회가 개입할 수 있다는 인식이 강화되고 있다. 이러한 상황이라면 북한 주민들을 가난과 압제의 사슬에서 해방시키고, 그러한 노력에 따르는 대부분의 부담을 한국이 담당하겠다고 할 때 국제사회가 한국의 행동을 지지하고 후원해줄 가능성도 존재한다고 할 수 있다.

● 외교와 군사의 유기적 협조

북한의 심각한 불안정 사태에 대한 효과적 대응을 위해서는 외교부와 국방부가 필요한 모든 상황을 공유한 상태에서, 서로의 역할을 효과적으로 분담하고, 유기적으로 협조할 필요가 있다. 예를 들면, 외교 측면에서는 한국의 적극적 개입 명분을 전 세계적으로 설득시킬 수 있어야 하고, 군대의 경우에는 명령이 하달될 경우 최단시간에 북한지역을 안정시키고, 북한 주민들을 구호할 수 있어야 한다. 특히 한미동맹의 본질은 군사동맹이기 때문에 외교와 국방의 유기적 협조 없이는 미국의 협조를 이끌어내기 어렵다.

외교 분야에서 노력해야 할 가장 중요한 사항은 앞에서 언급한 바와 같이 중국의 일방적 개입을 예방 및 억제하기 위한 국제적 여론을 조성하는 일이다. 중국의 군대가 북한에 투입될 경우 한국의 선택 여지는 좁아지고, 한반도의 통일은 크게 위태로워질 것이기 때문이다. 중국군의 경우 한국전쟁에서처럼 비밀리에 국경을 넘을 가능성이 높다는 점에서 군대에서는 미군과의 협조를 통하여 그들의 이동에 대한 정확한 정보를 수집하고, 이를 바탕으로 미국 및 유럽국가들의 반대여론을 이끌어내기 위한 외교적 노력에 집중해야 한다. 그러고 나서 남북한 관계의 특수성을 전 세계에 설명하여 한국 주도의 상황해결이 최선임을 설득시키고, 북한이 지고 있는 모든 채무를 한국이 부담할 뿐만 아니라 정치적 보복이 없을 거라는 점 등으로 세계를 안심시킬 수 있어야 한다.

한국군 또한 정부로부터 북한에 진입하여 사회를 안정시키라는 명령이 하달될 경우 신속하면서도 효과적으로 명령을 수행할 수 있는 준비를 갖출 필요가 있다. 북한의 심각한 불안정 사태가 발생하였을 경우 가능한 다양한 각본들을 상정한 상태에서, 어떤 부대가 무엇을 어떻게 할 것인가를 면밀하게 토의하여 계획화해둘 필요가 있고, 필요할 경우 예행연습도 실시할 수 있을 것이다. 특히 북한이 핵무기를 개발한 상황을 고려하여 군사작전 계획에 있어서 북한 핵무기 요소를 최우선적으로 고려하고, 핵무기를 사용하지 못하도록 사전에 봉쇄하거나 공중강습부대 등을 통하여 최단기간 내에 핵무기를 확보하기 위한 구체적인 대책을 강구 및 준비할 수 있어야 한다. 또한 수겹의 철조망과 지뢰지대로 구성된 현재의 비무장지대를 효과적으로 통과할 수 있는 방책도 사전에 구상해둘 필요가 있다. 민군작전(civil-military operations) 차원에서 북한지역 안정화를 위한 군 활동의 기본적 방향과 구체적 지침을 개발하고, 지속적으로 최신화시키며, 필요한 훈련을 실시할 필요가 있다.

:: 결론

국민들은 김정일의 사망과 같은 돌발사태가 발생할 경우 북한의 전면적인 붕괴로 연결될 가능성이 크고, 그렇게 되면 한국이 주도적으로 개입하여 통일을 달성할 수 있을 것으로 생각하지만, 현실은 그렇게 단순하지 않다. 북한이 갑자기 심각한 상태로 불안정해질 가능성도 높지 않지만, 어떤 과정을 거쳐서 그렇게 되었다고 하더라도 한국이 개입하여 한국이 바라는 방향으로 상황을 통제할 수 있는 여건은 매우 제한적이기 때문이다. 남북한은 유엔에 동시 가입한 상태이기 때문에 내정간섭을 불허하는 국제법에 제한을 받아야 하고, 강대국들의 역학관계도 복잡할 것이며, 북한이나 한국 국내의 반응도 긍정적일 수만은 없다.

그렇다고 하여 북한의 심각한 불안정 사태를 제3국에서 발생한 사태처럼 방관할 수는 없는 일이다. 어려움을 겪고 있는 북한 동포들을 어떤 식으로든 돕거나 최소한 다른 주변국가들이 북한을 지배하는 상황이 되지 않도록 영향력을 확보하여야 할 것이기 때문이다. 나아가 해방 이후 지금까지 치러온 분단의 부작용과 비용을 고려할 때 그러한 불안정 사태를 잘 활용하여 영구적인 평화공존 체제를 형성하거나 남북한을 통일시킬 경우 한민족의 또 다른 도약기회를 창출할 수 있다.

북한의 심각한 불안정 사태에 대하여 한국이 영향력을 확보하고자 한다면 필요시 군사력을 포함한 모든 수단을 사용할 수 있어야 한다. 외교적이거나 인도적인 개입에 국한될 경우 북한정세의 변화에 대한 통제력을 갖는 것이 어렵기 때문이다. 국가의 외부적인 영향력은 필요시 군대를 동원할 수 있느냐에 의하여 결정된다. 한말에 열강이 한국에게 각축을 벌였을 경우와 일본에 의한 침탈의 과정을 상기해보더라도 정치적 영향력의 기본적 조건은 군대를 활용하는 것임을 알 수 있다. 따라서 한국은 군대의 투입까지도 포함한 "적극적 개입"을 고려하여 대비할 필요가 있다. 적극적 개입의 방법과 관련하여 가장 문제가 되는 것은 한국군의 북한 진입 가능성이다. 남북한이 동시에 유엔에 가입된 현실을 고려할 경우 한국 군대의 북한 진입은 침략으로 간주될 수 있고, 주변국들도 저지할 가능성이 높다. 한미동맹의 일원으로 미국과 함께 또는 유엔이나 지역 5개국의 일원으로 북한지역에 군대를 보낼 수는 있지만, 함께 전개할수록 평화정착과 통일에 관한 한국의 주도권은 약화될 수밖에 없다. 최선의 방안은 북한 지도층의 일부 또는 전부가 한국군의 개입을 요청하는 것인데, 그동안 남북한 간에 누적되어온 적대감을 고려할 때 이의 가능성이 높다고 보기는 어렵다.

결국 북한이 심각한 불안정 상태에 빠졌을 때 어떤 어려움이라도 극복하고 통일을 달성하겠다는 지도층과 국민들의 결연한 의지와 각오가 절대적으로 필요할 수 있다. 그러한 각오를 바탕으로 민족사적인 입장에서 북한지역에 대한 적극적 개입을 결행할 수 있어야 하고, 국제여론의 일시적 비난도 감내할 수 있어야 한다. 한국의 적극적 개입이 순수한 인도주의적 목적임을 강조함으로써 국제사회 및 주변국들의 지지와 지원을 획득하고자 노력하면서, 외세에 의하여 분단된 민족의 통일이 당연한 역사적 귀결이라는 사실을 설득할 수 있어야 한다. 그리고 일단 적극적으로 개입한다는 방침이 결정되면 한국군은 신속하면서도 일사불란하게 임무를 수행함으로써 국제적이거나 국내적인 비판의 여론이 발생할 소지를 제공하지 않아야 한다.

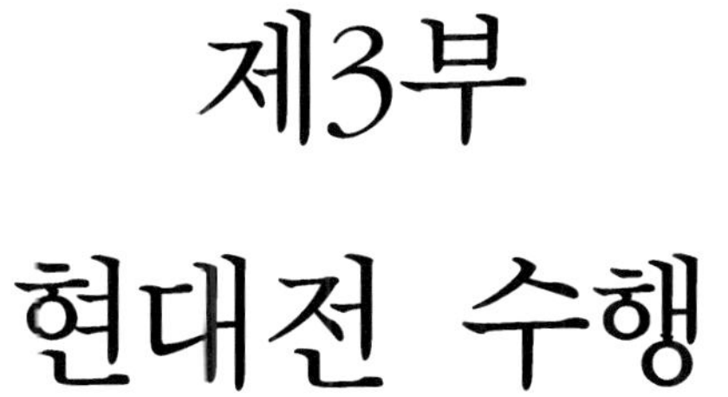

제3부
현대전 수행

제7장
합동성

이보다 더욱 강조해온 용어가 없을 정도로 수년 동안 한국군은 합동작전(joint operations) 능력 또는 합동성(jointness)[26]을 증진하고자 노력하여 왔다. 참여정부가 법률로까지 만들어서 추진했던 "국방개혁 2020"은 물론이고, 이명박 정부의 "국방개혁 307계획"에서도 최우선적으로 강조하고 있는 사항이 합동성이었으며, 앞으로 추진될 어떤 국방개혁에서도 합동성의 강화가 핵심 화두가 될 것이다. 육군, 공군, 해군의 노력을 효과적으로 통합함으로써 전체 전력을 극대화하면서 군대의 제반 효율성을 향상시킬 수 있고, 이것이 제한된 국방재원 속에서도 전투준비태세를 향상시킬 수 있는 방법이라고 믿고 있기 때문이다.

다만, 그에 대한 관심과 노력만큼 한국군의 합동성이 개선되었느

---

26) 합동작전은 군사력이 운용되는 형태에만 중점을 둔 것이고, 합동성은 군대의 체질에 관한 것으로 조금 다른 의미이다. 그러나 어떤 용어를 사용하든 한국군이 달성하고자 하는 바는 동일하다는 측면에서 그 차이에 지나치게 집착할 필요는 없다. 최근에는 합동작전이라는 용어보다 합동성이라는 용어를 더욱 활발하게 사용하는 경향을 보이고 있다.

냐는 것은 확실하지 않다. 합동성이 끊임없이 강조되는 것 자체가 아직도 미흡함이 적지 않다는 반증이다. 2011년에 한국군의 토론장을 지배하였던 상부지휘구조 개편 추진과정에서 나타난 바와 같이 제반 사안에 대한 육군, 공군, 해군 간의 견해차나 상호 불신이 적지 않다. 또한 한국군이 합동성에 대하여 정확하게 인식하고, 제대로 된 처방을 내리고 있느냐는 것도 검토해볼 필요가 있다. 합동성을 강화하기 위한 노력에 앞서 합동성 자체에 대한 논리적인 접근이 선행될 필요가 있다.

:: 합동성의 수준과 요건

● 합동성의 수준

2개 군종 이상의 작전 조정(수준 #1): 합동작전이 강조된 기원(基源)은 2개 군종(軍種, service)[27] 이상 작전의 비중과 중요성이 증대되었음에도 불구하고 그에 부응하는 협조가 제대로 달성되지 못하였던 제2차 세계대전이다. 당시 미군은 육군(미군의 경우 공군은 1947년까지 육군에 소속되어 있었다)과 해군이라는 구분에 얽매임으로 인하여 작전을 잘못 수행하였던 부분이 적지 않았다. 예를 들면, 태평양 전쟁에서 육군인 맥아더 장군(Douglas MacArthur)과 해군인 니미츠 제독(Chester W. Nimitz) 간에 일본을 공격하는 방향에 있어서 근본적인 차이가 노출되었고, 이를 효과적으로 통합하지 못한 채 2개 방향

---

27) 일반적으로는 "각군"이라는 용어를 사용하지만, 육군의 군(army)과 혼동될 우려가 있다. 합동성에 관한 연구에서는 정확한 용어를 사용하는 것이 중요하다는 차원에서 몇몇 사람에게는 생소한 용어일 수 있지만 군종이라는 용어를 사용하고자 한다.

으로 일본을 공격함에 다라 미군의 노력이 분산되었으며, 따라서 그 군은 필요하지 않았을 수도 있는 다수의 격렬한 전투들을 태평양 제도에서 수행하였고, 막대한 희생을 치르게 되었다.

그렇기 때문에 제2차 세계대전 직후부터 사용된 합동성의 근본적인 내용은 군종이 다른 부대들끼리의 상충성(conflict)을 해소하거나 협력을 증진하는 것이었다. 맥아더 장군이 육지를 중심으로 사고한 나머지 필리핀을 비롯한 남방의 섬을 경유하여 일본을 공격하고자 하고, 니미츠 제독이 바다를 중심으로 사고한 나머지 일본 본토를 직접 공격하자고 하였을 때, 그 둘 모두를 허용하는 것이 아니라 그 둘을 통제할 수 있는 조직을 설치하여 조정함으로써 불필요한 중복과 낭비를 최소화한다는 개념이었다. 그리하여 미군은 1947년 국가안보법(National Security Act)을 통하여 각군 참모총장들을 구성원으로 하는 합동참모회의(Joint Chiefs of Staff)를 공식적으로 출범시켰던 것이다. 한국군 또한 이를 학습하여 "합동작전은 육·해·공군 중 2개 이상의 군이 공동의 작전목적을 달성하기 위하여… 상호 협조 또는 지원하거나 단일 지휘체제하에 별도의 합동기동부대를 편성하여 실시하는 작전으로서, 작전에 참가하는 군에 따라 공·지, 공·해, 지·해, 공·지·해 합동작전으로 분류된다"라고 정의하면서 그 증진에 노력해왔다(합참 2002. 8).

이러한 인식은 군종별 작전이 대부분을 차지하면서 다른 군종들과의 작전이 부분적으로만 시행되었던 상황에 적용되는 수준으로서, 합동작전이 일상화되거나 대부분을 차지하는 현 시대의 상황에는 부합되지 않는다. 조정하지 않아도 될 것이 대부분이고, 조정해야 할 것이 부분에 불과한 시대의 기준을 그 반대로 역전된 시대에 적용하는 것은 타당하지 않기 때문이다. 또한 이것은 명확한 군종별 구분을 전제로 하고 있기 때문에 의도와는 반대로 군종별 구분을 오히려 강화하는 결과를 초래할 수도 있다. 각군 노력을 조정하기 위한 토론 과정에서 자군중심주의(parochialism)가 표출 및 강화될 수밖에 없기 때문이다.

전체 군사력의 시너지 극대화(수준 #2): 40년 가까운 노력에도 불구하고 미군의 합동작전이 만족할만한 수준에 이르지 못하자 미군은 1986년 골드워커-니콜스(Goldwater-Nichols) 법으로 불리는 "국방재편성법"(Defense Reorganization Act)을 통하여 각군 참모총장을 지휘계선에서 배제하는 대신에 합참의장과 각 전투사령관(combatant commanders)의 권한을 강화하고 합동특기장교(Joint Specialty Officer)를 지정하도록 함으로써 합동작전에 부합되는 방향으로 미군의 체질을 근본적으로 변화시키고자 하였다. 합동작전이라는 용어와 함께 합동성이라는 용어가 사용되기 시작하였고, 각군 부대 활동의 조정이 아니라 모든 군사력의 승수효과(synergy)를 극대화해야 할 필요성을 강조하기 시작하였다. 그럼에도 불구하고 합동성은 쉽게 달성되지 않았다.

2001년 부시행정부의 럼스펠드(Donald H. Rumsfeld) 국방장관이 변혁(transformation)을 강조하면서 그 핵심요소로 합동성을 포함시킴으로써 미군의 합동성은 급격히 향상되었다. 럼스펠드 장관은 현역 장군들과의 대립을 불사하면서까지 각군 노력의 통합을 강조하였고, 이라크전쟁과 아프가니스탄에서의 경험을 활용하였으며, 결과적으로 합동성을 체질화하였다고 판단된다. 럼스펠드 미 국방장관이 2006에 발표한 『4년주기 국방검토보고서』(QDR: Quadrennial Defense Review)를 보면, 육군, 해군, 공군이라는 구분 대신에 합동지상군(Joint Ground Forces), 특수작전부대(Special Operations Forces), 합동 공중능력(Joint

Air Capabilities), 합동해양능력(Joint Maritime Capabilities)… 등의 용어를 사용하고 있고(Department of Defense 2006), 2010년 QDR에서는 그러한 구분마저도 사용하지 않은 채 본토방어, 대반란전, 동맹국 협조, 대량살상무기 확산방지, 사이버공간작전 등 전체 군대가 수행해야 할 임무와 구비해야 할 능력을 강조하고 있다(Department of Defense 2010b).

이에 따라 미군은 합동작전에 대한 정의도 수정하였는바, "합동전력(joint forces), 또는 합동전력을 형성하지 않지만 지원 및 협조관계에 있는 군종별 전력(Service forces)에 의한 군사행동을 설명하는 일반적인 용어"로 간단하게 정의하고 있다(Department of Defense 2010a, 200). 즉 군종이 다른 부대들에 의하여 수행되느냐의 기준에서 탈피하여 합동부대(전력)이거나 합동부대와 특정한 관계를 지니고 있는 군종별 부대가 수행하는 작전을 합동작전으로 간주함으로써 실질적인 측면에서의 합동성을 강조하게 되었다. 또한 "일반적 용어"라는 의미를 추가함으로써 그 정의 자체가 중요한 것이 아니라는 인식도 반영되어 있다.

미군의 인식은 우방국들에게도 영향을 줘서 영국군의 경우에도 현대의 합동작전은 군종별 작전을 잘 조화시키는 데 그쳐서는 곤란하다면서 "합동군의 전반적 작전효과를 극대화하여 모든 능력을 최대한 사용할 수 있도록 하는 전체 차원의 접근방법"이라고 정의하고 있다(U.K. Ministry of Defense, 2004, 3-1). 오스트레일리아의 경우에도 "현대의 모든 작전은 합동일 것"이라고 강조하면서, 이를 보장하기 위해서는 적응성이 높은 문화, 다양한 상황에 대응할 수 있는 균형된 전력, 네트워크를 통한 연결, 전개가능성, 그리고 헌신적이고 전문적인 장병이 필요하다고 강조하면서 합동성의 범위를 군대의 전반적인 사항으로 확대하고 있다(Australian Defense Force 2007, 2).

임무수행의 적합성을 기준으로 사용(수준 #3): 합동성이 지나치게 강조됨에 따라 합동성 자체가 장애로 작용하는 경향도 발생하고 있다. 단일 군종만으로 작전을 수행하면 편리한 상황에서도 다른 군종들을 동원하거나 그들의 입장을 수용하지 않을 수 없기 때문이다. 그렇기 때문에 "합동성"이란 용어 자체가 군별 영역과 특권을 인정하는 것이라서 부적절하다는 의견도 제시되고 있다(Davis and Shapiro 2003, 129). 특히 2003년 이라크전쟁 수행과 관련하여 효과기반접근의 개념이 보편화되면서 합동성에 대한 인식도 달라지기 시작하였다.

효과기반접근은 달성하고자 하는 목표나 표적에 집착하는 대신에 그러한 목표나 표적에 대한 공격을 통하여 달성하고자 하는 "효과"를 인식함으로써 동일한 효과를 달성할 수 있는 최선의 표적, 수단, 방법을 강구한다는 개념으로서, 의도하는 효과를 어느 부대나 무기가 가장 효과적으로 달성할 수 있느냐에만 관심을 둔다. 특정한 임무를 수행할 수 있을 경우 어떠한 군종을 동원해도 상관이 없고(어떤 지역에 있는 적 지휘소를 격파하는 임무의 경우 육군의 포병, 공군기의 폭격, 함포사격 등 어느 수단을 사용해도 문제가 없다), 동시에 단일의 군종, 부대, 무기가 최선인데 굳이 다양한 군종, 부대, 무기를 고려할 필요가 없다. 효과기반접근의 개념을 발전시키는 데 주도적인 역할을 한 미국의 데프툴라(David Deputula) 장군은 "합동성은 모든 우발사태나 전쟁에 있어서 각군의 군사력을 균등하거나 의무적으로 사용하는 것이 아니다. 합동성은 주어진 상황을 해결하기 위하여 가장 효과적인 군사력을 사용하는 것이다"(Deptula 2001, 9)라고 설명하고 있다.

현대의 합동성은 군종들 노력의 의도적인 통합에서도 자유로워야 한다고 할 것이다.

"합동"이라는 용어의 소멸(수준 #4): 합동성이 강화된 최고의 상태는 "합동"이라는 접두어나 "합동성"이라는 용어가 사용되지 않는 것이다. 그러한 용어를 사용한다는 사실 자체는 그러한 것이 잘 시행되지 않고 있음을 암시하고 있기 때문이다. 모든 군대가 당연하게 합동작전을 수행하게 되면 합동이라는 말은 더 이상 사용할 필요가 없고, 사용되지도 않을 것이다. 한국군 창설과 더불어 지속적으로 강조해왔던 육군의 "제병과 협동작전"이라는 용어가 지금 그다지 빈번하게 사용되지 않는 것은 수십 년 간의 노력을 통하여 그것이 어느 정도 정착되었기 때문이다.

물론 2개 군종 간의 작전도 효과적으로 협조 및 조정하지 못하는 상태에서 "합동"이나 "합동성"이라는 용어를 사용하지 않는 상태로 바로 도약할 수는 없다. 그러나 합동이라는 용어 자체가 사용되지 않은 것이 최선이라는 사고를 통하여 합동 자체가 목적이거나 목표여서는 곤란하다는 점을 명확하게 인식할 필요성은 적지 않다. 합동성 증진이라는 과정이나 방법에 집착하는 데서 벗어나 전체 전투력이 증대되는 결과에 주목할 필요가 있다.

● 합동성의 요건

현재 한국군은 합참의 위상 및 권한을 강화하거나 상부지휘구조를 변화시켜 일거에 합동성을 구현하고자 노력하지만, 실제의 합동성은 그러한 조치만으로 달성되지 않는다. 그 이외에 더욱 다양한 조치들이 동시에 강구되어야 합동성의 실질적 강화와 지속이 가능하다. 최소한 다음의 몇 가지 조건은 필히 충족되어야 할 것으로 판단된다.

합동 차원의 작전계획 수립 및 교리 발전: 합동성 보장을 위한 실질적인 요소는 합동 차원에서 작전계획을 수립하고 그러한 계획의 시행을 보장할 수 있는 교리(敎理, doctrine)를 정립하는 것이다. 합동작전계획은 동일한 목표를 달성하기 위하여 모든 군사활동을 체계화하는 기준이고, 합동교리는 그러한 합동작전을 보장하는 토대로서, 전투수행이론과 실제적 경험을 통하여 정립된다. 즉 합동작전계획이 빙산의 노출된 부분이라면 교리는 내재되어 있는 빙산의 대부분이라고 할 수 있다.

현대의 군사작전에서 승리하려면 대부분의 작전계획은 합동 차원에서 수립되어야 하고, 교리 또한 동일하다. 특히 교리는 작전계획을 수립하거나 시행하기 위한 기준과 방법을 제공하는 것이기 때문에 대부분의 교리는 합동 차원에서 발전되어야 하고, 각 군종이나 부대에서 필요한 교리를 발전시킬 경우에도 합동교리에 기본을 두거나 합동교리를 지원하는 방향으로 작성되어야 한다. 이러한 조건이 충족되지 않은 상태에서 달성되는 합동성은 일시적인 성과에 불과할 가능성이 크다. 합동성의 교리화야말로 합동성 지속의 필수조건이라고 할 것이다.

합동작전 수행체제 구비: 대부분의 군대는 합동작전을 위한 나름대로의 체제를 구축하고 있지만 그것이 실제로 합동성을 어느 정도로 구현하고 있느냐는 것은 추가적으로 점검해서 판단해야 할 사항이다. 합동작전체제와 관련하여 중요한 사항은 실제 전투행위가 발생하는 현장에서 합동성이 보장되는 것이기 때문이다. 예를 들면, 적의 함정이 우리 함정을 공격할 때 공군기와 해군 함정이 협조하여 적 함정을 신속하게 수색 및 타격할 수 있어야 하고, 아군의 대포병 사격이 제대로 효과를 나타내지 못하고 있을 때 출동한 공군기가 즉각 타격하도록 결정 및 협조하는 현장의 합동작전수행체제가 구비되어 있어야 한다. 적 지역에 침투한 특전부대 요원들이 공군의 타격을 효과적으로 유도하여 성과를 완결할 수 있는 체제가 구축되어 있어야 하고, 특정한 고지를 공격하는 부대가 필요 시 공군의 근접항공지원이나 공중기동력을 효과적으로 활용할 수 있는 체제가 보장되어야 한다는 것이다.

또한 합동작전체제의 가동을 위한 현실적인 요건은 명확한 지휘관계[28]의 설정이다. 비록 협동이나 협조와 같은 수평적 관계를 수용하지 않을 수 없다고 하더라도, 필요시에 특정한 임무수행을 강제할 수 있는 지휘관계가 보장되지 않으면 합동성은 구두선(口頭禪)에 그칠 우려가 있다. 예를 들면, 한국은 합동작전 교범에서 합동작전은 "상호 협조, 지원, 부대 편조"에 의하여 수행되는 것으로 규정하고 있는데(합참 2001, 12-13), 이 중에서 상호협조나 지원의 지휘관계로서 철저한 합동작전을 보장하기에는 한계가 있다. 협조나 지원이 제대로 이행되지 않더라도 책임을 묻기가 어렵기 때문이다. 상명하복 이외의 지휘관계에 익숙하지 못한 한국군의 경우에는 더욱 그러할 가능성이 크다.

합동 차원의 소요 도출 및 개념 발전: 합동 소요(所要, requirements)의 도출은 평시 합동성 강화의 가장 중요한 부분이다. 평시의 군사력

---

28) 지휘관계는 "부여받은 임무달성을 위하여 부대를 지휘 통솔하는 권한과 책임의 정도를 합법적으로 규정한 것"으로서, "예속, 배속, 작전지휘, 작전통제, 전술통제, 지원 등이 있다"(합참 2001, 29).

건설 형태는 유사시의 군사력 운용 방향을 결정할 것이므로, 군사력 건설부터 합동성을 보장해야 군사력 운용에 있어서도 합동성이 보장된다. 특히 군사력의 운용은 상황이 발생해야 시행되는 사항이기 때문에 합동성 보장을 위한 평시의 핵심적인 노력은 합동 차원의 군사력 건설을 중심으로 이루어지지 않을 수 없다. 미군의 경우 "합동 능력통합 및 개발 체계(JCIDS: Joint Capabilities Integration and Development System)"라는 명칭으로 합동소요 도출을 보장하는 데 지대한 노력을 투입하고 있고, 한국군의 경우에도 합동 차원 소요도출의 질을 격상시키기 위하여 "국방기획관리제도"와 획득체계를 지속적으로 개선해 나가고 있다.

합동소요를 도출한다는 측면에서 최근 강조되고 있는 사항은 합동작전수행개념의 발전이다. 증강해 나가야 할 소요의 타당성을 보장하기 위해서는 미래에 어떻게 싸울 것인가에 대한 개념을 사전에 설정하고 이를 기준으로 소요를 도출하는 방식을 따를 수밖에 없기 때문이다. 이러한 점에서 미군은 "합동작전개념서(JOpsC: Joint Operations Concepts)"라는 명칭하에 합동운용개념서(Joint Operating Concepts), 합동기능개념서(Joint Functional Concepts), 합동통합개념서(Joint Integrating Concepts)로 구분하여 8~20년 이후에 해당되는 다양한 종류의 방대한 미래지향적 개념서를 작성하고 이를 바탕으로 개념에 부합되는 군사력 건설 소요를 도출하고자 노력하고 있다(박휘락 2006, 205-234).

시간이 흐름과 더불어 군대의 합동성이 자연스럽게 강화되도록 하고자 한다면 합동 차원에서 바람직한 군사작전 수행개념을 발전시키고, 그것을 구현할 수 있는 소요를 도출하며, 현실적 여건과 조화시켜 그 중에서 긴급하거나 필수적인 소요부터 구현해 나가야 한다. 앞으로의 전쟁이 어떻게 진행될 것이고, 그러한 전쟁에서 승리하려면 어떻게 싸워야 할 것이냐는 것은 한 번의 노력이나 한 권의 문서로 확정할 수 없는 어렵고 불확실한 사항이기 때문에 이 문제에 대한 모든 간부들의 열띤 토론이 필수적이라고 할 것이다.

군대 운영의 효율성 향상: 합동성 차원에서 실질적이면서 직접적인 사항으로 강조되고 있는 사항은 군대 운영의 효율성을 향상하는 사항이다. 미군들의 경우에도 "낭비적인 일로 헤프게 써버린 1달러가 전사(warrior)들이 사용하지 못하도록 거부된 그 1달러일 수 있다"(Rumsfeld 2001)라는 말을 통하여 자원 사용의 효율성이 바로 전투력과 직결된다는 사실을 강조하면서 2005년 10월 "업무변혁국(Business Transformation Agency)"을 창설하여 전투준비태세가 저하되지 않는 범위 내에서 군 운영의 중복과 낭비를 최소화하고자 노력하고 있고, 그의 중요한 요소는 군종별 중복을 제거하거나 상호의존성을 강화하여 낭비를 최소화하는 것으로 인식하고 있다. 한국의 경우에도 김관진 국방장관은 취임과 더불어 행정위주 군대에서 전투위주 군대로의 변화를 강조하였다.

효율성 향상을 위해서는 각 군종별 기능을 통합하는 것이 가장 우선적인 과제이다. 전투 기능의 경우에는 더욱 심층적인 분석이 시행된 다음에 결론을 내려야겠지만, 전투근무지원(combat service support)의 경우에는 각군이 독자적으로 수행하는 기능을 통합할 경우 효율성을 향상시킬 수 있는 여지가 많기 때문이다. 무기 및 장비의 경우에도 공동개발이나 구매를 추진할 수 있다. 각군의 휴양시설, 주거시설은 물론이고, 교육기관 및 훈련기관의 경우에도 통합을 통하여 효율성을 높일 수 있다.

∷ 한국군의 합동성 실태 분석

● 합동성의 수준 측면

한국군의 합동성 수준이 어느 정도라고 쉽게 평가하기는 어렵다. 평가를 위한 정확한 척도가 개발되어 있는 것도 아니기 때문이다. 다만, 합동작전에 대한 한국 합참의 정의와 상부지휘구조의 개선에 중점을 둔 최근의 합동성 강화 노력을 고려할 때 합동성의 초보적 수준이라고 할 수 있는 "2개 군종 작전의 조정"에 머물러 있다는 평가가 크게 잘못되지는 않을 것이다.

한국군 중견간부의 상당수도 한국군의 합동성 수준을 군종 간의 갈등을 해소하거나 필요한 사항에 대한 협력을 추구하는 정도, 다른 말로 하면 수준 #1에 머물러 있는 것으로 평가하고 있다. 2010년 3월 26일 천안함 폭침 사태가 발생한 당일 대전에 위치한 육군교육사령부에서 합참의장 주재로 "합동성 강화를 위한 대토론회"가 개최되었는데, 그곳에서 육군, 공군, 해군의 중령과 대령급 장교 300여 명을 대상으로 합동성에 관하여 조사한 자료가 발표된 바 있다. 이 자료는 합참에서 인트라넷을 활용하여 토론회 직전에 전격적으로 조사한 내용으로서, 비록 과학적 처리방법에 의하여 조사 및 분석된 것은 아니지만, 다른 어느 조사보다 많은 숫자의 중견간부들을 동시에 조사한 결과라는 측면에서 의미가 클 수 있다. 이 표를 보면 한국군의 합동성 수준은 군종 간 갈등해소나 협력에 머물고 있고, 실제적인 협력이나 타군에 대한 이해수준도 만족스럽지 못한 것으로 나타나고 있다(합참 2010, 75).

합동성 증진을 위한 한국군 노력의 대부분이 상부지휘구조를 변화시켜 군종별 조정과 협력을 강제하는 방향으로 추진되어온 사실도 한국군의 합동성 수준이 높지 않음을 나타내고 있다. 결국 백지화되기는 하였으나 1970년 박정희 대통령은 "국방참모본부"를 설치하여 각군의 노력을 통합하고자 시도하였고, 이와 유사한 노력은 이후 정부에 걸쳐 계속되었다. 한국군의 상부지휘구조 논의 중에서 구현된 유일한 사례는 노태우 대통령이 추진한 "장기 국방태세 발전방향"(그 추진계획을 보고하여 승인받을 날짜를 기념하여 통상 8·18계획으로 지칭한다)으로서, 작전부대를 지휘할 수 있는 권한을 합참의장에게 부여하여 합동성을 강화시켰으나, 아직도 합동성을 강화하는 방편으로 상부지휘구조 개편을 계속하여 거론하고 있는 실정이다. 전반적으로 미흡한 합동성을 구조의 변화를 통하여 일거에 거선하고자 하는 시도로서, 그만큼 한국군의 합동성이 미흡하다는 반증일 수 있다.

● 합동성의 요건 측면

앞에서 설명한 합동성의 요건을 적용하여 한국군의 합동성을 평가해볼 경우[29] "합동 차원의 작전계획 수립 및 교리 발전"의 경우 작전계획은 한미연합사령부(ROK-U.S. Combined Forces Command)에서 합동은 물론이고 연합(국가가 다른 군대가 함께 작전을 수행하는 것) 차원에서 가용한 전력과 다양한 관련사항들을 체계적이면서 포괄적으로 고려하여 발전시키고 있기 때문에 합동성은 충분히 반영된 상태라고 할 수 있다. 다만, 교리의 경우에는 그 필요성에는 공감하더라

---

29) 이러한 평가를 위한 근거가 이전에 제시된 바도 없고, 그러한 사례도 없기 때문에 그동안 연구자가 경험한 군의 실상과 군에 대한 학습에 근거하여 주관적으로 판단한 사항을 제시하고자 한다.

도 실제적인 성과나 그것을 발전시킬 수 있는 체제는 미흡한 상태라고 판단된다. 합동교리를 발전시키는 실무부서가 합참에는 존재하는 대신에 합동참모대학에 위임되어 있는데, 합동참모대학의 위상과 권한이 미흡하여 필요한 합동교범을 적시에 충분히 공급하기가 어려운 실정이다.

"합동작전 수행체제 구비"의 경우, 수년 동안 노력해온 결과로 그를 위한 체제는 잘 구비되어 있다고 판단되지만, 천안함이나 연평도 사태의 처리 과정에서 드러났듯이 실제 운영에 있어서는 체제만큼 신뢰성이 크지 않다. 그렇기 때문에 사태가 발생할 때마다 문제점이 드러났고, 조직과 사람을 개편 및 교체하였던 것이다.

"합동 차원의 소요 도출 및 개념 발전"의 경우에는 시간이 흐르면서 문제가 더욱 심각해지는 현상을 보이고 있다. 앞으로의 전쟁에서 전체 군대가 어떻게 싸워야 할 것인가에 대한 명확한 비전이 제시되지 않은 상태이기 때문에 군에서 국내개발이나 해외구매를 통하여 획득해줄 것을 요구하는 무기 및 장비의 필요성에 대한 논리가 미흡한 것으로 지적받고 있고, 그러한 소요의 타당성 검증이 가장 중요한 사안으로 간주되고 있는 상태이다. 2006년도에 1권으로 합동 차원에서 우리 군대가 싸워야 할 방향을 제시한 바는 있으나 그 이후에 이를 대체하거나 더욱 구체적으로 발전된 바가 없다.

"군대 운영의 효율성 향상"의 경우 관심을 기울이고 있는 것은 사실이나 실질적인 성과는 높지 않고, 각군의 자원과 활동을 통합하여 효율성을 향상시키고자 하는 방향은 언급이 되지 않고 있다.

합동성의 요건별로 한국군의 수준을 평가한 내용을 정리하면 <표 6>과 같은데, 한국군의 경우 미래의 합동성을 보장하는 관건이라고 할 수 있는 군사력 건설 측면에서 여전히 미흡함이 적지 않고, 합동성의 단기적인 가시적 성과라고 할 수 있는 효율성 측면에서도 적극성이 미흡한 상태라그 평가할 수 있다. 따라서 시간이 흐른다고 하여 한국 군의 합동성이 대폭적으로 개선된다고 보기는 어렵다고 할 것이다.

표 6 ▶ 한국군의 합동성 요건 평가

합동성의 요건	수준 (1-5)	비고
합동 차원의 작전계획 수립 및 교리 발전	3	작전계획은 한미연합사가 작성하고 있어 합동성이 보장된 상태이나 합동교리의 경우 합동참모대학 교리발전부에 위임한 상태에서 관심 미흡
합동작전 수행체제 구비	3	지속적인 개편 및 수뇌부 보완으로 체제 측면에서는 상당한 진건이 있었으나 운영의 실제적 질은 여전히 의문
합동차원의 소요 도출 및 개념 발전	2	합동개념에 대한 토의가 미흡하고 전체 군다 차원에서 소요를 통합하고자 하는 의식과 사례가 미흡
군대 운영의 효율성 보장	2	아직도 부분적인 효율성 향상에 치중한 상태로서, 군종별 중복과 상호의존성 향상을 통한 효율성 향상에는 이르지 못한 상태

:: 합동성 강화를 위한 과제

합동성의 강화는 한두 분야의 발전으로 보장되지는 않는다. 한국 군의 경우 상부지휘 "구조"의 변화에만 치중함으로써 수년이 경과한 현재에도 합동성이 기대만큼 향상되지 않는 것을 보면 알 수 있다. 최소한 전투발전분야(Combat Development Domain, 어던 군사작전 수행개념을 구현하는 데 필요한 소요를 도출할 때 사용하는 요소로서, 한국군은 교리, 구조 및 편성, 무기 및 장비, 교육훈련, 인적자원, 시설로 설정하고 있다) 전반에 걸쳐 합동성 강화를 위한 노력이 균형도

게 시행되어야 할 것이다. 그 이전에 합동성에 관한 인식의 전환이
전제되어야 함은 물론이다.

● 합동성에 대한 인식 수준의 격상

한국군의 경우 무엇보다 먼저 2개 군종 이상의 작전에 국한되어
있는 합동작전, 또는 합동성에 대한 인식에서 벗어날 필요가 있다. 그
러한 사고에 집착할 경우 외형적 측면에서의 합동성 강화에만 치중
할 것이기 때문이다. 진정한 합동성이 무엇이냐에 대한 깊은 통찰과
토론이 필요하고, 그를 통하여 바른 합동성의 비전을 정립한 다음에
이를 구현하고자 노력해야 할 것이다.

합동부대의 작전이 합동작전이라는 미군식의 단순화나 일반화도
유용한 것은 사실이지만, 통합군사령부가 존재하지 않는 한국군의 상
황에는 적절하지 않을 수 있다. 대신에 효과기반작전의 원리에서 비
롯된 "임무수행의 적합성 여부"를 기준으로 한 합동성의 인식은 유용
할 수 있다. 특정한 임무를 수행하는 데 필요한 군사력의 형태를 결
정하여 구성하고, 그들 간의 통합적 전투력 발휘를 극대화하면 되기
때문이다. 예를 들면, 2010년 연평도 포격에 대한 대응 미흡의 교훈으
로 2011년 6월 15일 창설된 서북도서방위사령부의 경우 북한군의 포
격, 바다를 통한 상륙작전, 해상에서의 도발 등 다양한 임무수행이 필
요할 것이기 때문에 육지, 공중, 해상에서의 고른 참여가 필요할 것이
고, 당연히 그러한 방향으로 군사력과 지휘체제를 구성해야 한다. 그
러나 휴전선 내륙지역 도발의 경우 해군이 참여할 수 있는 소지는 적
고, 공군의 경우 연평도 사태의 경험에서 보듯이 적극적인 참여는 필

요하나 확전의 위험성으로 인하여 그러한 결정을 내리는 것이 쉽지 않다. 비록 전투기, 미사일, 특수전력이 혼합적으로 운용될 수도 있지만, 육군 포병에 의한 대응사격이 무난하거나 적시성이 높다는 존게서 이 경우에는 육군 위주로 계획을 준비하고, 육군 위주의 지휘체제를 형성하는 것이 합리적일 가능성이 높다.

나아가 합동성을 지나치게 강조하는 문제에 대해서도 재고해볼 필요가 있다. 그것을 강조하는 것 자체가 다른 군종들에게 불안감을 조성할 수 있고, 오히려 부정적인 효과를 도출할 수 있기 때문이다. 그것을 강조하면 할수록 각군의 자군중심주의는 강화될 수 있다. 그러한 용어를 사용하지 않으면서도 모든 군종이 전체 임무수행을 위하여 적극적으로 협력하는 문화나 체제를 형성해 나갈 경우 합동성은 더욱 자연스럽게 달성될 것이다.

● 합동 교리으 발전

합동교리의 발전을 위해서는 합동 차원에서 교리발전을 주관해 나가는 체제를 정립하는 것이 기본이다. 합참에 교리발전을 책임지는 실무부서를 설치하고, 합동 차원에서 필요한 교리 또는 교범의 목록과 체계를 정립하며, 그러한 것들을 발전시키기 위한 구체적인 절차를 수립하고, 실질적인 내용으로 발전시킬 필요가 있다. 교리는 전체 군대의 관리와 운용에 관한 검증되고 공식화된 지침의 성격이기 때문에 합참이 직접 주관해야 할 필요성이 크다. 각 군종 나름의 교리를 발전시킬 경우에도 합참의 승인을 받도록 할 필요가 있다.

합동교범을 작성할 경우 미래의 군사작전 수행에 관한 개념서(concepts)

와 조화를 이룰 필요가 있다. 교리는 현재 보유하고 있는 군대의 능력을 가장 효과적으로 활용할 수 있는 방향을 의미하고, 개념서는 미래의 전쟁에서 싸워 이길 수 있는 방법을 발전시켜 지금부터 필요한 능력을 구비하도록 하는 것이다. 교리는 현재 가용한 능력에 기초하여 부여된 임무를 수행하고자 하는 작전계획(좁게 말하면 작전개념)의 수립과 시행으로 나타나고, 개념서는 증강해야 할 군사력의 소요를 도출하는 근거로 사용된다. 다만, 교리와 개념은 그것이 적용되는 시점이 현재냐 미래냐의 차이가 있을 뿐 내용은 유사하다는 측면에서 상호 연관을 갖고 발전될 필요가 있다.

● 합동 구조 및 편성

합동성 강화를 위한 상부지휘구조의 변화는 한국군의 지속적인 과제였고, 1990년에 "8·18 계획"이라는 명칭으로 한번 시행된 적도 있다. 최근 국방부는 상부지휘구조 개편이 합동성을 강화하는 근본적인 조치라고 생각하여 추진한 바 있으나, 그러한 수뇌부의 조정만으로 합동성을 보장하기는 어렵다. 합참의 기능을 강화하는 것이 중요하기는 하지만, 보직, 평가, 진급을 비롯한 제도적인 뒷받침이 없을 경우 실제적인 합동성을 강화하지는 못할 수 있다.

오히려 더욱 중점을 둘 필요가 있는 사항은 현장에서의 합동성이다. 미군은 모듈화(modulization)를 통하여 부여된 임무를 수행하는 데 필요한 조직을 융통성 있게 구성하였다가 해체할 수 있도록 변화시킴으로써 실제 행동제대들의 임무수행 능력과 합동성을 동시에 강화시키고 있다(Department of the Army 2008, vii). 한국군의 경우에도 임

무에 따라 편성되었다가 해체될 수 있는 융통성을 강화하고, 군종이
다르더라도 임구수행을 위하여 필요하다면 모듈화의 개념에 근거하
여 다양한 형태로 참여하도록 제도화할 필요가 있다.

합동 참모편성을 점진적으로 확대해 나갈 필요가 있다. 현재 한국
군은 합참에만 합동참모가 편성되어 있지만, 앞으로는 임무수행에 필
요할 경우 전시에는 물론이고 평시에도 합동참모를 편성할 수 있다.
이를 구현하기 위해서는 인사제도상의 다양한 유인책과 보장책이 마
련되어야 함은 물론이고, 장병들의 의식과 문화도 이를 수용할 수 있
도록 변화되어야 한다. 다만, 특정한 군종 중심으로 작전이 전개될 경
우임에도 굳이 합동참모를 편성할 필요는 없다고 할 것이다.

● 합동 무기 및 장비의 개발

합동 무기 및 장비의 개발은 앞에서 언급한 합동소요에서 출발한
다. 소요의 도출에서부터 합동작전에서의 유용성을 최우선시하고, 타
군과의 기능 중복을 최소화할 필요가 있다. 다만, 그의 전제는 각각의
무기 및 장비가 요구되는 기능을 제대로 수행하는 것이기 때문에 통
합과 함께 개별 무기 및 장비가 원래의 고유 기능을 제대로 수행하는
지도 중요하게 고려해야 할 것이다.

무기 및 장비의 경우 소요의 도출에서부터 실제 개발이 완성되어
전력화에까지 이르는 기간을 최대한 단축하고자 노력할 필요가 있다.
이러한 점에서 미군이 적용하고 있는 나선형 개발(Spiral Development)
의 개념이 유용할 수 있다. "나선형 개발"은 나사의 선처럼 최단거리
로 진행하지는 못하고 다소의 시행착오는 겪지만 전체적으로는 올바

른 방향으로 나가는 모양을 암시하는 것으로서, 그 당시 가용한 기술을 통하여 점진적으로 성능을 개량해 나갈 것을 강조한다. 합동 차원에서 소요가 제기되었으면 가능한 최단시간 내에 이를 전력화함으로써 지속적으로 보완해 나갈 수 있어야 한다. 다소의 시행착오를 거치면서 최적의 상태로 접근해 나갈 필요가 있다.

● 합동 교육훈련

합동성의 지속적인 보장을 위해서는 간부들이 합동성의 중요성을 정확하게 이해하고 그 구현방법을 연구 및 숙달할 필요가 있다. 다른 사항과 마찬가지로 합동성도 결국 사람에 의해서 창출되는 것이기 때문이다. 이러한 측면에서 보면 합동성을 강화시킬 수 있는 방향으로 간부들의 재교육체계를 근본적으로 재검토할 필요가 있다. 합동군사대학을 창설한 것이 중요한 것이 아니라 모든 장병들의 합동성이 실제적으로 강화되는 것이 중요한 것이다. 따라서 합동성 강화를 위한 교육의 현 실태와 그 효과를 정확하게 분석하고, 문제점이 있을 경우 실질적으로 해결할 수 있는 방책을 모색하여 실천할 필요가 있다. 모든 교육과정에서 타군 관련 내용을 확대시키고, 다른 군종의 학생들이 혼합되는 비율을 증대시키며, 상호 이해를 위한 기회를 증대시킬 필요가 있다. 필수적인 합동교육을 수료한 간부들에게 가산점을 부여하는 등의 현실적인 유인책도 검토할 필요가 있다.

말할 필요도 없이 합동훈련의 기회도 증대시킬 필요가 있다. 이를 위해서는 대부대 훈련도 주기적으로 실시할 필요가 있지만, 소부대 차원에서 합동작전이 더욱 유용할 수 있다. 미군이 아프가니스탄에서 실시한 바와 같이 특전부대가 적지에 침투하여 표적에 대한 정보를 보내고 공군이 타격하는 훈련을 실질적으로 시행한다면, 문제점을 사실적으로 발견할 수 있고, 필요한 무기 및 장비 소요도 정확하게 산출할 수 있으며, 시간이 지날수록 그 질이 향상될 것이다. 이와 같이 현장에서 합동성을 보장할 수 있는 다양한 훈련을 실질적으로 실시함으로써 계획이 아닌 시행단계에서 합동작전이 보장되도록 군대를 육성할 필요가 있다.

● 합동 인적자원

합동성 보장을 위하여 인적자원 측면에서 노력해야 할 핵심적인 과제는 합동작전의 대비와 수행에 관한 전문성을 구비한 간부들을 육성하거나 체계적으로 관리하는 일이다. 다만, 합동특기 부여 필요성이 지속적으르 제기되고 있음에도 구현되지 못하고 있듯이 각군의 이해관계가 다르고, 개인별 이해도 달라서 실제로 구현하기는 쉽지 않다. 한국군의 경우 현재 시행되고 있는 합동전문직위 지정을 지속적으로 확대하고, 미군의 "합동자격제도"(JQS: Joint Qualification System) 등을 참고하여[30] 자군의 작전은 물론 다른 군종의 작전도 충분히 이해하는 가운데, 전체 군대 차원에서 필요한 무기와 장비의 소요를 제기할 수 있는 간부 집단을 육성할 필요가 있다.

동시에 군대에서 활용하는 민간인의 비중과 역할도 높일 필요가 있다. 과거와 달리 군대에 첨단기술 장비가 많이 도입되어 민간기술 요원의 역할 확대가 불가피하고, 현대전은 정부 및 딘간분야와의 협

---

30) 일정한 교육이나 겯험을 습득한 요원에 대해서는 합참 등의 직위에 근무할 수 있도록 하는 제도로서, 미군은 합동성에 관하녀 일정한 자격을 구비하지 못할 경우 장군 진급 자체를 불가능하도록 만든 상태이다.

력이 필수적이라는 점에서 전쟁의 계획 및 수행에서도 민간 전문가
들의 참여가 필요하며, 군대의 정원이 점점 축소된다는 점에서 민간
인력을 활용하여 장병들을 대체해야 할 당위성도 커지고 있기 때문
이다. 미군의 경우 총체전력(Total Force)을 현역, 예비군, 군무원 및
계약업자로 확대한 상태에서 해당되는 직책을 수행하는 데 가장 적
절한 신분을 선정하는 방향으로 민간인과 군인의 구분을 최소화하고
있다. 미군의 현역은 전투와 직접적으로 관련된 임무를 수행하고, 민
간요원들은 현역이 전투에 전념할 수 있도록 전투지원 및 전투근무
지원 등의 기능을 수행한다는 개념이다. 또한 현역이 해외에서의 임
무에 치중하는 대신에 예비군들은 국내에서의 임무를 담당하도록 하
면서 그 역할을 지속적으로 확대하고 있다. 한국도 총체전력의 범위
를 확대하고, 이들을 통하여 합동성이 자연스럽게 보장되도록 노력할
필요가 있다.

● 합동 시설

원정작전을 수행하는 미군에 비해서 국내에 고정된 시설에서 작전
하는 한국군의 경우 시설분야에 관한 변화의 소요가 크지는 않다. 그
럼에도 불구하고 합동성 강화와 관련하여 시설 측면에서 개선해야
할 사항은 시설에 대한 군종별 또는 부대별 연고의식(緣故意識)을 제
거하는 일이다. 시설은 장병들이 전투력을 효과적으로 보존하거나 더
욱 편리한 환경에서 부여된 임무를 수행하기 위하여 구축한 것일 뿐
어느 군종이나 부대가 소유하느냐가 중요한 것은 아니다. 하나의 시
설에는 하나의 부대나 단일의 군종이 존재해야 한다는 의식은 시설

을 건립한 근본적인 목적을 제대로 이해하지 못하는 것이다. 군사작전이 필요할 경우에는 육군, 해군, 공군의 부대들이 동일한 시설에 함께 위치할 수 있다.

시설을 공유할 경우 육군은 해·공군 부대에 대한 경계를 제공할 수 있고, 이렇게 할 경우 해·공군은 더욱 본연의 임무에 많은 장병을 활용할 수 있다. 이들은 병력이 제한되고, 기술적 전문성이 커서 경계인력을 차출하는 것이 쉽지 않기 때문이다. 전투근무지원시설 중에서도 육군, 해군, 공군이 공유할 수 있는 부분이 적지 않을 수 있다. 각군의 특성이 달라서 일률적으로 규정할 수는 없지만, 전투준비태세를 약화시키지 않으면서도 시설을 공유할 수 있는 범위를 증대시킬 경우 군 전체의 효율성이 높아지고, 결과적으로는 합동성이 증진된다.

:: 결론

주어진 규모의 군사력을 효율적으로 운용하기 위허서는 합동성을 강화해 나가야 하지만, 그것 자체가 목적은 아니다. 그것은 방법과 수단이고, 유사시 승리를 보장할 수 있는 군대로 발전되는 결과가 중요하다. 다시 말하면, 합동성 강화를 위하여 필요한 조치(input)를 강구하는 데만 주목할 것이 아니라 그를 통하여 전체 전투력이 어느 정도 강화되었느냐는 성과(output)를 더욱 중요시할 필요가 있다는 것이다. 합동성을 위한 노력 자체가 한계와 부작용을 지니고 있을 수 있고, 합동성 이외에도 전투력 강화를 위하여 활용할 수 있는 방법과 수단이 많을 것이기 때문이다.

합동성 강화를 위한 수많은 구호와 노력에도 불구하고 여전히 합동성이 미흡하다면 한국군이 이해하고 있는 합동성의 내용과 달성방법의 타당성을 재점검해볼 필요가 있다. 육·해·공군의 부대들을 통합하거나 이들을 효과적으로 통합할 수 있는 지휘체제를 형성하는 것만이 합동성은 아닐 것이기 때문이다. 진정한 합동성은 전체 군대 차원에서 최선의 방법 및 수단이라고 판단되는 것을 아무런 제약 없이 적용할 수 있는 분위기와 문화이고, 이를 통하여 전체 전투력의 효율성이 극대화되는 것이다. 육군만이 수행할 수 있는 임무에는 육군을 사용하고, 육군과 공군의 합동작전이 최선일 때는 통합된 계획에 의하여 상호보완적으로 사용하는 것이 합동성이다.

한국군은 합동성에 관한 인식부터 실질적으로 변화시킨 상태에서 교리, 구조 및 편성, 무기 및 장비, 교육훈련, 인적자원, 시설 등 모든 분야에 걸쳐 합동성을 강화할 수 있는 조치를 개발하고 실천할 필요가 있다. 군대의 구조, 특히 상부지휘구조의 개선을 통하여 일거에 합동성을 개선할 수 있다는 안일한 사고에서 벗어나 근본적이면서 구체적인 분야에서 지속적이면서 끈질기게 합동성을 강화할 수 있는 사항을 식별하여 시정할 필요가 있다. 이러한 노력들이 장기간에 걸쳐 누적될 때 한국군의 합동성은 높아지고, 전체 전투력의 효율성도 극대화될 것이다.

특히 합참 수준에서 합동 교리를 정립 및 발전시킬 수 있는 실무부서를 확충하고, 상황과 임무가 요구하는 방향대로 융통성 있게 결합 및 해체하도록 각 부대를 모듈화함으로써 현장에서의 합동성을 보장하며, 간부들에 대한 합동 차원의 재교육체계를 정비하면서 모든 부대와 장병들에 대한 합동훈련을 실질적으로 시행할 수 있어야 한다.

그리고 육·해·공군에 관한 사항을 정확하게 이해한 상태에서 전체 군대의 시너지를 극대화할 수 있는 지휘관과 참모를 육성할 수 있거야 하고, 각군의 상호의존성을 효과적으로 활용할 수 있도록 시설의 배치와 활용에 관해서도 고민할 필요가 있다.

합동성은 그의 중요성을 강조하거나 그의 강화를 위한 청사진을 제시하는 것으로 달성되지 않는다. 장기간에 걸쳐 모든 장병들이 전체 군대 차원에서 사고하도록 하는 문화를 육성한 바탕 위에서 모든 분야에서 충분한 전문성을 보장하고, 협동을 통하여 문제를 해결하는 방식을 일상화할 때 서서히 조금씩 증진되어갈 것이다. 전체 군대의 자연스러운 발전을 통하여 합동성을 체질화해 나가는 것이 중요하다.

제8장
혼합위협과
혼합전

군사에 있어서 가장 근본적인 원칙은 싸우는 대로 준비하고, 준비한 대로 싸우는 것이다. 이를 위하여 각국의 군대는 앞으로 직면하게 될 위협은 어떤 것이고, 장차전은 어떤 양상으로 전개될 것이며, 거기에서 승리하려면 어떻게 싸우는 것이 최선인가를 끊임없이 연구 및 토의하게 된다. 그리고 지금까지 대부분의 연구와 토의는 국가의 정규군 사이에 벌어지는 전쟁의 양상을 구체화하고, 그에 근거하여 타당한 군사력 건설 방향을 도출하는 형태였다. 이에 대해서는 과도하다고 할 정도로 많은 분석이 이루어졌다.

이러한 전통적인 경향과 다르게 최근 "Hybrid Threat" 또는 "Hybrid War(fare)"라는 개념이 미군에서 제기되어 세계적으로 확산되고 있고, 한국군에도 소개되었다. 2005년경 미 해병대의 매티스(James N. Mattis, 당시 중장)와 호프만(Frank G. Hoffman, 당시 중령)에 의하여 처음 제기된 이 개념은 앞으로의 전쟁은 상상할 수 없는 다양한 수단과 방법이 혼합된 형태로 수행될 것이라는 전제하에서 지금까지와는 다른 방향으로 대비할 것을 강조하고 있다. 특히 미군이 2001년부터 아프가니스탄과 이라크에서 전혀 다른 형태의 위협에 직면하여 고전함으로써 이 개념에 대한 공감대가 확산되었고, 토의가 활발해졌다. 혼합위협이나 혼합전에 대한 토의는 2008년 매티스가 미 합동전력사령부(U.S. Joint Forces Command)의 지휘관으로 부임하면서 더욱 활발해졌고, 2010년 2월에 발표된 미국의 『4년주기 국방검토 보고서』(QDR)에서도 수차례 사용되었다(U.S. Department of Defense 2010, 8, 15, 87).

한국의 경우 북한이라는 적이나 정규군을 중심으로 한 북한의 위협형태가 분명하여 미군이 직면한 것과 같은 혼합위협에 노출될 가능성이 높다고 보기는 어렵지만, 예상할 수 없는 다양한 형태의 위협을 상정하고 대비해야 할 필요성은 증대되고 있다. 혼합위협은 정규전 수행능력에서는 우세하나 국제적 규범이나 규칙을 준수해야 하는 미군을 대상으로 다양한 단체나 개인이 가용한 모든 수단과 방법을 사용해온 형태였다는 점에서, 첨단 무기 및 장비로 무장되어 있으나 국제적 규범을 준수해야 하는 한미동맹의 약점을 파고들어야 하는 북한의 입장에서 선택할 수 있는 하나의 대안일 수 있다. 전면전보다 다양한 형태의 비정규전이나 국지도발을 감행할 가능성이 높아지고 있는 현재의 상황에서는 더욱 그러하다. 이러한 점에서 최근 미군을 중심으로 논의되어온 혼합전의 개념을 이해함으로써 예상하지 못한 모든 형태의 도발에 당황하지 않고 대응할 수 있는 사고의 지평을 넓힐 필요가 있다.

∷ 혼합전의 배경과 개념

● 배경

혼합위협이나 혼합전31)의 개념이 전혀 새로운 것이라고 말하기는 어렵다. 이전에도 모든 전쟁은 다양한 형태의 전투방식을 혼합하는 방식이었을 가능성이 높기 때문이다. 다만, 미군이 혼합전이라는 새로운 용어를 도입한 것은 그들이 현재 이라크와 아프가니스탄에서 직면하고 있는 위협이나 대응방법의 복잡성과 의외성을 설명하고, 새로운 방식의 대응이 필요하다는 점을 강조하기 위한 필요성 때문인 것으로 판단된다. "전통적인 전쟁형태에 '과도하게 투자하고 있는'(over-invested) 상태이기 때문에 다른 도전으로 관심과 자원을 전환시킬 필요가 있다는 인식"이 혼합전이라는 개념을 논의하게 하였다는 것이다(Hoffman 2009, 35).

통상적으로 수행했던 방식과는 다르게 현대전을 수행해야 한다는 경고와 분석 또한 혼합전이 처음은 아니다. 1989년 린드(William S. Lind) 육군대령을 비롯한 미 해병 및 육군 장교들은 "제4세대전(쟁)"(4GW: The Fourth Generation war, Warfare)이란 용어를 창안하여 변화를 촉구한 바 있고(Lind ,Schmitt, Sutton and Wilson 1989, 22-26), 미 해병대의 크룰럭 대장(Charles Krulak)은 유사한 의미로 3블럭 전쟁(The Three Block War)이라는 용어를 사용하기도 하였다. 2005년 미군은 그들 "국방전략"에서 전통적 도전요소, 비정규적 도전요소, 재앙적

---

31) 엄밀하게 말하면 혼합전은 주체적인 입장에서, 혼합위협은 혼합전을 수행하는 상대를 설명하는 용어지만, 혼합전은 양쪽으로 다 사용될 수 있다. 두 가지를 혼합하여 사용할 경우 독자가 혼란스러울 수 있다는 점에서 본서에서는 혼합전으로 가급적 통일하여 사용하고자 한다.

(Catastrophic) 도전요소, 와해적(Disruptive) 도전요소로 미래의 위협을 복합적으로 분류한 바 있다(U.S. Department of Defense 2005, 2).32) 또한 일부 군사이론가들은 "배합전"(Compound Warfare)33)이라는 용어를 사용하여 정규전과 비정규전의 결합을 강조하기도 하였고, 미 육군에서는 "전영역 위협"(Full Spectrum Threat)이나 "전영역 작전"(Full Spectrum Operations)이라는 말도 사용하여 위협과 대응의 포괄성을 강조한 바 있다.

이러한 용어들의 의미와 필요성을 강화시킨 것은 아프가니스탄과 이라크에서 미군이 겪은 경험이다. 아프가니스탄에서 미군은 군사력의 절대 우위를 유지하고 있음에도 불구하고 수년에 걸쳐 뚜렷한 성과를 달성하지 못하였다. 이라크전에서도 미군은 전통적인 주요군사작전(major combat operations)은 3주도 채 되지 않는 기간에 종료하였지만 그것을 정치적 성공으로 연결시키는 데는 수년을 소요하였다. 이러한 경험으로 인하여 미군은 "실패해가고 있는 국가의 안정작전을 위한 새로운 패러다임"(Bond 2007)을 필요로 하기 되었고, 혼합전은 그를 위한 토론에서 유용한 주제로 부상하였던 것이다.

미군이 사용하고 있는 혼합전은 그것 자체가 중요한 의미를 지니고 있다고 보기보다는 1991년 걸프전쟁 이후 견지해온 공군 및 첨단기술 중심의 전쟁수행방법을 전환해야 한다는 계기를 제공했다는 데 큰 의미가 있다. 걸프전쟁 이후 상당한 기간 동안 미군은 공군으 정

---

32) 미군에 의하면 전통적 위협은 지금까지 이해되고 있는 형태의 군사력을 통한 국가에 의한 도전이고 비정규적 위협은 비전통적이거나 ㅂ 정규적 방법을 사용함으로써 미국의 영향력과 힘을 침식하려는 도전이며, 재앙적 위협은 다량살상무기나 이와 유사한 무기로 미국의 고가치 표적을 기습적으로 타격하여 ■국의 지도력과 힘을 마비시키려는 도전이고, 붕괴적 도전은 미국이 작전적 영역에서 현재 지니고 있는 이점을 무력화시킬 수 있는 예상하지 못한 능력을 개발하고 사용하려는 적에 의한 도전이다.

33) 뜻으로 보면 북한이 수행하고자 하는 "배합전"에 해당되고, 혼합전에 비해서는 낮은 복합성을 지닌다.

밀타격능력이 승리의 열쇠이고, 첨단의 군사기술이 승리를 결정지을 수 있다고 믿어왔기 때문이다. 혼합전의 개념으로 인하여 미군은 그러한 능력을 무용하게 만드는 위협의 존재를 자각하게 되었고, 따라서 육군을 중심으로 한 다양한 형태의 전쟁수행이 여전히 중요하다는 점을 재인식하게 되었다. 혼합전을 통하여 미군은 "분쟁은 원래 복합적이고 예측불가능하다. 적의 자유 의지, 용기, 상상력, 결의는 전쟁의 대부분 측면에서 예측가능성을 허용하지 않는다. 전쟁에서 기습은 공통적인 특성이다. 작전적 환경의 맥락 내에서 문제를 포괄적으로 인식할 때 기습을 당하더라도 마비의 정도를 완화시킬 수 있고, 차분하게 대응하는 능력을 향상시킬 수 있다"(Mattis 2009, 4)라는 전통적 시각을 회복하게 되었다.

● 혼합전의 개념

혼합전은 현대의 군대가 직면하고 있는 위협의 다양성을 강조하기 위한 것으로서, 명확한 개념이나 정의를 내리는 것이 쉽지 않고, 어떤 것들이 혼합되어 있느냐에 대한 설명도 사람마다 다를 수밖에 없다. 적 군사력의 파괴라는 물리적인 차원과 적 주민 및 국민들의 지지 획득을 위한 개념적 차원의 결합, 전투작전과 안정·보안·재건작전들의 결합, 정치·군사·경제·사회·정보 수단과 전통적·비정규적·재앙적·테러·와해적/범죄적인 전쟁수행방법과의 결합, 국가와 비국가 행위자의 결합 등 다양한 사항들의 혼합이 열거되고 있다(Glen 2009). 즉 혼합전은 모든 투쟁형식의 "수렴"(收斂, convergence)으로서, 물리적(physical)과 심리적(psychological), 운동성(kinetic)과 비운동성(non-kinetic),

전투원(combatants)과 비전투원(noncombatants), 군사력(military force)과 정부기관(interagency community), 국가(states)와 비국가단체(nonstate actors) 들을 포함한다(Hoffman 2009, 34).

혼합전 개념의 산파라고 할 수 있는 호프만(Frank G. Hoffman)은, "혼합전은 통상적인 능력, 비정규적 전술 및 대형, 무차별한 폭력과 강압을 포함하는 테러분자의 행동, 그리고 범죄적 무질서를 포함하는 전쟁의 다양한 형태들을 통합"(Hoffman 2007, 29)한다고 정의하고 있다. 미 육군에서도 "서로 호혜적인 효과를 달성할 수 있도록 정규군, 비정규군, 범죄요원들을 다양하면서도 역동적으로 결합한 것, 또는 이러한 군대와 요원들 모두가 통합적으로 결합되어 있는 것"(U.S. Army 2011, I-5)으로 정의하고 있다.

또 하나 중요한 혼합전의 개념은 기존의 어떤 규칙이나 약속에도 제약을 받지 않는 위협과 전쟁수행의 방식이라는 것이다. 전쟁의 승리를 위하여 필요하다면, 중동인의 입장에서는 미국의 군사적 우위를 상쇄할 수 있다면, 어떠한 수단과 방법도 사용할 수 있는 것이 바로 혼합전이다. 손자(孫子)가 전쟁이 수행되는 형태를 물에 비유한 것(兵形象水)처럼 혼합전은 국제적 행동에 관한 어떤 규칙이나 규범에도 제약되지 않은 채 유리하다고 판단될 경우 정치, 군사, 경제, 사회, 정보 등의 모든 수단을 사용하고, 재래식 전쟁, 비정규전, 테러, 적국을 붕괴 및 와해시킬 수 있는 모든 방법을 사용하게 된다(Fleming 2011, 24). 그래서 혼합전은 "무제약 작전술"(unrestricted operational art)로 평가되기도 한다(Fleming 2011, 29).

혼합전의 개념을 명확하게 정의하는 것 이상으로 중요한 것은 현대의 군대가 직면할 수 있는 다양한 형태의 위협을 국민들과 군인들에게 이해시키고, 그 결과로써 그러한 위협에 대한 최선의 대응방법을 모색해 나갈 것을 촉구하는 측면이다. 혼합전에서 강조하는 것은 혼합의 특정한 내용이 아니라 현대전은 복수의 형태(multi-modal) 또는 복수의 변수(multi-variant)를 지닌다는 점을 국민과 군인들에게 이해시키는 측면이다(Hoffman 2009, 35). 그래야 막강한 정규군으로도 승리하기가 쉽지 않은 실상을 이해할 수 있을 뿐만 아니라 기습을 당하더라도 차분하게 최선의 대응책을 모색할 수 있기 때문이다. 이라크와 아프가니스탄에서 미군은 급조폭발물(IED: Improvised Explosive Devices)이나 자살테러와 같은 전혀 다른 형태의 위협에 직면하여 당황하였지만, 점차 그에 대한 효과적 대비책을 강구함으로써 전체 작전에 대한 영향을 최소화하는 데 성공한 바 있다.

혼합전이 전통적인 군사력의 위협이나 사용을 배제하는 것은 아니다. 다시 말하면, "혼합전의 부상이 전통적이거나 통상적인 전쟁의 끝을 의미하는 것은 아니다"(Hoffman 2009, 38). 전통적인 분쟁은 여전히 계속되는 가운데 다른 다양한 형태의 위협이 가미되는 것이다. 또한 군사력에 있어서 열세한 적이라고 하여 비정규전, 테러, 범죄만을 사용하는 것이 아니다. 필요하거나 유리하다고 판단될 경우에는 언제나 정규 군사력, 나아가 최첨단의 무기나 대량살상무기(Weapons of Mass Destruction)도 사용할 수 있다. 혼합전은 저강도(low-intensity)와 고강도(high-intensity)의 투쟁 형태를 모두 포함하는 것이라고 할 수 있다.

혼합전과 관련하여 주목할 필요가 있는 내용은 "인구전장"(population battleround)의 개념이다. 이것은 모택동의 인민전쟁이나 게릴라전쟁의 경향과도 연결되어 있고, 미군이 아프가니스탄이나 이라크에서 겪은 어려움을 반영하고 있는 근본적인 사항이기 때문이다. 비정규전에 관한 이론과 실제에서 오랫동안 전문가로 활동해온 예비역 미 육군 대령 맥퀸(John M. McCuen)은 혼합전은 전통적인 전장, 전쟁지역 토착주민의 전장, 그리고 국내 및 국제사회 전장으로 구성된다고 분석하고, 특히 두 번째와 세 번째 전장이 중요하다는 점을 다음과 같이 강조하고 있다(McCuen 2008, 107).

> 이러한 전쟁들은 물리적 전장과 동일한 비중으로 토착주민, 국내, 그리고 국제적 인구와 투쟁하였고, 투쟁하는 것이다. … 모든 경우에 있어서 위에서 언급한 세 가지 전략적 목표의 동시달성--살상력을 구비한 적 군사력을 조심스럽게 다루고, 주민들을 분류, 통제, 해체시키며, 정보작전을 수행하는 것--은 전략적 목표의 달성과 전투행위 후 성공을 보장하게 된다. 따라서 시작부터 종료에 이르기까지 군사전역의 초점은 점령한 국가의 주민들을 적극적으로 안전하게 하고 안정시키는 것이어야 한다. 이차적으로는 국내와 세계 공동체의 지지와 지원을 유지하기 위한 필요성을 항상 인식하는 것이다(McCuen 2008, 112).

● 유사개념: 제4세대전

혼합전과 유사한 개념으로 사용되는 용어는 제4세대전(4GW)이다. 이것 또한 과거와는 전혀 다른 형태로 현대전이 수행될 것이라는 점을 부각시키기 위하여 미군의 현역 장교들이 창안한 용어로서, 1989년에 린드(William S. Lind) 육군대령을 비롯한 미 해병 및 육군 장교들이 공동으로 발표한 논문을 통하여 소개되었다. 이들은 1648년 웨스트팔리아(Westphalia) 조약에 의하여 국가가 군대를 독점적으로 보유하기 시작한 시기를 현대전의 시초로 보면서 그 이후 새로운 기술과 사고의 변화로 인하여 네 개의 세대로 군사작전의 수행방식이 변화되어 왔다고 주장하고 있다(Lind, Schmitt, Sutton and Wilson 1989, 22-26).

이들에 의하면 제1세대전은 활강총 시대의 군사작전으로서 열과 종(line and column)의 대열이 특징이고, 엄격한 규율에 의한 "질서의 군대문화"가 강조되었다. 나폴레옹 식의 전투수행을 연상한다고 할 것이다. 제2세대전은 19세기 중반에 강선총, 총구 후방에서의 장전, 기관총, 철조망 등의 새로운 기술이 등장함에 따라 나타난 형태로서, 질서를 존중하면서도 자율을 허용하기 시작하였고, "포병은 정복하고 보병은 점령한다"는 말처럼 중앙집권적으로 통제되는 화력집중이 중요한 요소였다. 제1차 세계대전이 그의 전형적인 형태라고 할 수 있다. 그리고 제3세대전은 독일의 "전격전(Blitzkrieg)" 또는 기동전이 그 전형으로서, 제2세대전의 화력과 소모에 비해서 속도, 기습, 심리적 와해(mental dislocation)를 강조하는 비선형적 군사작전이 주류를 이루고, 예하부대 및 개인의 자율성, 다른 말로 하면 주도권이 강조되었다(Lind 2004, 12-13). 제2차 세계대전이 그의 전형적 형태라고 할 수 있다.

이들에 의하면 아직 제4세대전이 어떤 모습일 것이냐가 명확하게 드러난 것은 아니다. 다만, 제4세대전은 과거의 전쟁에 비해서 분산의 정도, 전후방의 구분, 민간인과 군인의 구별이 더욱 애매해지고, 테러조직과 같은 다양한 비국가적 적대세력(non-state opponents)과의 투쟁이나 문화와 문화 간의 투쟁이 증대될 것이라는 설명이다(Lind 2004, 13-14). 이 후에 미군들을 중심으로 그들이 수행하고 있는 아프가니스탄전쟁이나 이라크전쟁이 제4세대전이라고 인식하게 되었고, 전 세계적으로 이 용어가 확산되었다. 한국에서도 2010년경 국방선진화추진위원장을 역임한 이상우 교수 등이 새로운 형태의 전쟁대비를 강조하면서 제4세대전이라는 용어를 상당한 비중을 갖고 사용하기도 하였다. 변화의 폭을 강조하는 데 있어서 "세대"라는 말은 상당한 설득력을 지니고 있기 때문이다.

:: 혼합전의 의의

다른 모든 개념과 같이 혼합전도 긍정적인 측면과 부정적인 측면을 함께 보유하고 있고, 어느 측면을 중요시하느냐에 따라서 그 타당성의 평가는 달라진다. 현재까지 논의되어온 내용을 중심으로 그 두 가지 측면을 분석하면 다음과 같다.

● 긍정적 측면

혼합전의 가장 중요한 의의는 통상적인 국가 간 전쟁의 빈도와 치열도가 현저하게 감소된 현대적 상황에서 군대가 고민해야 할 사로운 과제를 제시하고 있다는 것이다. 세계적으로 볼 때 냉전 종식 후부터 무장분쟁의 규모와 빈도는 급격하게 감소되었고, 치열도와 사망자의 숫자도 현저하게 감소된 것은 분명하다. 한번 발생하면 워낙 치명적이기 때문에 대비를 늦출 수는 없지만, 정규전 위주의 대비만을 고집할 경우 초점이 어긋날 여지가 커지고 있다. 현대의 군대는 정규전에 대비하면서도 다양한 형태의 비정규전에 대비할 수 있어야 하고, 따라서 다양한 능력을 구비하는 다목적의 군대로 탈바꿈해야 한다는 점을 혼합전은 요구하고 있는 것이다.

혼합전의 또 다른 중요한 의의는 비국가 단체에 의한 테러나 범죄 등을 군사위협으로 포함시키고, 이에 효과적으로 대응하기 위한 사고의 전환이나 방법의 개발 필요성을 촉구한 것이다. 그러한 종류의 위협들이 앞으로 어느 정도로 비중이 높아질 지 속단하기는 어렵지만, 아프가니스탄과 이라크에서 미군이 겪고 있는 경험에 기초할 때 군사력 운용을 부분적으로 조정하는 정도로는 효과적으로 대처하기가 어렵다는 문제인식이 전제되어 있다. 특히 첨단 무기 및 장비를 중심으로 한 정규군 간의 충돌에서 승리할 수 있는 방향으로 군사력을 건설해온 미군의 경우에는 더욱 변화의 요구가 클 수 있다. 즉 "혼합전은 통상적인 미국의 군사적 사고에 심각한 도전을 제기하는 분쟁의 형태를 제시하고 있고, 미국 전투방식의 문화적 취약성을 제대로 겨냥하고 있다"(Hoffman 2007, 9)는 것이다. 그렇기 때문에 미 육군은 혼합적 위협에 대응할 수 있도록 "전 영역 작전"(Full Spectrum Operations)을 수행할 것을 재강조하고 있는 것이다.

유사한 측면이지만 혼합전은 기습을 당하지 않기 위한 사고의 유연성을 강조하고 있다. 통상적인 군대는 국제적이거나 군대 스스로의 규범과 규칙에 얽매이기 쉬운데, 혼합전에서는 상대가 그것을 우리의 약점으로 간주하여 활용하고자 한다는 점을 강조함으로써 상대의 입장에서 가능한 모든 수단과 방법을 생각하여 대비하도록 요구하기 때문이다. 전통적인 군사력 내용에서 강한 군대일수록 혼합전을 고려함으로써 교만에 빠지지 않고, 다양한 모든 상황에 대비하고자 노력하게 된다. 현대전의 상황이 불확실하고 다양할수록 이러한 사고의 유연성을 보유하고 있느냐의 여부는 결정적인 중요성을 갖는다고 할 것이다.

● 부정적 측면

혼합전이 내포하고 있는 가장 큰 약점은 그 개념의 불명확성이다. "혼합"이라는 말은 다수의 이종(異種)들이 섞여 있는 상태를 의미하는 것일 뿐 자체적으로 고유한 내용을 나타내는 것은 아니기 때문이다. 전통적으로 사용해오고 있는 대비정규전(counter-irregular warfare)이나 대전복전(counter-insurgency) 등으로도 설명이 가능함에도 불구하고 괜히 새로운 용어를 사용하여 혼란을 야기한다는 비판도 제기되고 있다(Fleming 2011, 3). 또한 혼합전이라는 동일한 용어를 사용하면서도 사람마다 전장 환경과 조건, 적의 전략 및 전술, 그리고 아군 군사력 형태의 각각 또는 몇 가지를 다르게 적용하여 설명하고 있기 때문에 그 내용이 다양할 수밖에 없다. 그리고 혼합전이라는 용어로는 전략적, 작전적, 전술적 수준을 구별하여 설명하는 것이 어렵기 때문에 헤즈볼라 게릴라가 2006년 7월 12일부터 8월 14일에 걸친 34일 동안 이스라엘의 공격을 막아낸 전술적인 사례를 통하여 전략적이거나 작전적인 혼합전까지 설명하는 오류를 범하기도 한다(Glen 2009).

더욱 심각한 문제점은 혼합전은 군대의 전쟁대비 방향을 혼란시킬 수 있다는 것이다. 비국가 단체의 테러나 범죄는 병으로 비유하면 감기와 같은 정도로서 국가의 존립을 위협할 정도는 아닌데, 혼합전이라는 명분으로 그에 대한 대비를 강화할 경우 암과 같은 결정적인 위협이라고 할 수 있는 대규모 정규전에 대한 대비를 약화시키는 결과가 될 수 있기 때문이다. 세계정부가 수립되지 못하고 대규모 군대를 보유한 다수 국가들이 경쟁하는 현재의 국제정세 속에서 대규모 군사력을 중심으로 한 정규전 대비를 소홀히 할 수 없는 것이 현실이라고 한다면, 혼합전의 강조는 자칫하면 군사력 건설을 위한 자원과 관심을 분산시킬 수 있고, 결정적인 위기 대두 시 국가안보를 위태롭게 할 수도 있다. 또한 혼합전의 개념은 육군 또는 인력 중심의 전쟁수행을 강조함으로써 해·공군력의 역할을 감소시키는 구실로 작용할 수 있고, 이러할 경우 현대의 해·공군이 제공할 수 있는 엄청난 첨단 무기의 위력을 포기하는 결과를 초래할 수도 있다.

혼합전에 대비해야 하는 것은 사실이라고 하더라도 구체적으로 어떤 방향과 내용으로 대비해야 하는가를 도출하는 것은 쉽지 않다. "전 영역 작전"을 강조하고 있는 미 육군의 경우에도 다양한 임무를 수행해야 함을 강조하고는 있지만, 그를 위하여 군대를 어떻게 훈련, 장비, 숙달시킬 것이고, 지금까지 강조해온 통상적인 임무분야에서 어느 정도를 새로운 분야로 전환시켜야 하며, 군대의 규모를 어떻게 조정해야 하는지, 90년대부터 강조했던 "전 영역 작전"(Full Spectrum Operations)과 현재의 그것은 무엇이 다른지가 불분명하다는 비판이 제기되고 있다(Hoffman 2009, 4). 혼합전은 마음의 자세를 바꾸는 데는 유용할 수 있지만, 군사력 건설과 운용에 관한 구체적인 변화 소요는 크지 않을 수도 있다.

혼합전은 원거리에 전개하여 원정작전(expeditionary operations)을 전개하는 미군에게 해당되는 사항으로서, 침략하는 적을 자국 영토 내에서 방어해야 하는 대부분의 국가와는 관련이 적을 수 있다. 계획적으로 침략하는 국가가 테러나 범죄를 주된 수단으로 사용한다고 볼 수 없고, 자국 영토 내에서 국민들과 함께 총력적인 방어를 수행하는 국가가 안정작전(stability operations)을 중요시할 필요는 없을 것이기 때문이다. 우리의 국토를 침략하는 적에 대하여 우리가 혼합적 위협을 가할 수는 있겠지만, 이것은 군사적 수단이 한계에 도달한 극한적 상황에서 고려해야 할 사항이다. 또한 자국 내에서 전쟁을 수행하는 국가의 경우 행정체계가 확립되어 있고 경찰을 비롯한 대규모의 공무원을 동원할 수 있기 때문에 군대가 사회의 혼란상까지 해결해야 할 필요성은 크지 않다. 혼합전은 문화, 지형, 생활방식이 매우 상이한 지역에서 원정작전을 수행하는 군대가 직면하게 되는 위협과 책임을 일반화하는 오류를 범하고 있다고 할 수 있다.

혼합전의 개념은 현대전의 다양한 형태를 예상하는 데는 유용하지만, 그것을 어떻게 대비해야 할 것인가에 대한 대안을 찾도록 해주는 것은 아니다. 비국가 단체의 테러와 범죄에 대한 경계와 대응태세를 강화하는 것은 혼합전의 개념과는 상관없이 오래전부터 대두되어 온 사항이고, 현대전의 효과적 수행을 위해서는 군대는 물론이고 다양한 정부기관, 외국군대, 또는 외국 정부기관과의 협조가 필수적이라는 점도 일반화된 상태이다. 미 육군의 경우 "전 영역 작전"이라는 명칭 하에, "공격, 방어, 안정 또는 민간지원 작전들을 동시에 결합시키고… 임무에 부합되는 방향으로 작전환경의 모든 변수를 철저하게 이해하는 가운데 살상(lethal)과 비살상(nonlethal)의 모든 활동을 동시통합"하는 개념을 혼합전의 대응방향으로 제시하고 있지만(U.S. Department of Army 2008, III-1), 이것을 혼합전을 수행하는 데 관한 구체적 행동방안이라고 보기는 어렵다.

:: 한국 상황과의 적합성 분석

전반적으로 볼 때 북한과의 전쟁이나 주변국과의 전쟁에서 한국군이 심각한 혼합위협에 직면할 것으로 예상하기는 어렵다. 북한이 전방 군단에 경보병 사단을 창설하고 전방사단의 경보병 대대를 경보병연대로 승격시키는 등 특수전 부대를 증강한 상태이기는 하지만, 이러한 병력은 이미 정규군의 일부분으로 인정되고 있다. 상급부대로부터의 일사불란한 통제를 강조하는 공산주의의 특성상 다양한 주체에 의한 임시변통적(improvised) 조치를 중시하는 혼합전을 허용하기는 쉽지 않을 것이다. 경제난 등으로 북한체제가 흔들릴 경우 군대 및 국민들의 행동에 대한 중앙에서의 통제, 다시 말하면 정규적이면서 중앙집권적인 전쟁수행이 더욱 강화될 가능성이 크다. 또한 주변국들은 한국에 비해서 병력, 무기 및 장비의 양과 질이 월등하기 때문에 굳이 혼합전을 사용할 필요성을 인식하지 못할 가능성이 높다.

방어단계에서는 혼합위협의 가능성이 더욱 희박하다. 현재의 판단에 의하면 북한군은 미 증원군이 도착하기 이전에 전쟁을 종결한다는 속전속결전략을 채택할 것으로 판단되고 있기 때문에 혼합전과 같은 시간이 걸리는 형태의 작전을 선택하기는 어렵다. 오히려 북한이 한국의 일부 지역을 점령하였을 경우 그 지역 내에서 한국의 국민들이 다양한 교란 및 방해활동을 전개하여 혼합위협을 북한군에게 가할 가능성이 있다. 다만, 이것은 당시 상황에 따라 국민들이 자발적으로 시행하는 성격의 활동으로서 한국군의 입장에서 사전에 계획 또는 고려하기는 어렵다.

한국군에 대한 혼합위협이 예상될 수 있는 상황은 반격작전을 통하여 북한지역을 석권해 나갈 경우이다. 한국군이 졈령해 나가는 지역에서 북한군의 잔당이나 북한주민들이 가용한 모든 수단과 방법들을 사용하여 한국군을 곤란 및 방해할 수 있기 때문이다. 북한의 경우 14세부터 60세까지 전 인구의 약 30%를 전시동원 대상으로 하여 수백만 명의 예비군을 편성하여 훈련시키고 있기 때문에 국민들의 군사적 훈련 정도가 높고, 채 동원되지 않은 요원들을 중심으로 산발적인 저항이 발생할 수 있다. 이들은 반세기 동안의 세뇌교육 결과로써 북한체제에 대한 충성심이 적지 않고, 자신의 터전을 잃지 않으려는 각오하에 가용한 모든 수단과 방법을 활용하고자 할 것이다. 특히 북한 수뇌부가 만주 등의 지역으로 후퇴하여 재기를 도모하고 있는 상태라면 이들의 활동은 더욱 심각해지고 지속적일 가능성이 크다.

이 경우에도 미군이 서남아시아 지역에서 겪은 것과 같은 정도로 심각한 혼합위협이 지속될 것으로 판단하기는 어렵다. 아프가니스탄과 이라크의 주민들에게 미군은 이민족이었지만 북한 주민들에게 한국 군대는 그렇지 않고, 북한주민들이 중동지역의 이슬람과 같은 종교적 신념을 보유하고 있는 것은 아니기 때문이다. 미군은 아프가니스탄과 이라크에서 언어소통에 어려움을 겪었지만, 한국군은 그렇지 않다. 한국의 경우 북한지역의 도별 행정기구를 평소에 유지하고 있듯이, 점령지역에 대한 행정을 조기에 회복하기 위한 다양한 준비를 갖춘 상태이다. 한국군 대신 미군이 군정을 실시하지 않는 한 북한주민들에 대한 혼합위협이 군사작전의 방향을 사전에 조정해야 할 정도로 심각할 것으로 예상하기는 어렵다.

평시 상황에서도 한국군에게 심각한 혼합위협이 대두될 것으로 단단하기는 어렵다. 산업화와 민주화 시대를 거치면서 한국의 민주주의

체제가 정착되었고, 국가의 전반적인 통치 및 행정체제는 확고한 상
태이다. 종교, 지역, 빈부 간에 다소의 갈등요소가 없는 것은 아니지
만, 군대가 나서야 할 정도로 심각한 내분이 발생할 것으로 예상하기
는 어렵다. 북한이 국내소요를 부추기고자 노력하더라도 성공하기는
쉽지 않을 정도로 한국 사회의 기반은 튼튼하다. 그리고 소규모로 발
생하는 혼합위협은 경찰력으로도 충분히 대응할 수 있다.

한국군이 앞으로 적극적인 국제평화유지활동을 전개한다고 할 경우
혼합위협을 충분히 고려할 필요가 있다. 국제평화유지 활동을 필요로
하는 지역은 행정이나 안보가 불안한 상황일 것이고, 한국군의 입장
에서 평화유지활동은 원정작전이기 때문이다. 치안이 불안한 외국에
서는 어느 곳도 안전하지 않고, 다양한 성향을 가진 주민들에게 포위
된 상태이며, 평화유지활동을 전개하는 과정에서 오해나 불만이 발생
할 가능성도 적지 않다. 평화유지활동 자체는 전투를 염두에 두고 있
지 않다고 하더라도 상황이 예상외로 악화될 경우 자위(self-defense)
차원에서 전투행위가 불가피할 수 있고, 이 경우 현지 주민의 다양한
혼합위협을 유발할 수 있다.

미국과의 동맹이나 국제연합의 결의에 근거한 군사작전의 일환으
로 외국에 군대를 파견하거나 한국의 국가이익이나 국민의 구출과
보호를 위한 군사작전이 불가피할 경우에는 심각한 혼합위협에 직면
할 가능성이 있다. 연합작전의 대부분은 정규작전 위주이지만, 그에
불만을 가진 현지 주민들은 혼합위협밖에는 적절한 수단이 없을 것
이기 때문이다. 한국이 2004년부터 3,800명 규모로 4년간 이라크에
파견하였던 자이툰 부대나 2002년부터 5년 이상 파견하였던 아프가
니스탄의 동의부대와 다산부대들의 파견과 철수 시에 가장 우려했던

사항도 이러한 혼합위협이었고, 성공적 임무수행으로 평가되었던 것도 그러한 위협을 효과적으로 예방하였기 때문이다.

한국이 처해 있는 상황 및 여건을 전반적으로 고려할 때 한국군이 혼합전의 개념을 전면적으로 수용해야 할 상황이라고 보기는 어렵다. 남북한 간의 전쟁은 미군이 수행하는 원정작전과 성격이 다르고, 북한의 군사전략과 국가적 특성을 고려할 경우 혼합전에 의존할 가능성은 낮기 때문이다. 평시의 평화유지활동이나 동맹 차원에서의 해외 파병 시 혼합전을 수행해야 할 수 있으나 이것이 군대의 전체적인 대비방향에 영향을 줄 정도는 아니라고 판단된다. 남북한의 대규모 정규 군사력이 휴전선을 중심으로 대치하고 있고, 정규전 위주로 속전속결하고자 하는 북한에 대비해야 하는 한국의 상황에서 혼합전을 필요 이상으로 강조할 경우 군사대비 방향을 혼란시킬 수 있다.

:: 한국군에 대한 교훈

한국은 우선 혼합전이 발생하게 된 배경을 심도 있게 파악하고 이해하고자 노력할 필요가 있다. 예를 들면, 이라크에서 미군이 혼합전으로 곤란을 겪었던 근본적인 이유가 효과기반작전(EBO: Effects-Based Operations) 개념에 바탕을 두고 지나치게 마비전 위주로 전쟁을 수행하였기 때문이라면, 한국군은 동일한 시행착오를 겪지 않고자 노력할 필요가 있다. 적 지역을 정복하여 편입시킬 수 있을 경우 마비전은 효과적일 수 있으나, 체제를 변화시켜 다시 독립시켜줘야 하는 현대의 상황에서 마비전은 유용성이 떨어지기 때문이다. 손상 없이 잔존하게 된 적부대가 적대세력으로 변모하게 되면 심각한 위협이 될 것이다. 효과기반작전이 한창 유행할 때 미 육군에서 "목표로든 결과로든 소모(attrition)는 원래 부정적인 사항이라는 믿음은 잘못된 것이다"(Peters 2004, 24)라면서 전쟁에서는 적의 군사력을 소모시키는 것이 중요하다는 점을 강조한 바 있다.

따라서 한국군이 전쟁을 수행할 경우 적 군대를 충분히 무력화시키거나 효과적으로 격리시킬 수 있어야 하고, 점령지역에 대한 효과적인 민사 및 군정작전을 통하여 그들이 적대세력으로 전환되지 않도록 예방하는 데 더욱 큰 관심을 기울이지 않을 수 없다. 클라우제비츠(Carl von Clausewitz)가 "전쟁은 적에게 우리의 의지를 실행하도록 강요하는 폭력 행위(War is thus an act of force to compel our enemy to do our will)"(Howard and Paret 1984, 75)라고 하였고, 한국군도 "전쟁이란 상호 대립하는 2개 이상의 국가 또는 이에 준하는 집단이, 정치적 목적을 달성하기 위해 군사력을 비롯한 모든 수단을 사용하여 자기의 의지를 상대방에게 강요하는 조직적인 폭력행위이다"라고 정의하였듯이(합동참모본부 2002, 23), 대부분의 전쟁에서는 적 군대나 국민의 저항의지를 박탈하는 것이 결정적 목표가 될 수밖에 없다.

혼합전이 시사하고 있는 또 다른 측면은 현대전의 효과적 수행을 위해서는 민·관·군(民·官·軍) 간의 협조가 더욱 중요하고 긴밀해질 필요가 있다는 점이다. 군사작전 수행 간에도 행정적인 사항이 충분히 고려되고, 제반 행정적 조치는 군사와의 긴밀한 협력하에 추진되어야 하며, 이로써 혼합적 위협이 발생할 수 있는 토양 자체를 형성하지 않아야 하기 때문이다. 한국은 1968년부터 "충무계획"을 발전시키고 있고, 그 중에는 "응전자유화계획"이라고 불리는 북한지역에

대한 행정체제 확립을 위한 계획이 포함되어 있으나, 기본적으로 이
것은 전시 국가자원의 효과적 동원을 보장하기 위한 성격으로서 그
기능이 충분히 포괄적이라고 보기는 어렵다. 또한 한국은 1995년 지
방자치제도 시행과 더불어 중앙 및 지역의 "통합방위협의회"를 중심
으로 하는 민관군 통합방위태세를 확립하였으나 그의 기능이 점점
쇠퇴해가고 있다는 점에서 보완이 필요할 수 있다. 한국군은 전쟁수
행과 관련하여 정부부처와의 협력을 실질적으로 강화해 나가고, 이에
부합되도록 체제, 제도, 의식, 문화를 지속적으로 개선해 나갈 필요가
있다.

전쟁을 수행함에 있어서도 심리전 및 선무활동과 같은 비운동성
(non-kinetic) 활동의 비중을 증대시킬 필요가 있다. 유형적 군사력을
중심으로 하는 운동성(kinetic)의 활동은 적에게 피해를 끼쳐 적개심
을 자극할 수 있고, 투쟁 강도를 경쟁적으로 강화시킬 우려가 적지
않기 때문이다. 국가 간의 관계에서도 연성국력(soft power)이 강조되
고 있듯이, 앞으로의 군사작전에서는 강제력보다는 적 군대 또는 적
주민을 마음속으로부터 승복시키는 측면이 강조될 것이다. 이러한 적
에서 현대전에서 승리하기 위해서는 주민들의 동향을 파악하거나 그
들의 신뢰를 획득할 수 있는 민사 측면의 참모기능과 조치를 강화할
필요가 있고, 다양한 심리전 수행방법과 수단을 개발하여야 한다.

혼합위협 차원에서 앞으로의 한반도 군사작전에서 유념해야 할 사
항은 북한지역과 주민의 통제와 관련하여 미군의 역할은 최소화하는
대신에 한국군의 역할을 극대화할 필요가 있다는 점이다. 미군이 근
정 및 민사작전을 주도할 경우 서남아시아에서 나타는 것과 같은 다
양한 혼합위협을 부추길 수 있기 때문이다. 반세기 이상을 미군에 더

한 적개심으로 세뇌되어 왔다고 본다면 미군에 대한 북한주민의 반감은 서남아시아 지역의 주민들 못지않게 클 수 있다. 북한주민과 동일한 민족으로서 언어가 통하고 정서를 이해할 수 있는 한국군이 주도할 때 북한주민들의 불안감도 줄어들 것이다.

혼합전 수행에 필요한 최소한의 교리와 무기체계도 사전에 검토할 필요가 있다. 앞에서도 언급한 바와 같이 한국군이 북한지역으로 전진할 경우 혼합적 위협에 노출될 가능성이 없다고 보기는 어렵고, 해외파병 간에는 당연히 혼합전을 예상해야 하기 때문이다. 비록 그 정도는 적절하게 조정되어야 하겠지만 한국군은 미군이 혼합전에 대응하기 위하여 개발하고 있는 교리와 무기 및 장비를 학습하거나 도입하고자 노력할 필요가 있다. 미군이 개발하고 사용하고 있는 지뢰저항 매복보호(MRAP: Mine Resistant Ambush Protected) 차량을 개발 및 도입하거나 다양한 자율 및 무인체계를 개발함으로써 전투원을 위험에 노출시키지 않고자 노력할 필요가 있다. 한국군도 혼합전과 관련된 세계적 추세를 어느 정도 수용함으로써 미래의 불확실성에 대비할 필요가 있다.

:: 결론

한국의 경우 휴전선을 중심으로 북한의 대규모 군사력과 대치하고 있기 때문에 지금까지처럼 정규전에서 승리하기 위한 대비를 최우선적으로 고려하지 않을 수 없다. 지상군을 이용하여 적의 공격을 방어한 다음에, 반격하여 신속하게 적의 전방 군사력을 격멸한 다음 적의 종심지역으로 진출하여 적의 지휘체계와 작전지속능력을 무력화할 수 있는 능력을 구비하고, 그를 위한 최선의 방법을 모색하여야 한다. 공군의 적극적이면서 위력적인 화력지원과 해군의 해양우세 확보도 필수적임은 말할 필요도 없다. 지상군의 입체적 기동과 공군의 정밀 타격을 효과적으로 통합함으로써 최소한의 희생으로 최단기간 내에 전쟁을 종결할 수 있어야 할 것이다.

그럼에도 불구하고 북한지역을 효과적으로 통제하면서 주민들의 동의를 획득하여 통일로 연결시키기 위해서는 혼합전의 개념을 충분히 참고할 필요가 있다. 결국 전쟁에서의 승리나 통일은 북한주민들을 승복시킴으로써 가능할 것이기 때문이다. 미군이 혼합전을 토론하게 된 배경을 숙고하여 그러한 사태가 발생하지 않도록 전쟁계획 수립이나 전쟁수행 과정에서 필요한 조치를 강구해 나가야 한다. 이러한 측면에서 적 군대를 어느 정도까지 무력화시키는 것이 적절할 것이냐를 토론하여 결정할 필요가 있고, 점령지역의 주민들이 적대세력으로 전환되지 않도록 효과적인 민사 및 군정작전을 실시할 수 있어야 할 것이다. 군대의 격멸을 지향하는 전통적인 방식의 군사작전보다는 심리전 및 선무활동을 적극적으로 전개함으로써 적 군대와 국민들의 마음을 승복시킬 필요가 있다. 따라서 혼합위협에 효과적으로 대처할 수 있는 교리와 무기체계를 사전에 정립하고 개발할 필요성도 적지 않다.

더욱 중요한 것은 군대에서 현대적인 위협과 효과적 대응 방안에 관한 활발한 토의를 전개하는 것이다. 혼합전 자체가 중요한 것이 아니라 그에 관한 논의를 통하여 현대전의 양상에 대한 이해를 확대하고, 지휘관들과 참모들의 군사적 식견을 향상하는 것이 더욱 중요하

다는 것이다. 이러한 노력이 전개되어야 앞으로의 전쟁양상을 합리적
으로 예측하고, 그에 부합되는 방향으로 군사력을 건설해 나가며, 유
사시 예상하지 못한 형태의 위협에 직면하더라도 나름대로의 해결책
을 강구할 수 있기 때문이다. 혼합전은 현대적 군사논의의 폭과 깊이
를 강화할 것을 요구하고 있다할 것이다.

제9장
사이버공간
작전

현대사회에서 컴퓨터 또는 컴퓨터를 중심으로 하는 네트워크가 차지하는 비중은 절대적이다. "디지털 기반구조는 점점 번영해 나가는 경제, 활발한 연구 공동체, 강력한 군대, 투명한 정부, 그리고 자유로운 사회의 등뼈가 되고 있다"(White House 2010, 3). 그에 따라 이를 훼손하기 위한 컴퓨터 공격도 점점 악성화되고 있고, 국가를 비롯한 조직의 목적을 달성하는 수단으로 사용되고 있다. 사이버전, 정보전, 네트워크 중심전 등의 용어에서 보듯이 컴퓨터상에서의 공격과 방어는 군사적 수단으로 포함되어 가고 있다. 따라서 최근에는 사이버공간(cyber space)이라는 용어가 등장하면서 지상, 해양, 공중과 유사한 새로운 전쟁의 공간으로 컴퓨터에 관한 모든 사항을 포괄하고 있그, 지상작전, 해양작전, 공중작전과 유사한 의미로 "사이버공간작전"(cyber space operations)이라는 용어도 사용하고 있다.

:: 사이버공간작전의 개념과 사례

● 사이버공간과 사이버공간작전

사이버공간은 일반적으로 컴퓨터를 중심으로 연결된 네트워크 및 관련된 모든 소프트웨어와 데이터베이스를 포함하는 개념으로서, 인간이 만들어낸 가상공간이다. 미군은 사이버공간을 "인터넷, 전자통신망, 컴퓨터체계, 그리고 내장된 처리 및 통제 프로그램을 포함하는 상호의존적 정보기술기반체계로 구성되는 정보환경의 지구적 영역"으로 정의하고 있다(Department of Army 2010, 6).

사이버공간은 지상, 해양, 공중과 달리 거리가 전혀 문제가 되지 않고, 누구나 수시로 활용할 수 있으며, 수많은 정보가 아무런 제약 없이 순간적으로 이동할 수 있다는 장점이 있다. 그렇기 때문에 현대에 들어서 이의 활용이 폭발적으로 증대되고 있고, 그럴수록 사이버공간에 대한 위협도 심각성을 띠게 된다. 즉 "사이버공간은 현대사회의 강점과 취약점의 원천이다. 사이버공간작전이 현대사회를 지원하지만 적으로 하여금 그것을 공격 및 활용하도록 함으로써 결정적인 취약점을 형성시키기도 한다"(Secretary of Air Force 2010, 3).

사이버공간은 전쟁의 공간으로도 사용될 것이 예상되고 있다. 사이버공간 자체가 공간적이거나 시간적인 제약이 적기 때문에 전쟁에 사용될 경우 유리한 측면이 있고, 앞으로 이를 둘러싼 경쟁이 극단화될 경우 전쟁으로 비화될 가능성도 있으며, 국가의 중요 기반시설과 현대 무기체계의 상당수는 사이버공간에 상당할 정도로 의존하고 있기 때문이다. 미군은 이미 공중, 지상, 해양, 우주(새로운 전쟁공간으

로 인정하기도 한다)에 이은 다섯 번째의 공간으로 사이버공간을 인
식하여 대비를 서두르고 있다(Department of Defense 2011, 5).

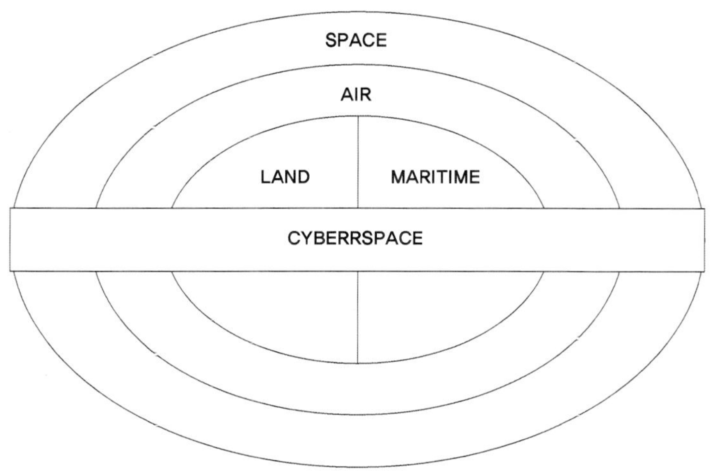

출처: Secretary of Air Force 2010, 20.

그림 2 ▶ 전쟁의 공간

사이버공간 "작전"(operations)은 사이버공간에 대한 의도적이면서
군사적인 활동을 포괄적으로 의미하는 용어이다. 나의 사이버공간을
자유롭게 사용하도록 보장하는 동시에 상대방의 사이버공간은 자유
롭게 사용하지 못하도록 하기 위한 모든 군사적 활동을 지칭하는 용
어로서, 지금까지 정보작전 또는 컴퓨터네트워크작전으로 불리던 내
용을 더욱 확장시킨 것이다. 미군에 의하면 사이버공간작전은, "사이
버능력의 운용으로서, 그의 일차적인 목표는 사이버공간 내에서 또는
사이버공간을 통하여 어떤 목표를 달성하는 것이다. 이것은 컴퓨터
네트워크 작전과 범세계적 정보망을 작동 및 방호하는 활동을 포함

한다"(Department of Defense 2011, 6).

최근에는 "사이버공간 우세"(Cyberspace Superiority)라는 개념도 사용되고 있다. 공중우세나 해양우세와 같이 사이버공간에서 적보다 더욱 자유롭게 활동할 수 있는 전반적인 상태를 지향하는 개념이다. 미군에 의하면 사이버공간 우세는 "사이버공간 내에서, 사이버공간을 통하여, 사이버공간으로부터 방해를 받지 않고 주어진 시간과 영역에서 작전을 수행하는 작전적 유리점"으로서(Secretary of Air Force 2010, 2), 구체적 내용이 명확하게 제시된 것은 아니지만 사이버공간작전보다 더욱 포괄적인 활동으로 구성될 것이다.

● 사이버공간작전의 사례

개인들이 해킹을 통하여 상대방의 컴퓨터를 사용하지 못하게 하거나 정보를 도용하는 등의 사이버 범죄는 국가에게 막대한 손해를 끼치더라도 국가안보를 위태롭게 할 정도는 아니다. 그러나 "국가안보가 사이버공간에 의하여 재정의되고 있다"라는 단언에서 나타나고 있듯이(Department of Defense 2011, 13), 최근에는 국가 단위에서 다른 국가의 사이버공간을 공격하는 시도가 발생하는 등 국가안보의 결정적 요소로 격상되고 있다. "미래전에서의 첫 번째 전투"는 물리적 전투가 발생하기 이전에 사이버공간에서 일어날 가능성이 높고, 그것은 "대량와해무기"(Weapons of Mass Disruption)가 될 것(Miller and Kuehl 2009, 2)이라는 예상처럼, 미래에는 사이버공간작전이 군사작전을 위한 여건 조성에 적극적으로 활용될 것으로 예상된다. 특히 사이버공간작전은 힘이 약한 약소국이라도 강대국에 대하여 우위를 확보할 수 있다는 점에서 기습을 위한 중요한 요소가 될 수 있다.

사이버공간작전의 첫 번째 사례로 거론될 수 있는 것은 2007년 5월 러시아 해커들에 의한 에스토니아(Estonia) 공격이다. 러시아의 해커들은 인터넷 의존도가 컸던 인접국가 에스토니아의 대통령 관저, 의회, 정부기관 등을 공격하고, 일부는 은행, 통신망, 방송망 등의 긴 간표적에 공격을 가하여 3주 정도 그 기능을 마비시켰다. 비록 에스토니아 정부가 적시적절하게 복구하였고, 군대의 네트워크나 주요 정부기관은 공격의 영향을 받지 않았지만, 이로 인하여 사이버공간 공격의 위험성이 알려지고, 대비의 필요성이 확산된 것은 사실이다. 러시아로 추정하는 이외에 공격의 주체를 명확하게 밝히지 못하였다는 점에서 사이버공격 대응의 어려움을 인식하게 된 계기가 되었다(Miller and Kuehl 2009, 3).

본격적인 사이버공간 공격은 2008년 8월 러시아가 그루지아(Georgia)를 공격할 때 시도되었다. 여전히 실체가 명확하게 밝혀진 것은 아니지만, 2008년 8월 러시아는 군사작전을 개시하기 이전에 그루지아 정부사이트들에 "win+love+in+Russia"라는 메시지가 담긴 정보를 무차별 전파하여 관련된 사이트들을 다운시킨 것으로 의심받고 있다. 당시 미하일 사캬슈빌리(Mikheil Saakashvili) 그루지야 대통령의 사이트도 24시간 동안 접속이 불가능하였고, 외부세계와 그루지야와의 연결도 단절되었다(Miller and Kuehl 2009, 3).

한국의 경우어는 아직 사이버공간작전 차원으로 보기는 어렵지만 사이버공간에 대한 다수의 의도적 공격행위가 발생하였는바, 2003년 1월 "슬래머 웜바이러스"에 의한 인터넷 대란이 발생하였고, 2004년 4월 국회·해양경찰청·원자력연구소 등 24개 주요 국가·공공기관 PC가 마비되어 복구에 2개월이 소요되기도 하였으며, 2007년 7월

Daum 회원 7,000명과 2008년 2월 옥션 해킹으로 수백만의 개인정보가 유출되는 일이 있었다. 2009년 7월 7일부터 발생한 주요 국가기관과 공공기관에 대한 3차에 걸친 "분산서비스거부(DDoS) 공격"은 좀비 PC를 쓰는 등 사이버 공격방법이 진화하는 모습을 보여 주었다. 그리고 2011년 4월 12일 농협전산망이 수일동안 마비되었고, 북한의 소행으로 발표되기도 하였다.

∷ 사이버공간작전에 관한 세계적 동향

● 미국

미국의 부시행정부는 2008년 1월 "포괄적 국가 사이버안보조치"(Comprehensive National Cyber security Initiative: CNCI)를 발표함으로써 사이버공간에 대한 위협을 국가안보 차원에서 인식하기 시작하였다. 최초에는 이것이 비밀로 분류되었으나 오바마 행정부가 2010년에 평문으로 해제하여 공개함으로써(White House 2008) 알려지게 되었다.

"포괄적 국가 사이버안보조치"에서 미국은 사이버위협에 대한 정보를 공유하기 위한 국가적 체제를 구축하고, 사이버위협에 대한 방어책을 개발하며, 이에 관한 교육, 연구개발, 전략개발을 활성화한다는 목표를 정립하고, 이를 달성할 수 있도록 12개의 과제를 제시하였다. 즉 "단일 네트워크로서 미 정부 네트워크를 관리하여 신뢰성을 강화하고, 정부 전반에 걸쳐 침투를 탐지할 수 있는 체계를 배치하며, 정부 전반에 걸쳐 침투예방체계를 배치하고, 연구개발 노력을 조정하며, 사이버작전에 관한 기관들을 연결시키고, 사이버 대정보(Cyber

Counterintelligence) 계획을 작성 및 시행하며, 비밀네트워크의 안전을 강화하고, 사이버교육을 확대하며, 비약적인 기술, 전략, 계획을 발전시키고, 기존의 억제전략과 계획을 발전시키며, 범지구적 무역에 대한 다방면의 위험감소(threat reduction) 방책을 발전시키고, 핵심적 민간 기반시설에 대한 정부의 사이버안보 역할을 식별한다”는 것이다(White House 2008).

이 외에도 오바마 행정부는 개방되고, 상호운용이 가능하며, 안전하고, 신뢰성 있는 국제적 정보 및 통신 기반구조를 보장한다는 목표 아래 사이버 안보에 대한 국제적 협력을 추진하고 있다. 사이버공간에 대한 국제적 행동규범을 제정하는 등의 노력을 통하여 표현이나 결사에 관한 기본적 자유를 존중하면서도 공격적 행동에 대한 자위권을 보장해야 한다는 것이다(White House 2010, 10). 그리고 이를 구현할 수 있도록 미 국방부는 2011년 7월 “사이버공간에서의 작전을 위한 국방부 전략”을 발간하여 사이버공간작전을 우한 조직, 훈련, 준비, 방어개념 등을 제시하고 있다(Department of Defense 2011).

이미 미군은 2009년 6월 23일 미 전략사령부(U.S. Strategic Command) 예하에 사이버사령부(Cyber Command)를 창설하여 2010년 5월 21일부터 기능을 수행하고 있다. 이 사령부는 메릴랜드 주의 포트 미드(Fort Meade)에 위치한 4성 장군이 지휘하는 부대로서 “지정된 국방부 정보네트워크에 관한 작전과 방어를 지도하고, 지시에 의하여 그든 영역에서의 활동을 보장하면서 미국과 동맹국이 사이버공간에 자유롭게 접근하도록 보장한 상태에서 적에게는 그러한 것을 거부하기 위한 모든 형태의 군사적 사이버공간작전을 수행할 준비를 하기 위한 활동들을 계획, 조정, 통합, 동시화 및 시행”하는 임무를 수행하고 있다(Department of Defense 2010). 미국의 사이버사령부는 미 국가보안국(National Security Agency: 미 국방부 예하기관으로 다른 국가의 암호화된 통신을 분석하고, 자국 통신을 암호화하여 보호하는 기능을 수행한다)과 동일한 기지에 위치하면서 동일한 사람이 두 기관의 책임자를 겸임하도록 함으로써 양 부서의 유기적 통합을 보장하고 있다.

미군의 사이버사령부는 기존의 "지구네트워크작전 합동임무부대"(The Joint Task Force for Global Network Operations: JTF-GNO)와 "네트워크전의 합동기능구성군사령부(Joint Functional Component Command for Network Warfare: JFCC-NW)를 통합하였고, 그 예하에는 육군 사이버사령부(Army Forces Cyber Command, ARFORCYBER), 제24공군(24 Air Force, 24th USAF), 함대사이버사령부(Feet Cyber Command, FLTCYBERCOM), 해병대 사이버사령부(Marine Corps Forces Cyber Command, MARFORCYBER)가 구성군사령부로 편성되어 있다.

● 영국

영국은 2010년에 발표한 그들의 『국가안보전략』에서부터 사이버 위협을 심각한 안보위협으로 간주하기 시작하였다. 영국 수상의 이름으로 발표한 이 문서에서 영국은 세 가지 수준(Tier)의 국가안보 위험(risk)을 식별하면서, 가장 우선순위가 높은 수준의 위험 네 가지 중 두 번째로 "다른 국가나 대규모 사이버 범죄에 의한 영국 사이버공간에 대한 적대적 공격"을 들고 있다(첫 번째 위험은 국제테러리즘, 세 번째 위험은 대규모 사고나 재해, 네 번째는 국제적인 군사적 위기이다)(Her Majesty's Government 2010, 27).

영국 정부와 영국군을 위하여 사이버공간작전을 담당하고 있는 부서는 정부통신사령부(GCHQ: Government Communications Headquarters)이다. 이 사령부는 1919년부터 창설되어 영국 정부와 영국군에게 통신정보와 그에 대한 보안대책을 강구하는 기관으로서 예하에 통신전자보안단(CESG: Communications-Electronics Security Group)을 보유하고 있는데, 이 조직에서 암호해독과 함께 사이버공간작전에 관한 사항을 처리하고 있다. GCHQ와 협조관계를 유지하면서 영국의 사이버공간작전을 담당하고 있는 또다른 부서는 "사이버보안 및 정보보증실"(OCSIA: Office of Cyber Security & Information Assurance)로서, 이는 안보장관(Security Minister)과 국가안보위원회(National Security Council)의 지시를 받아서 임무를 수행하고, 영국의 모든 사이버안보 및 정보보호에 관한 지침을 하달하며, 관련된 활동을 조정하는 역할을 수행한다. 그리고 영국군은 2010년 10월 국방사이버작전단(Defence Cyber Operations Group)을 설치하였고, 사이버보안 시험장(cyber security test range)을 설치하여 사이버공간작전에 관한 다양한 시험을 실시하고 있다.

● 이스라엘

위협이 절박한 만큼 이스라엘은 다른 어느 국가보다 체계적이면서 공격적인 사이버공간작전을 준비 및 시행하고 있다. 이스라엘에서 사이버공간작전을 책임지는 기관은 8200부대로서 이 부대는 1952년에 창설되어 통신정보를 수집하여 암호를 해독해왔지만, 현재는 사이버공간작전에 대한 모든 활동을 조정, 통제 및 시행하는 것으로 파악되고 있다. 8200부대의 예하에는 하자브부대(Unit Hatzav)가 있어서 텔

레비전, 라디오, 신문, 인터넷 등을 통하여 다양한 정보를 수집하고, 우림신호정보기지(Urim SIGINT Base)가 있어서 통신정보를 수집하는 것으로 알려져 있다. 우림신호정보기지는 사이버공간에 대한 공격작전도 계획 및 시행하고 있는 바, 2007년 이스라엘의 시리아 원자로 공격 시 이 부대가 시리아 방공망이 제대로 작동하지 못하도록 한 것으로 보도된 바 있고, 2010년 이란의 핵시설을 포함한 사업 컴퓨터를 훼손시킨 Stuxnet라는 컴퓨터 바이러스를 만들어 유포한 것도 이 부대인 것으로 추측되고 있다(*The New York Times* September 26, 2010).

또한 이스라엘은 2011년 5월 사이버공간작전을 전담하기 위한 새로운 사령부를 설치한 것으로 알려지고 있는데(*Routers* May 18, 2011), 이 사령부는 예비역 장군을 책임자로 하여 80명 정도의 규모로 시작하여 사이버공간에서의 공격과 방어 임무를 수행하고 있고, 계속하여 그 규모가 증대될 것으로 예상되고 있다.

● 중국

외부로 공개하지 않기 때문에 정확하게 파악하기는 어려우나 중국은 사이버공간에서의 우위를 통하여 미국에 대한 군사력 열세를 만회한다는 측면에서 공격적 용도로 사이버공간을 활용하려는 경향을 보이고 있다. 전자전대응책을 담당하는 중국군 총참모부의 제4국이 사이버공간에 대한 공격임무를 수행하고 있는 것으로 파악되고 있는데, 이 부서에서 사이버공간에 관한 모든 작전부대와 연구기관을 통제하고 있고, 그 인원이 130,000명 이상일 뿐만 아니라 다양한 민간 해커단체들과도 유기적으로 협조하고 있는 것으로 믿어지고 있다(Krekel 2009, 32-45).

최근 들어서 사이버공간에 대한 중국의 활동은 급격하게 증대되고 있는 바, 2010년 4월 8일 중국 국영 "China Telecom"이 17분 동안 대규모 오류 정보를 유통시켜 미 상원, 미 국방부 및 각군, 그리고 미국의 500대 기업 관련 사이트에 영향을 준바 있다고 폭로된 바도 있다(*BBC News* March 11, 2011). 한국에 대한 다수의 인터넷 해킹 활동도 중국에 의하여 행해지고 있다고 믿어지고 있다.

● 북한

워낙 폐쇄적인 국가이기 때문에 그 현황을 파악하기는 어렵지만, 북한도 중국과 유사하게 전통적 전력의 열세를 보완할 수 있는 비대칭적 수단으로 사이버공간을 인식하고 있는 것으로 믿어지고 있다. 북한을 탈출하여 한국으로 망명한 북한의 컴퓨터 전문가는 "북한은 1995년경부터 사이버전력 확보를 위한 전략수립과 부대 창설, 사이버공격 기술연마, 지휘체계 구축에 집중하기 시작하였다"고 증언하그 있다(김흥광 2011, 5). 북한은 유지비용이 타 전력에 비해 적게 들고, 평상시에도 효과적으로 활용할 수 있으며, 공격행위를 감출 수 있어 대남전략 실현에 적당하고, 강력한 비대칭적 우위를 구사할 수 있으며, 보안에 취약한 인터넷의 태생적 허점을 활용할 수 있고, 사이버공간은 한국 정부의 통제가 어렵다는 이점을 갖고 있는 것으로 판단하였다는 것이다(김흥광 2011, 5-8).

북한은 1990년대 초반부터 사이버전사를 양성함과 동시에 다수의 고성능 컴퓨터를 중국과 해외에서 대량으로 구입하였고, 인민무력성 정찰국 예하로 있던 사이버부대 121소를 별도의 사이버전국으로 격상시켜 정찰총국에 직속시켰다. 이 정찰총국의 사이버전국이 바로 한국의 기관들에 대한 사이버 테러와 공격, 민간기관과 단체들에 대한 해킹 및 인터넷 대란을 일으키는 작전을 총괄하는 총본산 역할을 수행하고 있다고 판단된다. 그 외에도 "중앙당 35실 기초자료실", "총참모부 적공국 204소" 등이 설립되어 있고, 김일성 종합대학, 김책공업 종합대학, 평양컴퓨터대학교 이과대학, 미림대학 등에서 최고의 사이버 전사들을 육성하고 있다(김흥광 2011, 9-14)

● 소결론

세계의 다양한 국가들이 구체적으로 어떤 형태 또는 어느 정도의 사이버공간작전 능력을 보유하고 있는지를 정확하게 파악하기는 어렵지만, 한 가지 명확한 사실은 대부분의 국가들이 이 분야에 집중적으로 투자하기 시작하였다는 사실이다. 클라크와 네이크(Richard A. Clarke & Robert K. Knake)는 미국, 러시아 중국, 이란, 북한 등 5개국의 사이버 공격과 방어 능력을 다음과 같이 평가하고 있다.

표 7 ▶ 주요국가들의 사이버공간작전 수행능력

국가	사이버공격 능력	사이버공간에의 비의존도	사이버방어 능력	합계
미국	8	2	1	11
러시아	7	5	4	16
중국	5	4	6	15
이란	4	5	3	12
북한	2	9	7	18

출처: 박기갑 2011, 48.

이 분석을 근거로 할 경우 북한은 사이버공간을 거의 활용하지 않기 때문에 외부의 사이버공격을 당할 대상이 별로 없어서 유리하고, 대신에 미국은 사회기반시설 대부분이 컴퓨터에 의존하고 있기 때문에 매우 취약하다. 미국의 경우 활발한 대비노력을 경주하고 있고 다른 국가들에 비해서는 매우 앞선 수준이지만, 자체적으로는 아직 사이버공간작전을 효과적으로 수행하기 위하여 어떤 능력을 구비해야 할 것인가에 대한 포괄적 분석을 완료하지 못하였고, 그를 위한 연구, 개발, 시험 및 평가 분야에 있어서도 매우 미흡한 수준으로 평가되고 있다(Department of Army 2010, 14-15). 따라서 어느 국가라도 효과적인 공격능력만 확보할 경우 사이버공간에서는 결정적인 유리점을 확보할 수 있는 상황이라고 판단된다.

:: 사이버공간에 대한 한국의 실태와 정책 방향

● 한국의 실태

사이버공간에 대한 한국의 인식은 인터넷 공간에 대한 범죄나 북한의 해킹 등으로부터 한국의 인터넷 공간을 보호하는 수준에 머물고 있다. 한국은 2003년 1월 25일 인터넷 대란이 발생하자 "국가사이버테러 대응체계구축 기본계획"을 수립하여 국가정보원에 국가사이버안전센터(국가, 공공분야), 국방부에 국방정보전대응센터(국방분야), 정보통신부에 인터넷침해사고대응센터(민간분야)를 설치하였고, 국가정보원이 총괄 기능을 수행하도록 체계를 갖추었다. 국가정보원은 국가 사이버위기 경보체계를 관심(Blue), 주의(Yellow), 경계(Orange),

심각(Red) 등 4단계로 구분하고, 각 수준별로 적절한 수준에서 대응하도록 하고 있다. 그러나 국가정보원 자체가 실행력을 보유하고 있는 것이 아니기 때문에 경고나 조정 정도에 그칠 수밖에 없다고 할 것이다.

그 외에도 한국에서는 한국인터넷진흥원(KISA: Korea Internet & Security Agency), 금융결제원 금융정보보호센터(FISeC: Financial Information Security Center) 등에서 사이버공간에 대한 업무를 수행하고 있으나 담당분야에 대한 정보보호 활동에 국한되고 있다. 국방부의 경우에도 군 전산망의 안전을 보장하거나 분산 서비스방해(DDoS) 공격과 같은 국가 사이버위기 발생 시 민·관·군 공동 대응을 보장하기 위한 수준을 벗어나지 못하였다. 2000년 1월 국방부 및 각군본부에 사이버전 침해사고대응팀(CERT: Computer Emergency Response Team)을 설치하였고, 2003년 인터넷 대란 이후에 국군기무사령부 내에 "국방정보전대응센터를 설치하였으며, 2005년에는 작전사령부 및 군단급까지 CERT를 구축하여 사이버위협에 대응하는 정도였다. 2010년 1월에 사이버사령부를 창설하였으나 이 사령부는 국군기무사령부에서 수행하던 보안관제 및 침해사고 조사업무를 이관받아서 출범을 하였고, 정보본부 예하에 창설됨으로써 인터넷을 통한 정보수집이나 정보보호에 국한될 수밖에 없었다.

2011년 7월 1일부로 국방부 직속으로 사이버사령부를 격상한 것은 사이버공간이나 사이버공간작전과 관련한 긍정적인 조치라고 할 수 있다. 그러나 기능을 확대하기 보다는 소속만 격상된 점이 있고, 실행부대를 구비하지 못한 상태이다. 국방부는 현재 400명에 이르는 사이버사령부 인원을 500여 명으로 증편한다는 계획이고, 사이버전에 관한

교리 및 작전계획을 정립하고자 노력하고 있지만(연합뉴스, 2011/7/1), 성과를 달성하는 데는 상당한 시간이 소요될 것이다. 2012년부터 고려대학교 정보호대학원에 30명 규모의 사이버국방학과를 신설キ 로 하는 등 민간학교에서 사이버전사들을 육성하여 군대로 영입하는 방안도 발전시키고 있다.

● **정책방향**

사이버 위협의 심각성과 국가안보 차원에서의 대응 필요성에 대한 인식의 전환과 공감대 형성이 시급하다. 모든 국민들이 앞으로 점점 심각해질 사이버공간에서의 경쟁 필요성과 그에서 우위를 확보하기 위한 국가와 군대의 역할을 충분히 이해할 필요가 있다. 앞으로 국가 간 심각한 정책적 충돌이 발생할 경우 그 첫 번째 전장은 사이버공간일 것이고, 승패를 좌우할 수 있는 새로운 방법과 수단도 사이버공간과 관련되어 있을 거라는 점을 인식할 필요가 있다.

국가 수준에서 사이버공간과 관련된 제반 문제점을 정확하게 식별하고, 그 해결을 위한 조치를 개발하며, 그것을 구현하기 위한 정부 차원의 체제와 역할분담을 제도화할 필요가 있다. 사이버공간 위협의 성격과 내용을 규정하고, 그것을 예방 및 억제시키기 위한 대비책을 강구하며, 어떠한 상황이 발생하더라도 효과적으로 대응할 수 있는 체제를 구비할 필요가 있다. 현재 상태에서 출발하여 바람직한 수준에 도달할 때까지 국가 수준에서 달성해야 할 과제를 종합적으로 열거하고, 일정표에 의하여 점진적으로 구현할 수 있어야 한다.

사이버공간이 핵심적인 전장으로 활용될 경우를 위한 대비를 가속화할 필요성도 크다. 현재의 사이버공간은 지상, 해양, 공중과 같은 정도의 비중은 갖고 있지 않지만, 국가의 기반구조와 군대의 무기 및 장비 대부분이 컴퓨터 소프트웨어와 네트워크를 통하여 기능하도록 되어 있기 때문에 미래로 갈수록 그 비중은 늘어날 것이다. 다른 국가보다 먼저 그 공간을 효과적으로 활용할 경우 기습을 달성할 수 있고, 반대로 기습을 당하지 않기 위한 노력이 필요하다.

사이버공간에 대한 방호나 안전의 확보에만 사고를 국한시켜서는 곤란하다. 어느 경우도 방어로는 승리를 보장할 수 없기 때문이다. 공격은 최상의 방어라는 말처럼 공격을 시도하는 적의 사이버공간을 사전에 무력화시킬 수 있는 능력을 구비하고 있어야 한다. 사이버공간에서의 방어와 함께 공격작전에 관한 사항도 충분히 분석하고, 그에 필요한 수단과 방법을 개발해 나가야 한다. 사용하기 위한 것이 아니라 적의 사용을 단념시키거나 사전에 예방 및 억제할 수 있는 수단으로 사이버공격 수단을 확보할 필요가 있다.

사이버공간의 안전이나 사이버공간작전에서의 우세를 보장하는 데 있어서 핵심적인 요소는 국민들의 동참이다. 사이버공간은 모든 사회가 공유하고 있는 공간이기 때문에 정부나 군대의 노력만으로는 그 안전과 우세를 보장할 수 없다. 정부기관과 군대는 물론이고, 공공기관, 민간의 다양한 단체 및 조직들이 사이버공간에서의 위협 가능성과 대응책을 충분히 숙지한 상태에서 필요한 조치를 강구할 수 있어야 하고, 필요시 정부를 중심으로 행동을 통일할 수 있어야 한다. 국민들도 사이버공간의 개념과 위협의 정도, 그리고 그러한 위협을 예방 및 억제하거나 발생 시 대처하기 위하여 필요한 국민 개개인의 조치를 숙지한 상태에서 유사시 실행할 수 있어야 한다.

사이버공간작전의 성공을 위해서는 국제적인 협력도 중요하다. 국경에 의하여 구속받지 않는 사이버공간을 특정 국가가 단독으로 방어한다는 것을 불가능하기 때문이다. 동맹 및 우방도과 긴밀하게 협력함으로써 노력과 비용을 절약할 수 있다. 한국의 경우 한미동맹을 효과적으로 활용할 경으 최소한의 비용으로 최대한의 성과를 거둘 가능성도 높다. 그 의의 우방 및 외국 정부나 군대와도 긴밀한 협력 체제를 구성 및 유지해야 함은 물론이다.

:: 사이버공간작전의 효과적 수행을 위한 과제

● 법적 기초 마련

사이버공간작전의 효과적인 수행을 위해서는 개인의 기본권에 대한 헌법 조항을 유연하게 해석하거나 수정할 필요가 있다. 사이버공간작전의 수행을 위해서는 개인의 사생활이나 통신비밀을 어느 정도 침해하지 않을 수 없기 때문이다. "모든 국민은 사상활의 비밀과 자유를 침해받지 아니한다"(헌법 17조)와 "모든 국민은 통신의 비밀을 침해받지 아니한다"(헌법 18조)라는 헌법 조항의 수정이나 재해석 없이는 사이버공간작전 수행을 위한 국가의 행위가 헌법침해로 판단될 수 있다.

사이버공간작전과 관련된 다양한 법률들을 단일법으로 통합하는 것도 중요하다. 정보화촉진법, 정보통신망이용촉진 및 정보보호 등에 관한 법률, 국가사이버안전관리 규정 등 다양한 법률 속에 포함되어 있는 사이버공간작전 관련 사항들을 "사이버공간 안보법"(가칭)으로

통합하고, 이에 근거하여 각 정부부처마다 필요한 영과 규정을 만들
필요가 있다. 이를 위해서는 사이버공간과 그곳에서의 작전에 관한
사항들을 국회에 충분히 설명할 수 있어야 하고, 국회는 관련 법안들
을 신속하게 통과시키고자 노력하여야 한다. 국방부에서도 "사이버
공간작전에 관한 법률"이나 "사이버공간작전 규정"을 제정하여 사이
버공간작전을 법적 및 제도적으로 뒷받침할 필요가 있다.

　국제법의 재검토와 수정도 필요할 수 있다. 사이버공간에서의 공
격이 전통적인 전쟁에 못지않은 피해를 끼칠 것으로 예상되지만, 무
력을 동원하여 이에 대응할 수 있는지 여부는 확실하지 않기 때문이
다. 유엔헌장 제51조에서는 무력공격(armed attack)에 대항하여 자위
권을 행사할 수 있도록 하고 있지만, 사이버공격의 경우 그러한 무력
공격의 범주에 포함되는지도 확실하지 않고, 논의도 전개되지 않은
상태이다(박기갑 2010, 60). 정부는 사이버공간에서의 공격 및 방어와
관련된 국제적 동향을 예의주시하면서 필요시에는 국제적 조약체결
을 촉구할 수도 있다.

● 국가적 통제기구 설치

　사이버공간작전의 효과적 수행을 위해서는 관련 부서 간의 협조체
계, 정보의 공유, 사이버 테러 위험수준 및 단계별 대응 요령, 국제협
력 및 공조체제 등을 총괄할 수 있도록 정부 차원의 컨트롤 타워를
설치할 필요가 있다. 이 기구는 사이버공간에서의 공격과 방어와 관
련한 기획 및 계획, 업무수행에 대한 지휘와 감독, 필요한 정책의 개
발, 관련된 부처 간의 협조 및 조정업무, 사이버공간작전에 관한 경

보, 그리고 정부 전체 및 국민들을 대상으로 하는 사이버공간 위협 대응 연습 실시 등의 기능을 수행한다. 행정안전부나 국방부와 같은 실행력 있는 기관이 핵심적 역할을 수행하도록 할 필요가 있고, 최초에는 각 부처 및 관련요원들 간의 협의체 다시 말하면 "사이버공간 위원회"의 형태를 띠다가, 상황의 요구를 반영하여 공식기관으로 격상시킬 수 있다.

사이버공간위원회는 사이버공간에 관한 국가적 정책을 개발 및 결정하고, 국가적 차원에서 실질적인 대응수단을 개발 및 사용하며, 필요한 기술의 개발을 촉진시키고, 사이버공간과 관련된 위기 상황에 즉각적으로 대응하여 해결할 수 있는 부서나 예하 기관들을 보유할 필요가 있다. 또한 사이버공간 안보에 관하여 대통령에게 조언할 수 있는 비서관을 임명함으로써 사이버공간에 관한 제반 사항에 관하여 대통령과 각 부처를 연결하고, 사이버공간 위원회에 참여하여 대통령의 지침을 전달하거나 필요한 정보를 대통령에게 보고하는 통로로 기능하게 할 수도 있다. 민간 회사 및 단체들과의 정보공유와 행동통일을 보장할 수 있도록 공조체제를 유지하거나 협의기구를 설치할 수도 있다.

사이버공간의 안전 정도와 그를 위한 각 주체들의 노력 수준을 정기적으로 평가하고 점검하는 기관의 설립도 검토할 필요가 있다. 이를 통하여 사이버공간의 안전에 대한 실태를 정확하게 파악하고, 관련기관들이 법률과 규정에 정해진 대로 행동하는지를 평가할 필요가 있다. 인터넷이나 각 기관 인트라넷의 경우에도 국가 수준에서 표준화된 규격을 적용하도록 할 수도 있고, 새로운 하드웨어나 소프트웨어를 개발하거나 설치할 경우에도 필요한 기준을 적용하도록 하며,

그 준수 여부를 점검하여 필요할 경우 시정하도록 할 수도 있다. 이를 위해서는 사이버 가상적(假想敵)(cyber red teams)을 운용하여 적의 입장에서 우리의 사이버공간에 대하여 모의공격 등 다양한 작전을 전개하도록 함으로써 취약점을 도출하거나 필요한 보완소요를 파악할 수도 있다.

● 사이버작전사령부의 영역 확대 및 실행부대 창설

한국군이 2011년 7월 1일부로 국방부 직속으로 확대 개편한 사이버사령부는 사이버공간작전, 특히 공격작전에 관한 제반 사항을 연구 및 적용할 수 있도록 그 기능을 확대할 필요가 있다. 위협을 가하는 적의 사이버공간을 무력화시킬 수 있는 기술과 장비를 개발하지 않은 상태에서 사이버공간에서의 주도권을 확보할 수는 없기 때문이다. 그리고 사이버공간작전을 실제적으로 수행할 수 있도록 각군 또는 합동 차원에서 사이버공간작전부대를 창설하고(각군별로 존재하더라도 그 운용 시에는 항상 유기적으로 협조할 수 있어야 한다), 사이버공간작전을 수행할 수 있는 전문부대 및 요원들을 조직, 충원, 훈련할 수 있어야 한다.

사이버공간작전을 담당하는 요원들을 별도의 병과(兵科, branch)로 구분하는 사항도 검토할 필요가 있다. 한국군의 경우 현재는 정보통신 병과에서 담당하고 있어 공격적인 활동보다는 정보보호와 같은 소극적이거나 기술적인 활동에만 머물게 될 가능성이 높기 때문이다. 지휘관을 대신하여 사이버공간작전 수행에 관한 기본적인 개념을 발전시키고, 모든 부대의 활동을 효과적으로 통제하기 위해서는 병과 수준의 위상 격상이 우용할 수 있다. 지상, 해양, 공중은 운동성(kinetic) 무기 및 장비가 운용되는 영역이지만, 사이버공간은 비운동성(non-kinetic)의 무기 및 장비가 활용되는 영역으로서 근본적으로 성격이 다르기 때문에, 사이버공간작전의 비중이 더욱 커질 경우에는 사이버 군종(軍種, service)의 창설이 필요할 수도 있을 것이다.

사이버공간조·전사령부는 미군과도 긴밀한 협조체제를 구축할 필요가 있다. 한국군 단독으로 사이버공간작전을 수행한다는 것은 비효율적이거나 비효과적일 가능성이 크기 때문이다. 미군을 활용할 경우 상호보완으로 비용도 절약할 수 있을 뿐만 아니라 미군의 발전된 기법을 효과적으르 학습할 수 있다. 따라서 한국군은 사이버공간작전에 관한 정보를 교환하고, 공동대응을 위한 협의체를 구성하여, 교리를 학습하거나 교육생을 파견하는 등 미군과의 협조체제를 강화할 필요가 있다. 필요할 경우 사이버 경보의 내용과 단계도 통일시킬 수 있고, 장비 간 상흐운용성(interoperability)을 보장할 수 있도록 개념발전, 소요제기, 획득단계에 걸쳐 협조할 수도 있다.

● **국민들의 행동지침 마련 및 교육**

사이버공간교· 안보 차원의 중요성에 대하여 일반적인 국민들을 계도해 나가는 활동도 필요하다. 컴퓨터는 모든 국민들과 접속되어 있기 때문에 국민들의 참여 없이는 사이버공간의 안전이나 우세를 보장할 수 없기 때문이다. 국민 대중들에게 사이버 위협의 심각성과 그 실체를 전파하고, 안전도를 보장하기 위하여 어떤 사항을 주의하거나 조치해야 한다는 점을 교육시키며, "사이버 윤리" 등과 같이 사이버공간에 대하여 국민들이 준수해야 할 사항을 정립하여 제시함으로써 현장에서 적절한 조치가 자연스럽게 시행되어 혼란이 최소화되도록 하여야 한다. 적에 의한 사이버공격에 대한 취약성을 감소시킬 수 있는 다양한 방호조치도 개발 및 실천해 나갈 필요가 있다.

군대에서도 사이버공간작전에 대한 교리를 정립하고, 장병들에게 교육시킬 수 있어야 한다. 교리들이 정립됨으로써 사이버관련 조직들의 군사행동과 관련하여 기준이 설정되고, 그들의 노력이 일관성 있게 실행될 것이며, 필요한 사항들이 작전계획에 반영되어 통상적인 군사작전과 조화를 이루게 되기 때문이다. 교리가 정립되면 이를 중심으로 일반 장병들을 교육시킬 수 있어야 하는데, 간부들의 경우 원격교육(distant learning)을 통하여 부대근무를 하면서도 필요한 사항을 학습할 수 있도록 배려할 필요가 있고, 일반 장병들도 사이버공간작전의 개념과 그와 관련하여 무엇을 어떻게 해야 할 것인가에 관한 사항들을 훈련과목의 하나로 포함시켜 교육 및 훈련시킬 필요가 있다.

● **전문인력과 기술 발전**

사이버공간작전을 위한 인력의 확보에 있어서 중요한 사항은 정예의 최고 전문가를 양성하고자 노력해야 한다는 것이다. 사이버공간작전에서는 다수의 전문가보다는 탁월한 몇 사람이 결정적으로 중요하기 때문이다. 미군의 경우에도 "예외적인 사이버인력"(exceptional cyber workforce)을 강조하면서 이의 확보를 위한 다양한 방안을 고심하고 있다(Department of Defense 2011, 10-12). 탁월한 기량을 가진 전문가일수록 민간분야에서 많은 보수를 약속하여 채용할 가능성이 크기 때문에 정부기관에서도 특별한 대우나 보상을 약속하지 않을 수 없고, 따라서 이를 위한 유인책이 중요해진다. 미군은 민간과 공공기관에 동시에 근무하는 것까지 허용함으로써 필요한 인재를 유인하고자 노력하고 있다(Department of Defense 2011, 11).

전문가 확보를 위해서는 자체적인 육성보다는 자유로운 영입에 중점을 둘 필요가 있다. 수년에 걸쳐 육성해나가는 제도를 적용할 경우 급변하는 시대상황에 효과적으로 대응하기 어렵기 때문이다. 정부 전반에 걸쳐서 특채제도를 적극적으로 마련 및 적용함으로써 그 당시 필요한 분야에 관하여 탁월한 전문성을 보유하고 있는 민간 전문가들을 즉각 발굴하여 활용할 수 있어야 한다. 이와 같이 개방적이고 유연한 채용과 해고를 보장하지 못할 경우 소수의 탁월한 인재를 활용하기는 어렵다.

인력양성과 연계되어 있을 뿐만 아니라 그의 전제가 되는 것은 사이버공간을 보호하거나 필요시에 적 사이버공간을 공격할 수 있는 기술을 발전시키는 것이다. 이를 위하여 국가와 군대는 사이버공간작전과 관련하여 전 세계적으로 개발되고 있거나 가용한 기술을 적시적으로 파악하고, 그러한 기술을 학습하거나 그러한 기술에 대응할 수 있는 방안을 도출하며, 나아가 독창적인 기술의 비중을 증대시키고자 노력하여야 한다. 사이버공간작전의 경우에는 기술의 진부화 속도가 워낙 빠르기 때문에 필요한 시기에 즉각적으로 개발하여 적용하는 데 중점을 둬야 한다. 이러한 점에서 미군은 속도, 점진적 개발, 절차와 규정의 생략, 감독의 비중 조절, 보안조치 개선 등을 고려하여 사이버공간작전에 관한 소프트웨어와 장비를 확보할 것을 강조하고 있다(Department of Defense 2011, 11).

사이버공간작전에 관한 기술의 발전을 위해서는 국가의 모든 가용자산을 최대한 활용할 수밖에 없다는 점에서 민간분야와의 적극적 협력을 모색하지 않을 수 없다. 정부와 군대는 대기업은 물론이고 기술적 우위를 갖고 있는 중소기업과도 적극적으로 협력하거나 필요한 지원을 제공함으로써 다른 국가보다 뛰어난 기술을 확보하는 데 최선의 노력을 기울일 필요가 있다. 다만, 사이버공간에 관한 장비나 프로그램을 외부(군대의 경우에는 민간 전체가 외부이고, 국가의 경우에는 다른 국가가 외부일 수 있다)로부터 구입할 경우에는 판매자가 악용을 위한 어떤 장치를 설치해두거나 고의적이든 사고로든 필요한 후속 서비스가 제공되지 않을 위험이 있다는 점은 유의하여야 할 것이다. 미군의 경우에도 사이버공간작전에 대한 기술개발에 있어서 외부제작의 필요성을 인정하면서도 그 위험성도 심각하게 고려할 것을 강조하고 있다(Department of Defense 2011, 3).

:: 결론

현대사회는 컴퓨터 없이 제대로 가동되기 어렵고, 따라서 사이버공간의 필수요소로 부상하고 있으며, 급기야 이의 보호가 국가안보 차원의 성격으로 격상되고 있다. 지금까지와 같은 사이버공간의 보안이나 정보보호 활동만으로는 그러한 비중에 제대로 대응하기가 어려운 것이 현실이다. 따라서 지상, 해양, 공중, 우주에 이은 다섯 번째의 공간으로 간주될 정도로 사이버공간의 비중이 커지고 있고, "사이버공간작전"이라는 용어가 대두되어 그 공간의 효과적 활용을 위한 의도적이면서 적극적인 느력을 강조하고 있다.

미국의 경우 백악관과 국방부 차원에서 사이버공간작전 수행과 대비에 대한 장기적이면서 체계적인 비전을 정립하였을 뿐만 아니라, 군 전략사령부 예하에 사이버사령부를 설치함으로써 이미 군사작전 차원에서 접근하고 있다. 영국과 이스라엘도 사이버공간작전의 대비에 적극적으로 나서고 있고, 중국의 경우에는 합참이 주체가 되어 사이버공격을 실제적으로 시행하고 있는 것으로 판단된다. 북한의 경우도 전통적 전력의 열세를 사이버공격과 같은 비대칭적 수단으로 만회하고자 노력하고 있다. 이에 비해 한국은 아직도 정보보호 차원으로만 사이버공간을 인식하고 있는 상태로서, 근본적인 인식의 전환과 정책적 발전이 요구되는 상황이다.

우선 법적인 측면에서 한국은 헌법의 개인 기본권 보장 조항을 융통성 있게 해석함으로써 사이버공간작전을 위한 법적 근거를 정비할 필요가 있고, 분산된 다수의 사이버공간작전 관련 법안을 하나로 통합하여 제정할 필요가 있다. 조직 측면에서는 사이버공간작전에 관한 국가단위의 의사결정기관과 그 의사결정을 실행할 수 있는 기관을 설치하고, 민·관·군의 노력을 통합할 수 있는 협조체제를 구축할 필요가 있다. 국방부는 사이버사령부의 기능을 적극적인 방향으로 확대한 상태에서 실제적인 작전수행부대를 창설할 필요가 있고, 이 분야를 담당하는 병과를 설정하거나 장기적으로는 별도의 군종(service)으로 격상시키는 문제도 염두에 둘 필요가 있다.

국민들에게 사이버공간 보호의 중요성을 계몽하고, "사이버 윤리"를 정립하여 구체적인 실천방안을 홍보하는 것도 중요한 과제이다. 또한 사이버공간작전에서는 소수의 천재적인 전문가들이 결정적인 역할을 수행하게 되기 때문에 개방적이고 유연한 충원제도를 적용하여 당시 상황에 맞는 민간분야의 인재를 적시적으로 확보할 수 있어야 한다. 사이버공간에 관한 기술이나 장비를 해외나 외부에서 개발할 경우 그것 자체가 악용될 위험이 있다는 점에서 자체 기술개발을 중요시할 필요가 있다.

앞으로 사이버공간이 중요해지지 않을 것으로 예상하는 사람은 없지만, 대비의 적극성과 적절성은 국가나 개인별로 다를 수밖에 없다. 위협이 가시화되기 이전에 필요한 사항을 심도 있게 분석하고, 체계적인 대비조치를 강구할수록 안전할 것이다. 그렇지 않을 경우 미리 대비한 국가나 개인으로부터 기습을 받고 나서 대비하는 어리석음을 범하게 될 것이다.

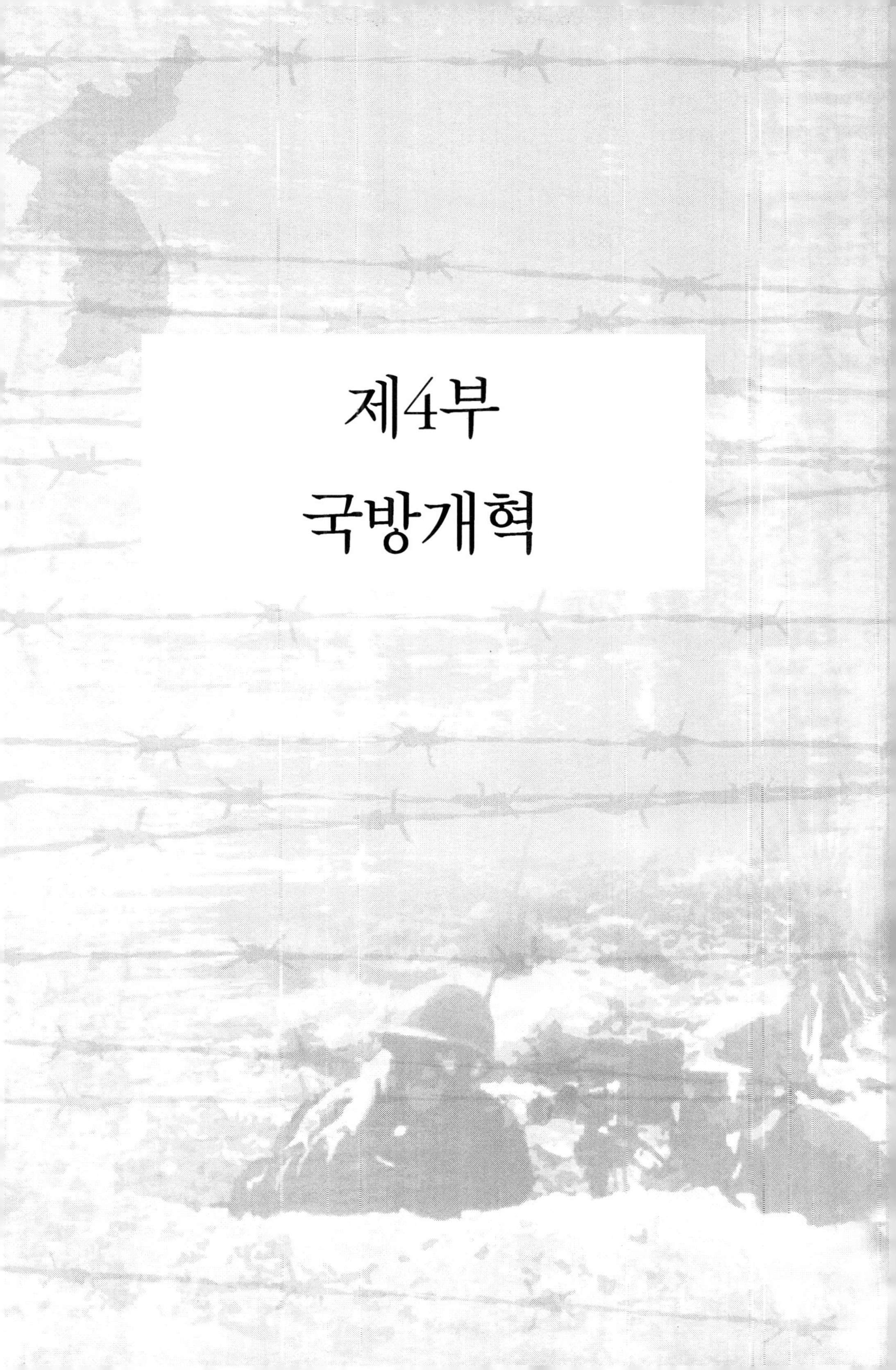

제4부
국방개혁

제10장
한국 국방개혁의 분석

　"국방발전"이라는 말은 생소한 반면에 "국방개혁"이라는 말은 익숙할 정도로 한국은 행정부와 군 수뇌부가 교체될 때마다 국방개혁을 추진해왔다. 그러나 국방개혁이 계속적으로 추진되어 왔다는 것은 추진했던 각각의 국방개혁이 제대로 구현되지 못하였다는 반증이다. 한국군 국방개혁의 대부분은 화려한 계획에 비해서 그 실천은 미흡하였다. 최근 추진해온 국방개혁 2020의 경우에도 2004년 7월에 윤광웅 국방장관이 취임하면서 시작되었지만, 성과분석이 제대로 이루어지지 않았고, 새로운 명칭의 계획과 청사진에 의하여 계속하여 대체되고 있으며, 목표연도는 점점 미뤄지고 있다.

　새로운 국방개혁을 추진하는 것도 중요하지만 과거의 사례를 살펴서 동일한 시행착오를 반복하지 않고자 노력하는 것이 더욱 중요할 수 있다. 그렇지 않을 경우에는 또다시 장밋빛 계획의 제시와 미흡한 구현을 반복하면서 성과를 거두지 못한 채 한국군은 관성적인 발전에만 의존할 가능성이 크기 때문이다. 한국이 추진해온 역대 국방개

혁에 관한 비판적인 분석을 통하여 실질적인 국방개혁의 추진을 보
장해야 할 것이다.

:: 한국의 역대 국방개혁 분석

● 추진 경과

한국은 자주국방을 위한 국방분야의 획기적인 변화를 추진하고자
지속적인 국방개혁을 시도해 왔다. 휴전선을 중심으로 남북한이 대치
하고 있는 현실과 주변 강대국들에 의하여 둘러싸인 지정학적 위치
로 인하여 항상 최선의 국방태세를 구비해야하였고, 국가의 규모가
제한됨에 따라 최소한의 비용으로서 최대한의 국방을 달성하기 위한
지혜가 필수적이었으며, 세계 최첨단의 전력을 구비하고 있는 미군과
연합방위태세를 형성함에 따라 미군의 발전된 내용을 적극적으로 수
용할 필요가 컸기 때문이다.

박정희 대통령 시대에는 자체의 군사력이 매우 제한된 상태에서
최소한의 자주국방력을 구비하고자 노력한 기간으로서 국방의 창조
라는 것이 더욱 타당할 정도로 광범위한 변화를 추진하였다. 1969년
닉슨 독트린(Nixon Doctrine)이 발표되어 미군의 무책임한 포기를 우
려하지 않을 수 없음에 따라 한국군은 "자주국방"을 기치로 내세웠
고, 이에 따라 1970년도부터 국방과학연구소를 설립하고, 총포 등 기
본화기의 국산화를 추진하기 시작하였으며, 1974년부터 "율곡사업"
이라는 명칭으로 체계적인 전력증강 사업을 시작하였다(국방부 1994).
대통령을 중심으로 군대, 그리고 정부기관이 합심하여 국방력 강화에

매진하였고, 그 결과로 상당한 성과를 달성하였다. 문제에 대한 정확한 파악, 최선의 추진방향 설정, 장기적인 계획의 수립 및 실천의 측면에서 이 당시의 노력은 국방개혁의 모범적인 사례로 인식될 정도로 체계적이었다. 국방에서 변화를 달성해나가는 과정만을 본다면 모범적인 방법론을 적용하여 의도한 만큼의 성과를 달성한 성공적 사례라고 할 수 있다.

전두환 대통령 시대에는 자주포, 한국형 전차, 장갑차, 주요 전투함정 개발, F-5 전투기의 기술도입 생산 등으로 율곡사업은 지속하였으나 국방 분야에 대한 근본적인 개혁에는 큰 비중을 두지 않았다. 일부 핵심요원들을 중심으로 군대를 일사불란하게 통제하는 데 관심을 가졌고, 실무적인 사항은 가급적 전문가에게 맡기는 형태였다. 박정희 대통령 시대부터 시작된 국방개혁의 정신과 방법론이 계승되어 기능하고 있었고, 계량적인 측면에서의 전력과 군인들의 사기 및 복지는 향상되었지만, 독자적 연구개발 정책은 후퇴시키는 등 군대의 미래지향적 발전에 대한 성과는 크지 않았다.

노태우 대통령 시대에는 전두환 대통령 시대와 전반적으로 유사한 분위기였지만, 박정희 대통령 시대에서 계승되어온 발전의 관성이 약해짐에 따라 개혁 차원의 근본적 변화 필요성을 절감하기 시작하였다. 따라서 헬기, 잠수함, F-16 전투기의 기술도입 생산을 통하여 경성요소 측면에서 질적인 발전을 추구함과 동시에, 1988년 "8·18 계획"(8월 18일 대통령이 지시)이라는 명칭으로 합참의 기능을 강화하기 위한 상부구조의 변화를 검토하기 시작하여 1990년 10월 1일부로 합참이 작전부대에 대한 지휘권을 행사하면서 각군에서 제기된 전력증강 소요를 종합하는 방향으로 변화시켰다. 이 계획은 각군 간 타협의 결과로서 원래의 의도에 미치지 못한 점은 있었지만, 어떤 형태로든 구현된 유일한 개혁안이었다고 평가될 정도로 실천된 것은 사실이다.

김영삼 대통령 시대에는 인적 청산을 시작으로 국방의 전반에 걸쳐 과거와의 단절을 시도하였다. 취임과 동시에 "하나회"라는 이름의 군내 사조직을 척결한 데 이어 국방개혁을 위한 모든 부대 및 장병들의 의견을 수렴하였고, 1994년 1월 국방제도개선위원회를 발족하여 국방태세의 전면적 개혁, 미래지향적 국방정책 발전, 국방업무의 투명성과 공정성 및 합리성 보장, 병무행정의 지속적 개혁, 생활개혁 등의 과제를 적극적으로 추진하였다(국방부 1994, 163). 부대구조나 무기체계의 현대화에서 벗어나 제도나 관행의 개혁을 추구하고 상향식의 의견수렴을 강조하였다는 점에서 다른 국방개혁에 비해서 합리적인 방법을 적용하였다고 할 수 있으나, 인적 청산을 통하여 새롭게 부상된 군 수뇌부들이 군대의 단결과 발전을 보장할 수 있는 비전을 제시하거나 솔선수범을 보이지 못함에 따라 의도대로 추진된 부분은 크지 않았다.

김대중 대통령 시대에는 남북한 화해협력의 시대에 부합되는 군대로 정예화시키고자 병력감축을 주된 목표로 국방개혁을 계획하였다. 1998년 4월부터 예비역 4성 장군을 책임자로 하는 "국방개혁추진위원회"를 설치하여 포괄적이면서 야심적인 국방개혁 청사진을 마련하였는데, 육군을 35만 명으로 감축하는 등 2015년까지 전체 군 규모를 40만~50만으로 감축하는 것을 목표로 설정하였고, 1군 사령부와 3군 사령부를 통합하여 "지상군작전사령부"를 창설하고자 하였으며, 2군 사령부는 후방작전사령부로 개편하면서 일부 군단을 통폐합한다는 방향을 설정하였다(김상범 2006, 113). 그러나 1997년부터 시작된 경제위기로 인하여 개혁을 위한 예산지원이 어려워지고, 병력 감축의 타당성에 대한 논란이 제기됨에 따라 군 내외의 충분한 공감대와 추진력을 확보하지 못한 채 계획수립 단계에서 중단되고 말았다.

노무현 대통령 역시 김대중 대통령 시절의 방향을 계승하였다고 할 수 있는데, 초기에는 국방부가 중심이 되어 "자주적 선진 국방"이라는 목표하에 "완벽한 국방태세 확립, 미래지향적 방위역량 구축, 지속적인 국방체제 개혁, 장병 복지·병영 환경 개선"의 중점을 선정하였고, 그 중에서도 "인사개혁, 국방조직 정비, 병역 및 예비역 제도 개선, 군 사법제도 개선, 군사력 건설의 효율성 제고" 등에 중점을 두어 포괄적인 국방개혁을 시도하였다(국방부 2003, 30-34). 그러나 그 성과가 미진하다고 판단한 정부는 2004년 7월 대통령의 국방보좌관이었던 윤광웅 국방장관으로 교체하였고, 이에 따라 대대적인 국방개혁 노력이 전개되었다. 윤광웅 국방장관은 "협력적 자주국방"이라는 용어를 통하여 전시 작전통제권 환수를 추진하면서 김대중 정부 시대에 발전시킨 내용을 바탕으로 "국방개혁 2020" 계획을 수립하였고, 법제화를 통하여 그의 장기적인 구현을 보장하고자 하였다. 다만, 법제화에는 성공하였으나 윤장관이 교체되면서 실제적 추진도 미뤄진 채 다음 정부에 인계하게 되었다.

이명박 정부는 이전의 노무현 행정부와는 근본적 성격이 다름에 따라 국방개혁 2020을 그대로 계승하기도 어렵고, 그렇다고 하여 법제화된 내용을 부정할 수도 없는 곤란한 상황이었다. 결국 명확한 방향을 설정하지 못한 채 기존 국방개혁 계획의 수정소요를 식별하는 데 시간을 보내다가 1년 4개월 후인 2009년 6월에 수정안을 발표하였다. 그러나 수정안은 국방개혁 2020에서 설정하였던 병력감축의 규모를 일부 조정하고, 국방예산의 가용성에 부합되도록 무기 및 장비 체계의 획득 기간을 연장하는 것 이외에 크게 차이나는 점은 없었고, 이 역시 그 구현은 수년 후에 시행하도록 되어 있어 즉각적인 실천 노력은 없었다.

2010년 3월 26일 발생한 북한 어뢰정에 의한 천안함 폭침과 2010년 11월 23일 발생한 연평도에 대한 북한의 포격으로 인하여 국방개혁은 전면적으로 재검토되는 상황을 맞게 되었다. 2009년 12월부터 활동해오던 "국방선진화추진연구회"가 대통령의 자문기관으로 지위가 격상되면서 국방개혁 전반에 관한 재검토의 비중을 강화하였고, 천안함 사태 이후에는 예비역 장성들을 중심으로 "국가안보총괄점검회의"를 소집하여 국방분야를 중심으로 국가안보 전반에 관한 사항을 점검하였으며, 그 결과를 바탕으로 새로우면서도 전면적인 국방개혁안을 마련하게 되었다. 그것이 2011년 3월 8일 발표된 "국방개혁 307 계획"으로서, 국방부는 "다기능·고효율의 선진국방 구현"이라는 슬로건과 함께 73개의 과제를 단기·중기·장기과제로 구분하여 제시하였다(국방부 2011). 특히 이 계획에서는 합동성 증진을 중요시하면서 그를 위한 조치로 국방부-합참-각군본부의 지휘관계를 조정하는 상부지휘구조의 개편을 핵심과제로 제시하였고, 이후에는 이를 둘러싼 논란이 국방개혁의 핵심으로 부상하였다. 다만, 상부지휘구조 개편을 위한 법률안이 2011년 5월에 국회에 송부되었으나 상부지휘구조 개편에 대한 예비역 장성들과 야당의 반대로 법률안으로 통과되지 못함으로써 이명박 정부의 국방개혁은 의도된 성과를 거의 거두지 못하였다고 할 수 있다.

- 분석

한국의 국방개혁은 수많은 청사진과 약속에도 불구하고 제대로 실천되지 못하였다고 판단된다. 그 원인은 다양하게 분석되고 있지만, 대체적으로 정치적 의제에 치중한 나머지 순수성이 미흡하였고, 군 수뇌부부터 국방개혁을 달성하겠다는 의지가 미흡하거나 취임 초기의 기세를 유지하지 못하였으며, 밀실에서 소수에 의하여 입안됨으로써 국방개혁에 대한 장병들의 공감대를 형성하거나 전문가들을 광범하게 활용하는 게 실패하였고, 상부지휘구조 개편에서 보듯이 구조개혁을 통한 변화관을 추구함으로써 실질성이 미흡할 수밖에 없었으며, 무엇보다 가용 예산에 대한 정확한 판단 없이 의욕만 앞세웠기 때문이라고 정리할 수 있다(박휘락 2005, 178). 이에 근거하여 지금까지의 국방개혁을 분석하면 다음과 같다.

정치적 의제에 치중: 한국군의 국방개혁은 대체적으로 정치적 구호나 정책의 변화에 좌우됨에 따라 추진력과 생명력이 약화되는 현상을 초래하였다. 박정희 대통령 시대에는 자주국방을 강조함에 따라 군대가 전문적인 분야에 집중하는 모습을 보였지만, 그 외의 정부에서는 정치적 구호를 지원하거나 구현하는 방향으로 국방개혁의 중점이 왜곡되는 현상이 발생하였기 때문이다. 예를 들면, 전두환 및 노태우 대통령 시대에는 국가발전을 위한 군대의 역할, 김영삼 대통령 시대에는 인적 청산, 김대중 대통령 시대에는 대북정책에 대한 지원, 노무현 대통령 시대에는 대미자주성 확보, 이명박 정부 시대에는 이전 정부와의 차별성 강조가 순수한 군사분야의 발전보다 우선시되었다. 따라서 표면적으로 주장하는 국방개혁의 내용들이 진정성을 갖지 못

하였고, 행정부가 바뀜에 따라 그 방향이 근본적으로 변경되는 악순환을 겪어왔다.

물론 국방 분야도 정치적인 상황과 무관할 수는 없고, 당연히 정치적 의제를 구현 및 지원하고자 노력하여야 하며, 정치지도자의 적절한 관심은 국방개혁에 중요한 역할을 한다. 그러나 당시의 정치적 의제에 지나치게 치중될 경우 전쟁수행과 직결된 본질적인 군사 분야에 대한 관심이 줄어들 수밖에 없고, 정권이 교체되어 시각이 달라질 경우 국방개혁에 포함된 다른 실질적인 내용의 타당성도 의심되는 상황이 반복될 수밖에 없다. 정치지도자가 군대의 국방개혁에 지나치게 개입하거나 군대의 전문성을 무시할 수 있고, 이로 인하여 국방장관 및 군 수뇌부들이 정치지도자의 의중을 추종하고자 노력하는 행태가 노출되는 것이다. 5년 주기로 행정부가 바뀔 때마다 새로운 계획의 국방개혁이 추진되어온 것 자체가 정치적 의제에 치중한 국방개혁의 취약성을 실증하고 있다.

군 수뇌부의 의지 미흡과 기세 상실: 한국의 국방개혁이 미흡한 원인으로서 가장 보편적으로 거론되는 것이 국방장관을 비롯한 군 수뇌부의 의지 미흡이다. 한국의 국방장관들은 개혁의 필요성은 열정적으로 강조하였지만, 이를 위한 계획의 수립과 시행은 국방개혁실과 같은 참모부서에게 위임하는 형태를 취함으로써 집중도가 높지 못하였다. 계획 수립을 지시받은 참모부나 추진기구에서 국방개혁의 목표, 청사진, 추진계획을 수립하여 장관에게 보고하면 장관이 새로운 지침을 부여하여 계획의 완성도를 높이는 형태로 업무가 진행되었고, 계획이 완성될 경우 국방장관은 정치권과 국회에 그것을 보고하면서 장병들에게 개혁의 철저한 이행을 당부하였고, 그러는 과정에서 국방장관이 교체되었으며, 또다시 동일한 과정이 반복되곤 하였다.

대부분의 국방개혁에서 국방장관을 비롯한 군 수뇌부들은 추진계획의 수립에 지나치게 많은 시간을 사용함에 따라 취임 초기의 기세를 제대로 활용하지 못하였다. 새로운 정부나 새로운 국방장관이 들어서면 모든 장병들이 주목을 하고 지시를 철저하게 이행하고자 노력하는 분위기가 생성되는데, 계획을 수립하느라 이 기간을 소모해버리고, 결국 주목도가 낮은 임기 후반에 계획을 발표하여 잠시 강조하다가 이임하게 되는 현상을 반복하였다는 것이다. 노무현 행정부의 경우에도 1년 반이 경과된 시점에서 실세로 불렸던 윤광웅 장관이 국방개혁 2020을 추진하였고, 그나마도 국방개혁법이 통과되기 이전에 윤 장관이 임기를 종료하게 되었으며, 결과적으로 계획을 완성하여 법제화만 시킨 상태에서 그 구현은 다음 행정부에 인계하게 되었다. 이명박 행정부에서도 1년 4개월이 지난 이후 국방개혁 2020 수정계획이 완성되었으나 그 시행이 지지부진하였고, 천안함과 연평도 사태 이후 국방개혁을 본격적으로 시행하고자 하였으나 이미 행정부의 임기가 종료되어가는 시점이어서 국회의 동의를 얻거나 추진력을 확보하기가 어려웠다. 한국 국방장관들의 평균 임기가 15거월 정도에 불과한 현실에서 이러한 방식으로 개혁을 성공시킨다는 것은 물리적으로도 불가능하다고 할 것이다.

공감대와 전문성의 미흡: 한국 국방개혁의 전형적 취약점의 하나는 국방개혁을 위한 청사진과 계획을 밀실에서 소수가 중심이 되어 작성하고, 폭넓게 공개하지 않음에 따라 개혁의 방향과 내용에 대한 공감대를 형성하지 못하였다는 것이다. 국방부에서조차 지금까지의 국방개혁이 "소수 인원이 계획하고 추진함으로써 개혁과제에 대한 공감대가 형성되지 못하여" 중도에 변경되고 추진이 중단된 경우가 많았다고 분석하고 있다(국방부 2003, 34). 국방개혁을 위한 대부분의 내용들이 비밀로 분류되어 충분히 전파되지 못하였고, 일단 계획이 확정되면 이에 대한 토론이나 비판이 제대로 허용되지 않는 분위기가 대부분이었다. 노무현 정부의 국방개혁 2020도 군 내부의 공감대가 불충분한 상태에서 추진되었고, 이명박 정부의 "307계획"의 경우에도 그에 대한 비판을 "항명"으로 다스리겠다는 언급도 있었다(조선일보, 2011/3/29). 장병들의 동참보다는 군 수뇌부가 주도하는 국방개혁의 형태였다고 할 수 있다.

한국군의 경우 군사이론에 대한 관심과 기초가 미흡함에 따라 국방개혁 계획 자체의 타당성이나 전문성도 충분하지 못한 경우가 많았다. "잠정위원회식 연구기능과 순환보직으로 잠시 머물다 떠나는 비전문적인 군 장교들에 의한 연구는 국방체계에 대한 전문적이고 포괄적인 시각을 처음부터 제한시켰다"는 비판이 그것이다(문광건·서정해·이준호 2004, 234). 외부에서 보면 국방개혁이 상당한 전문성과 논리성을 바탕으로 입안 및 추진되는 것으로 보일 수 있지만, 실제적으로는 일반적인 장교들로 구성된 어떤 임시조직이 주체가 되었고, 이들은 기존의 계획을 모방하거나 수뇌부의 지시를 수명하여 충족시키는 방식으로 업무를 수행하였다. 따라서 "국방 차원의 기획에 필수적인 요구사항인 지식 및 경험의 결핍으로 의사결정이 지연되거나, 계획이 되더라도 현실과의 수많은 타협으로 개혁의 본질이 변질되어 모처럼의 개혁에 대한 합의기반과 열의를 잃거나 귀중한 국방자원이 낭비되는 현상을 반복해왔다"고 평가되고 있다(문광건·서정해·이준호 2004, 230). 즉 담당하는 요원들의 전문성이 미흡함에 따라 이들에 의하여 입안된 국방개혁의 청사진과 계획은 논리성, 현실성, 설득력이 부족한 부분이 많았고, 결국 넓은 공감대를 형성하는 것이 어려웠다. 이명박 정부가 추진한 상부지휘구조 개편이 그의 전형적인 사례로서 최초에는 국방부의 강력한 의지에 의하여 어느 정도 추진되었지만 결국 시간이 갈수록 추진동력을 상실하게 된 것은 개편안 자체에 대한 논리적 타당성이 미흡하였기 때문이다.

구조 및 편성 변화 위주의 개혁 추진: 한국군이 추진해온 국방개혁에서 외형적으로 드러나는 특별한 현상 중의 하나는 모든 문제를 구조의 변화나 조직의 통·폐합으로 해결하고자 시도한 점이다. 한국의 모든 국방개혁어는 국방부·합참·각군본부 등을 비롯한 고급사령부 구조의 재조정, 그러한 사령부 본부의 편성 변화, 예하 부대의 형태와 수의 변화가 핵심을 차지하고 있다. 그러나 이 분야는 최선의 상태에 관한 평가도 시각에 따라 다르고, 변화를 시도하는 것 자체가 구성원들의 이해관계 상충과 갈등을 유발할 수 있는 어려운 과제이다. 따라서 그동안 제시된 수많은 구조 및 편성의 변화 방책이 열띤 논쟁만 유발하다가 결론도 내리지 못하거나 구현되지도 못한 채 중단되는 과정을 반복하였던 것이다. 구조문제가 근본적이라고 인식하기 때문에 그것이 토론되는 동안에는 다른 분야의 변화를 추진하는 것이 쉽지 않고, 따라서 계획했던 구조의 변화에 실패하면 전체 개혁도 실패하는 결과를 초래하였다.

효과적인 구조 및 편성만으로 전쟁에서 승리할 수 없는 것과 마찬가지로 구조 및 편성의 개선만으로 국방의 제반 문제를 해결할 수는 없다. 현대의 군대가 교리, 구조 및 편성, 무기 및 장비, 교육훈련, 인적자원 등을 "전투발전분야"(Combat Development Domain)라고 분류하여 종합적인 발전을 추구하는 것 자체가 구조 및 편성의 변화만으로는 전투력을 향상시킬 수 없기 때문이다. 한국군의 개혁 계획 중에서 유일하게 구현되었다고 하는 8·18계획에서는 육군 위주의 상부구조 변화가 모든 문제의 해결책이라고 하여 합참으로 하여금 작전부대를 지휘하면서 합동 차원에서 소요를 종합하도록 하였고, 그 당시에는 "40여 년 동안 풀지 못하였던 우리 군의 대개혁에 가깝기 때문에 '제2의 창군'이란 표현도 서슴없이 사용"(윤광웅 1990, 63)할 정도로 높게 평가되었지만, 최근의 "상부지휘구조 개편"에서는 그 구조가 근본적으로 잘못되어 있다고 인식하여 개편을 추진하고 있는 것이다.

예산 등의 현실적 요소 고려 미흡: 한국의 국방개혁에서는 예산 등을 비롯한 국방개혁의 현실적인 여건이나 국방개혁 추진에 따라 감수해야 할 위험을 제대로 고려하지 않은 점이 크다. 국방개혁의 화려한 청사진과 방향을 수립하고, "하면 된다"는 긍정적 사고로 추진해 나가는 것이 강조되었기 때문이다. 국방개혁 2020에서는 그나마 필요한 예산의 규모를 제시하였지만, 제시된 "621조 원"이라는 숫자는 개혁을 위한 예산이 아니라 2020년까지 예상되는 전체 국방예산의 규모였고, 그나마도 지나치게 낙관적인 예측에 근거한 숫자였다.

절박한 상황에서는 계획을 수립한 이후에 이를 구현할 수 있도록 예산을 확보해나가는 방법을 선택할 수도 있겠지만, 국가의 제반 체제가 제도화되고 자본주의 질서가 정착되어 있는 상황에서 예산 등의 현실적 요소를 고려하지 않은 상태에서 국방개혁을 성공시키기는 어렵다. 김대중 대통령 및 노무현 대통령 시대의 포괄적 국방개혁 계획이 시행단계에 들어가자마자 중단된 것은 모두 예산상의 제한 때문이었다. 어떤 경우에는 예산적인 제한을 충분히 인식하면서도 정치적이거나 개인적인 이해를 우선시하여 고의로 구현될 수 없는 거창한 국방개혁 계획을 발표한 사례도 없지 않았다.

:: 국방개혁 2020 분석

● 천안함 사태 이전

참여정부가 들어서면서부터 국방개혁을 중요한 국정과제로 포함시켜 추진하였으나 구현이 지지부진하자 2004년 7월 국방비서관의 임무를 수행하던 윤광웅 예비역 해군중장을 국방장관으로 발탁하였다. 그는 취임과 동시에 "과거 국방개혁의 미비점과 일부 분야에 상존하고 있는 구즈적·제도적 불합리성과 비효율성을 분석한 결과를 바탕으로" 국방개혁이 절박하다는 점을 강조하였고, 2005년 9월 1열 그 기본계획을 대통령에게 보고하고 국민들에게 공가하였다(국방부 2006, 36-37). 윤 장관은 행정부와 국방장관의 교체로 인한 개혁의 반복적 추진과 단절이라는 한국군의 고질적인 문제점을 방지하고자 프랑스의 사례를 참고하여 2020년까지의 장기 국방개혁 계획을 법률로 고정시키고자 하였고, 이에 따라 2006년 12월 1일 "국방개혁에 관한 법률"(이하 국방개혁법)이 국회를 통과하였으며, 그 계획은 "국방개혁 2020"으로 불리게 되었다.

국방개혁 2020은 그 추진중점으로서 "국방정책을 추진함에 있어서 문민기반의 확대, 미래전의 양상을 고려한 합동참모본부의 기능 강화 및 육군·해군·공군의 균형 있는 발전, 군 구조의 기술집약형으로의 개선, 저비용·고효율의 국방관리체제로의 혁신, 사회변화에 부합되는 새로운 병영문화의 정착" 등을 제시하고 있다(국방개혁에 관한 법률, 제2조). 또한 국방개혁법을 통하여 "국방개혁기본계획"을 대통령의 승인을 얻어 수립하도록 규정하였고, 국방장관 소속하에 "국방개혁위원회"를 설치하도록 명문화하였으며, 국방부 장관이 매년 대통령 및 국회에 전년도 국방개혁의 추진실적 및 향후계획을 보고하도록 의무화하였다.

2008년 2월에 출범한 이명박 정부는, 비록 국방개혁 2020의 의도에 대한 의구심(전시 작전통제권 환수의 명분으로 활용)을 지니고 있던 보수층의 지지를 바탕으로 출범하였지만, 큰 틀에서는 국방개혁 2020의 방향을 존중한다는 입장을 표명하였다. 국방부에 국방개혁실을 신설하여 문제점을 식별하여 적절하게 보완하고자 노력하였고, 2009년 6월 국방개혁 2020에 대한 수정안을 발표하였다. 수정안을 통하여 국방부는 2020년까지 가용하다고 판단되는 예산의 액수를 621조에서 599조로 조정하고, 병력의 규모를 50만(현재 64만 9,000명)에서 51만 7천 명으로 일부 증대시켰으며, 군단 및 사단의 감소 정도를 일부 완화시켰고, 정보보호사령부, 해외파병 상비부대 편성 등을 추가하였으며, 대신에 장거리 고고도 무인정찰기나 공중급유기 등은 일정을 연기하게 되었다(국방일보, 2009/6/29). 그러나 국방부가 고심하여 수정안을 만들어 발표하였지만, ≪조선일보≫의 경우 10면에 작은 분량으로 새로운 무기체계 확보에만 관심을 두어 보도할 정도로(조선일보, 2009/6/27) 국민적인 관심은 끌지도 못하였다.

국방개혁 2020은 최초의 거창한 계획에 비해서 지금까지 구현된 실적은 상당히 미흡하였다. 2020년까지 장기간에 걸쳐 추진되는 개혁 계획이기 때문에 중간에 전체적인 성과를 평가하는 것이 어렵기는 하지만, 국방부는 그동안 성과를 제대로 제시하지도 못하였다. 국방 개혁 2020이 추진된 이후 발간된『국방백서 2006』(2006. 12),『국방백서 2008』(2009. 2),『국방백서 2010』(2010. 2)에서도 국방개혁에 대한 준비와 기본방향은 언급하고 있으나 성과는 언급되어 있지 않고, 홍보용으로 발간한『국방개혁 국민과 함께 합니다』(2009년 7월)도 마찬가지이다. 그동안 통상적 업무수행을 통하여 발전된 부분을 제외할 경우 국방부가 "개혁"에 해당되는 변화를 추진하지는 못하였다.

국방개혁 2020을 추진한 이후 6년 정도가 경과하였으면 국방개혁법에서 추진중점으로 제시하고 있는 "문민기반의 확대, 합동참모본부의 기능 강화 및 육군·해군·공군의 균형 있는 발전, 군 구조의 기술집약형으로의 개선, 저비용·고효율의 국방관리체제로의 혁신, 사회변화에 부합되는 새로운 병영문화의 정착"을 위한 기반은 어느 정도 마련된 상태라야 하지만, 여전히 동일한 문제점이 계속 제기되고 있는 것은 그동안의 시정 노력이 실질적이지 못했다는 증거이다. 2009년 12월 국방개혁실에 민간인 교수 출신을 보직하고, 유사한 시기에 민간인을 중심으로 구성된 "국방선진화추진위원회"를 출범한 이유도 그동안의 개혁 추진이 만족스럽지 못하였기 때문이라고 할 것이다.

● 천안함과 연평도 사태의 영향

2010년 3월 26일 백령도 근해에서 북한 어뢰에 의하여 한국의 군함인 천안함이 폭침되고, 46명의 해군장병이 희생되었다. 한국 정부는 민군합동조사단을 구성하였을 뿐만 아니라 미국, 영국, 호주, 스웨덴으로부터도 수십 명의 요원들을 초청하여 객관적이고 과학적인 조사를 벌였고, 5월 20일 북한의 소행이라는 조사 결과를 발표하였다. 이에 근거하여 이명박 대통령은 2010년 5월 24일 전쟁기념관에서 대국민 담화문을 발표하여 북한의 만행을 규탄하고, 북한과의 교역 및 교류를 중단시켰으며, 북한 선박의 남한해역 운항을 허락하지 않을 것이고, 군의 대북 심리전을 재개할 것이며, 추가 도발 시 즉각 자위권을 발동할 것임을 강조하였다.

북한에 의한 기습적 천안함 폭침은 한국 국민들에게 국가안보의 절대적 중요성을 환기시키는 계기를 제공하였다. 화해협력 정책을 추진하는 동안에 다소 안이하게 생각하였던 북한의 위협이 실재하고 있음을 인식하게 되었고, 한국이 애써 이룩한 경제적 번영이나 남북한 협력사업이 하나의 군사적 충돌로 순식간에 무산될 수 있음을 깨닫게 해주었다. 천안함 폭침으로 전사한 장병들의 영결식을 치른 다음 날 주요 일간지 사설의 "다음은 대한민국 안보 새롭게 바로 세울 차례다"라는 제목처럼(조선일보, 2010/4/30) 천안함 사태는 안보 및 국방에 대한 국민적 관심과 우려를 증폭시켰다고 할 수 있다. 그 결과 이명박 대통령과 6월 27일 새벽(한국 시각) G20 정상회의 개최지인 캐나다 토론토에서 오바마 미국 대통령과 정상회담을 갖고 2012년 4월 17일로 예정되었던 전시(戰時) 작전통제권 전환을 2015년 12월 1일로 연기하는 것으로 합의하였다.

천안함 사태는 한국의 국방개혁에도 지대한 영향을 주었다. 유사한 사태의 재발을 방지하기 위해서는 군사대비태세의 격상이 불가피하다는 점을 국민들이 인식하게 되었기 때문이다. 따라서 이명박 대통령은 2010년 5월 4일 국방부에서 현직 대통령으로는 처음으로 전군 주요 지휘관 회의를 주재하면서 "강한 군대"를 주문하고, "작전도, 무기도, 군대 조직도, 문화도 바꿔야 한다"는 점을 강조하면서 대통령 직속으로 국가안보를 총괄 점검하는 기구를 구성하고, 대통령 안보특보도 신설하며, 청와대 내 위기상황센터도 위기관리센터로 개편한다는 사항을 발표하였다. 다수의 국민들도 이에 동의하여 2010년 5월 11일 조선일보 사설에서는 새롭게 설치된 국가안보총괄점검회의가 "각군 일선 장병부터 참모총장, 필요하다면 국군통수권자까지도 직접 만나 우리 국방의 문제점을 샅샅이 살펴야 한다. … 천안함 사태에서 3군의 합동성(合同性) 작전이 적시(適時)에 유기적으로 이뤄지지 않은 원인이 육군 위주로 이뤄진 합참의 구성에서 비롯된 것인지, 아니면 다른 이유가 있는 것인지 면밀히 짚어 대책을 내놓아야 한다. … 현(現) '김정일 북한 군부'에 상응하는 단기 안보 대책과 통일 이후까지 적용할 수 있는 장기 안보 대책을 조화시키되 예산 등 현실 여건의 한계 안에서 가능한 최대치(最大値)를 결과물로 내놓아야 한다"라고 주문한 바 있다(조선일보, 2010/5/11).

이러한 변화를 구현해 나가는 과정에서 발발한 연평도 사태는 국방개혁의 절박성을 더욱 강화하였다. 2010년 11월 23일 오후 2시 34분부터 3시 41분까지 북한은 해안포와 방사포를 동원하여 한국의 영토인 연평도의 군부대와 민간지역에 170정도의 포탄을 발사하였고, 이로 인하여 한국군 해병 2명이 전사하고, 16명이 중경상을 입었으며, 민간인 2명이 사망하고 다수의 부상자가 발생하였던 것이다. 한국군은 연평도에 보유하고 있던 K-9 자주포 6문을 사용하여 80발 정도를 사격하였으나 동굴진지에 있는 적 해안포에 대하여 곡사포는 한계가 있었고, 노출된 적 포진지에 대한 사격도 관측수나 항공기 등의 포탄유도가 불가능한 상황이라서 정확하지 않았으며, 사격하는 적 포의 진지를 탐지해내는 AN/TPQ-37 레이더도 로켓 추진인 방사포 진지 파악에는 제한사항이 많았다(국방부 2010, 266-267). 한국의 전투기가 출격하였으나 북한 해안포나 포진지에 대한 공격명령은 하달되지 않았다.

북한의 연평도 포격에 대하여 제대로 대응하거나 피해를 끼치지 못한 한국군의 무기력에 대하여 국민들은 강도 높게 비판하였다. 포격 이튿날 개최된 국회 국방위 청문회에서 국회의원들은 전투기로 포진지를 타격하지 않은 점, 최초의 대응사격이 13분이나 지체된 점, 자주포 사격도 80문 정도에 그친 점 등을 집중적으로 비판하였다(조선일보, 2010/11/25). 연평도 포격 이후 대통령의 첫 지시가 "확전되지 않도록 하라"라는 내용이었다는 비판이 제기되어 청와대가 해명하는 등 국가의 대응체계에도 문제가 있는 것으로 지적되었다. 결국 2010년 11월 25일 이명박 대통령은 연평도 포격의 책임을 물어 김태영 국방장관을 해임하게 되었고, 더욱 강도 높은 국방개혁을 추진해야 할 것임을 강조하게 되었다.

● 천안함과 연평도 사태 이후

천안함과 연평도 사태는 화해협력 정책을 추진하는 동안에 형성되어온 대북인식이 순진하였다는 점을 자각하도록 하였고, 국민들이 국방분야의 미흡함을 인식하여 질타하는 사태였지만 그 이후의 개선노력이 그러한 요구를 충족시켰다고 보기는 어렵다.

우선 천안함 사태의 경우 그로 인하여 기존 국방개혁 2020을 가속화하겠다는 논의보다는 국방개혁 2020을 수정해야 한다는 필요성이 대두됨으로써 국방개혁을 지체시킨 점이 있다. 이명박 대통령은 국가안보총괄점검회의를 소집하여 기존 국방개혁 2020 중에서 무엇을 어떻게 변화시켜야 할 것이고, 새롭게 추가되어야 할 의제가 무엇인지를 파악하고자 노력하였고, 그 과정에서 기존의 국방개혁 2020은 점점 추진동력을 상실하게 되었다. 실제로 국가안보총괄점검회의는 군제(軍制)의 전반적 전환과 같은 새로운 방향으로의 개혁 필요성을 제기하였고, 18개월까지 단축하도록 되어 있는 병력복무기간을 24개월로 환원시키거나 병력규모를 현행 수준으로 유지하거나 과거 비상기획위원회와 같은 위기 및 전시사태 관리 총괄기구를 창설하는 등의 15개 대과제와 54개 세부과제를 도출하여 이명박 대통령에게 보고함으로써(동아일보 2010/9/4) 기존 국방개혁 계획을 사실상 어렵게 만드는 결과를 초래하였다. 그래서 국가안보총괄점검회의가 대통령에게 보고한 다음날 어느 일간지는 "국방개혁 2020 백지화"라는 제목을 내걸었던(경향신문, 2010/9/4) 것이라 할 수 있다.

연평도 포격 이후에는 국방개혁의 방향이 더욱 복잡해졌다. 천안함의 충격이 채 가시기도 전에 맞게 된 연평도 포격은 더욱 획기적인 국방개혁의 필요성을 제기하였고, 따라서 국가안보총괄점검회의는 논의 수준에 불과하였던 군제의 변화를 전면에 내걸어 국민들의 변화 욕구를 충족시키고자 하였으며, 이로써 그동안 추진해온 국방개혁 2020의 세부적인 내용은 상당부분 변하게 되었다. 군정(군사력의 관리에 관한 사항)과 군령(군사력의 운영에 관한 사항)이 일치되지 못한 것이 한국군의 전투준비태세가 미흡한 근본적 원인이라고 진단한 상태에서 국가안보총괄점검회의의 건의를 받은 국방선진화추진위원회는 국방부-합참-각군본부 간의 소위 "상부지휘구조"를 변화시킬 필요성을 건의하였고, 이것이 대통령의 승인을 얻음으로써 이후의 국방개혁은 상부지휘구조 변화에 초점을 맞추게 되었다. 최초에는 "합동군사령부"를 창설하는 방향으로 제시되었으나 위헌시비가 제기될 수도 있다고 하여 대신에 합참의장에게 부분적인 군정권을 부여함과 동시에 각군 참모총장에게 기존의 군정권에 추가하여 군령권을 부여하는 방향으로의 변화를 추진하게 되었고, 2010년 3월 8일 국방부에서는 이것을 "국방개혁 307"계획이라는 이름으로 발표하게 되었다.

"국방개혁 307 계획"의 경우 최초에는 상당한 의지와 강도로 추진되었으나 시간이 흐르면서 추진동력이 약화되었다. 계획을 통하여 강조하였던 합동군수사령부나 합동교육사령부도 현실성이 미흡한 것으로 판명되었고, 핵심적인 내용으로 추진하였던 상부지휘구조 개편의 경우에는 예비역과 국회의 반대로 이를 구현하는 데 필수적인 법안의 국회 통과가 계속하여 지체되었으며, 그 과정에서 다른 국방개혁 과제들도 제대로 추진되지 못하였다. 합동군사대학을 창설한다는 계획은 법률적인 변화가 필요하지 않아 추진되었으나 그 실효성에 관해서는 군 내외의 비판이 적지 않은 상태이다. 결과적으로 볼 때 천안함 및 연평도 사태는 국방개혁의 실천을 지체시키고, 기존의 국방개혁 2020계획을 대폭적으로 수정하도록 만들었다.

:: 미군의 변혁과 9/11 테러

천안함과 연평도 사태 이후 한국군은 그동안 애써 추진해온 국방개혁 2020을 오히려 지체시켰지만 미국의 럼스펠드(Donald H. Rumsfeld) 국방장관은 변혁(Transformation)을 추진하는 과정에서 9/11테러가 발생하자 오히려 이를 활용하여 기존의 변혁을 가속화하였다. 이러한 점에서 한국 국방개혁의 성공을 위해서는 미군의 사례가 유용한 참고자료일 수 있다.

● 9/11 이전 미군 변혁의 경과와 방향

부시 행정부의 럼스펠드 미 국방장관은 클린턴(Bill Clinton) 행정부 시절부터 제기되어온 군사분야혁명(RMA: Revolution in Military Affairs)을 변혁이라는 슬로건을 통하여 구현하고자 하였다. 그는 취임과 더불어 국방부 내의 민간관료, 예비역, 군인, 민간인 등으로 다수의 위원회를 구성하여 쟁점이 되는 사항들을 포괄적으로 검토하도록 하였고, 검토결과를 종합하여 2001년 6월 21일 상원 군사위원회에 변혁의 추진 필요성과 그 방향을 보고하였다(Rumsfeld 2001). 이 보고에서 럼스펠드 장관은 미래 위협은 불확실하다는 논리를 강조하면서, 기존 2개 주요전구(MTW: Major Theater of War)전략(미국은 2개의 전쟁이 동시에 발생하더라도 승리할 수 있는 규모의 군사력을 유지해야 한다는 논리)의 위험성을 비판하고, "능력기반 국방기획"(capabilities-based planning)[34])으로 변화되어야 한다는 점을 강조하였다.

미 국방변혁의 기본적인 방향과 과제는 2001년 9월 30일 미 의회에 제출한 "2001년 QDR"을 통하여 체계화되고 공식화되었다. 이 문

---

34) 군사력 증강의 소요(requirements)는 통상적으로 존재하는 위협에 효과적으로 대응할 수 있는 양과 질을 기준으로 하는데, 이것을 위협기반 기획(threat-based planning)이라고 한다. 다만, 그러한 위협이 불명확하거나 지나치게 많을 경우에는 어떠한 위협이 대두하더라도 대응할 수 있는 우리의 "능력"을 구비하는 데 초점을 두는 데 이것은 능력기반 기획이라고 한다. 자세한 내용은 박휘락, 2008a, pp. 71-77 참조.

서는 9/11 테러 이후 19일이 지난 시점에서 보고된 것이지만, 그 내용은 9/11 이전에 이미 완성된 상태였다. 여기에서 미군은 "동맹 및 우방국을 확신시키고, 미래군사경쟁국을 단념시키며(Dissuading future military competition), 미국의 국가이익에 대한 위협과 강압을 억제하고, 억제실패 시 어떤 적이라도 결정적으로 격퇴한다"는 4가지 국방정책목표(Defense Policy Goals)를 정립하여 제시하였고, 이 중에서 미래 군사경쟁국을 단념시키기 위하여 변혁이 필요하다는 점을 강조하였다(Department of Defense 2001, 11). 또한 "미국본토와 해외기지의 보호, 효과적인 정보작전(information operation) 수행, 원거리 전역에 대한 군사력의 투사와 유지, 적 근거지의 거부, 우주체계와 그 지원시설의 능력과 생존성 향상, 정보기술과 혁신적 개념의 활용" 등 6가지 작전적 목표(Operational Goals)를 통하여 미군이 변화해 나가야 할 중점을 제시하였다(Department of Defense 2001, 30).

미군은 부시 행정부가 출범한 수개월 동안 "세계의 평화와 안정을 지탱하는 데 필요한 미국의 전략적 위치를 유지하기 위하여, 미국의 유리점을 확대하면서 비대칭적 취약점을 보호할 수 있는 방향으로, 개념(concepts), 능력(capabilities), 사람(people) 및 조직(organizations)들을 새롭게 결합하여, 군사적 경쟁과 협력의 변화를 형성해 나가는 과정"(Department of Defense 2003, 3)으로 정의한 변혁을 추진하기 위한 검토 및 준비 작업을 진행하였고, 그의 청사진을 완성한 상태에서 9/11 테러라는 예상하지 않던 사태를 맞았다.

● 9/11 이후 미군 변혁의 추진과 성과

럼스펠드 미 국방장관은 변혁을 추진하는 초기에 9/11 사태가 발생하였지만, 그것이 변혁의 가속화를 요구한다면서 변혁과 대테러전쟁을 병행할 것을 강조하였고, 실제로 그와 같은 방향으로 미군은 노력하였다. 2002년에는 대테러전쟁의 즉각적인 수행으로 관심이 다소 분산되었다고 할 수 있으나 바그다드를 점령하고 후세인을 체포하여 2003년 5월 주요전투작전에서의 종료를 선언한 이후부터는 변혁에 노력을 더욱 집중하기 시작하였다. 미 국방부에서는 2003년 4월『변혁 계획수립 지침』(TPG: *Transformation Planning Guidance*)을 발간하여 예하 기관 및 부대에 하달하였고, 2003년 가을『근사변혁: 전략적 접근』(*Military Transformation: A Strategic Approach*)과 2004년 10월『국방 변혁의 요소』(Elements of Defense Transformation)를 작성하여 전파하였다. 이후부터 변혁은 미군의 "유행용어"(buzz words)가 되었고, 과거와는 "다른 시각"(outside the box)에 의하여 군대를 진단하고 발전시켜야 한다는 의식이 확산되기 시작하였으며, 국방 분야에 대한 모든 시각, 정책, 전략, 제도 등이 개선되기 시작하였다.

그 결과 미군은 군사력 기획 방식에 있어서 "능력기반 국방기획" 저도를 전면적으로 도입하였고, "진보적 획득"(EA: Evolutionary Acquisition) 또는 "나선형 개발"(SD: Spiral Development)의 개념을 설정하여 온벽성보다는 신속성을 강조하였다. 기존 2 MTW 전략을 보완하여 "1-4-2-1"의 명칭으로 새로운 세계차원의 군사력 운용개념을 정립하였고, 국토방위(Homeland Defense) 임무를 수행할 북부사령부(North Command) 창설 등 사령부 체제를 전면적으로 개편하였으며, 소련과의 대탄도탄

조약을 일방적으로 폐기하면서까지 미사일방어망을 구축하기 시작하였다. 효과기반작전이나 네트워크중심전 등을 바탕으로 다양한 군사작전 수행개념을 발전시켰고, 원정군의 형태로 군대를 재편하는 가운데 육군의 경우 여단전투단(BCT: Brigade Combat Team)으로의 모듈화를 추진하였다. 군대 운용에 있어서도 효율성 향상을 위한 대폭적인 제도개선을 추진하였고, 전투근무지원 및 전투지원 업무의 상당 부분을 "사설군사회사"(PMC: Private Military Company)를 통하여 해결함으로써 전투원의 개념 자체를 바꾸었으며, 현역과 예비군 이외에 군무원과 계약원도 "총체전력"(Total Force)에 포함시키는 방향으로 군대의 외연을 확대하였다(박휘락 2008a, 100-122).

미 국방부 내부문서라는 한계가 있지만, 2006년 QDR에서 미군은 그동안 추진해온 변혁의 타당성을 강조하고, 변혁을 통하여 달성한 성과를 일목요연하게 정리하여 제시하고 있으며, 앞으로도 지속해 나갈 것임을 천명하고 있다(Department of Defense 20065). 2006년 국방과학이사회(Defense Science Board)에서도, 럼스펠드 국방장관의 변혁 노력은 주요전투작전 수행 능력에 대해서는 "혁명적 진전"(revolutionary progress)을 이룩하였거나 이룩하는 도중에 있다고 평가하였고(Office of the Under Secretary of Defense for Acquisition, Technology and Logistics 2006a), 2006년 국방부의 자체 성과 측정에서도 변혁을 중심으로 설정한 66개의 목표 중에서 42개가 목표를 초과 및 제대로 달성한 것으로 평가한 바 있다(Department of Defense 2006b, 30). 그 방향의 타당성에 대해서는 견해가 다를 수 있지만, 럼스펠드 장관이 짧은 시간에 상당한 변화를 일으킨 점만은 분명하다고 할 것이다.

● 미군 변혁에 대한 9/11 테러의 영향

2001년 9월 11일 감행된 미국에 대한 항공테러는 새로 시작된 미국방변혁의 추진에 있어서 결정적인 기폭제로 작용하였다. 누구도 항공기에 의한 그와 같은 테러를 예측하지 못하였다는 점에서 국민과 군인들 모두가 21세기 새로운 위협의 대두 가능성과 그에 따르는 변화의 절박성을 피부로 인식하게 되었고, 럼스펠드 장관이 주장한 "불확실성"(uncertainty)과 적을 단념시키기 위한 압도적 군사력 증강의 논리에 공감하게 되었기 때문이다. 그 이후 아프가니스탄과 이라크에서 군사작전을 수행하는 과정에서 다양한 새로운 형태의 적을 직면하게 되면서 미군은 새르운 무기 및 장비, 현대적 군사작전 수행개념과 교리, 새로운 부대 구조 등을 적극적으로 개발, 시험, 검증하게 되었다.

9/11 테러는 미 국방변혁의 방향보다는 속도에 더욱 큰 영향을 미쳤다. 2001년 9월 11일에 테러가 발생하였음에도 예정된 9월 30일에 수정 없이 QDR을 보고한 것 자체가 9/11 테러가 국방변혁의 기본방향을 바꿀 정도는 아니라는 인식을 반영한 것으로 볼 수 있고, 2001년 QDR에서 미군이 제시한 4가지의 국방정책 목표나 6가지의 작전적 목표도 범세계적 대테러전을 수행하는 과정에서 전혀 변화하지 않았다. 대신에 앞에서도 언급한 바와 같이 추진 속도에는 상당한 영향을 미쳤는바, 럼스펠드 장관은 9/11 직후 국방부에 군사력변혁실(OFT: Office of Force Transformation)을 설치하였고, 극방부에서 다양한 형태의 문서를 하달하여 변화의 철학과 방향, 그리고 변화를 위한 세부적인 지침을 하달하였으며, 각군 및 기관들로 하여금 나름대로의

변혁을 위한 추진계획(roadmap)을 작성하도록 하였다. 럼스펠드 장관은 새로운 사고를 바탕으로 한 즉각적인 실천과 성과를 강조하였다고 할 수 있다.

9/11 테러는 미래의 불확실성에 대비해야 한다는 논리를 강화함으로써 변혁을 위한 미군의 대대적인 노력을 정당화하고 예산확보를 가능하게 하는 명분으로 작용하였다. 럼스펠드 장관이 변혁을 추진하는 과정에서 최우선적으로 강조한 것이 기존 2MTW 전략과 같은 고정적인 각본에 의존하는 사고방식의 타파였는데, 9/11 테러는 미국 본토에 대한 위협을 실감하게 함으로써 그의 수정과 럼스펠드의 시각에 대한 공감대를 형성시켜 주었다. 럼스펠드 장관은 2MTW 전략은 "기대의 빈곤"(a poverty of expectation)'--즉 가능성이 있는 위협보다는 익숙한 위협에 통상적으로 집착하는 현상--에 지배되었고, 시나리오 이외의 다른 위협들에 대한 대응태세 수립을 등한시하도록 하였다고 비판한 바 있다(Rumsfeld 2001). 따라서 미군들은 새로운 방향으로의 변화를 적극적으로 추진하게 되었고, 의회와 국민의 지지를 확보할 수 있었다.

9/11 테러라는 미증유의 사태로 미국이 혼란에 빠졌을 때 럼스펠드 장관이 보여준 과단성 또한 럼스펠드 장관에 대한 국민적 지지와 행정부 내에서의 위치를 결정적으로 격상시켰고, 국방변혁을 추진하는 데 도움을 주었다. 미증유의 사태를 맞이하여 혼란스러운 상황에서 럼스펠드 장관이 취한 과감한 조치와 단호한 입장 표명은 그의 정책에 대한 신뢰를 높이게 만들었고, 이라크 공격 후 3주 만에 바그다드를 함락하게 되자 럼스펠드 장관은 더욱 강력해진 영향력으로 변혁을 추진할 수 있게 되었다. 어떤 학자는 럼스펠드 장관은 9/11 테러

이전에는 국방변혁의 방향을 토론하는 과정에서 장군들과 마찰을 빚었으나 9/11 테러 이후에는 확고한 리더십을 보유하게 되었다면서 "럼스펠드 장관은 훌륭한 국방장관(secretary of defense)은 아니었지만 탁월한 전쟁장관(secretary of war)이다"라고 평가하기도 하였다(Cohen 2002, 33).

럼스펠드 국방장관이 변혁을 추진하는 초기에 9/11 테러가 발생하였기 때문에 그것이 미 국방변혁의 방향을 어느 정도로 변화시켰는지를 분석하기는 어렵다. 9/11 테러가 없었을 경우와 있었을 경우를 모의해볼 수 있다면 두 가지에서 상당한 차이가 존재할 가능성이 높다. 그럼에도 불구하고 9/11 테러 당시에 미군 수뇌부들은 그것이 기존의 국방변혁 방향을 근본적으로 재검토해야 할 상황이라고는 판단하지 않았고, 오히려 더욱 신속하면서도 과감하게 변혁해야 한다는 상황적 요구로 해석하였다. 2001년 11월 미 국방부 전력변혁실의 책임자로 임명된 세브로스키(Arthur K. Cebrowski) 예비역 중장(해군 제독)은, 9월 11일 테러는 미군의 변혁에 대하여 절박성(sense of urgency)을 증대시켰고, 미국이 소홀히 하는 분야를 잠재적 적이 이용할 가능성으로 인하여 미군의 능력기반을 넓혀야 한다는 증거를 제시했으며, 미군이 기민성(agility)을 더욱 증대시켜야 함을 요구하였다고 평가한 바 있다(Cebrowski 2001).

9/11 테러와 그 이후 미군이 수행한 대테러전쟁이 국방변혁을 위한 노력과 자원을 분산시켰을 가능성도 없지는 않다. 그것이 어느 정도인지를 판단하기는 어렵고, 변혁을 위한 노력과 대테러전 수행을 위한 노력을 구분하는 것도 쉽지는 않지만, 미래지향적인 측면에서 변혁에 투자될 수 있었던 재원의 일부가 당장의 대테러전쟁 수행을 위하여 전용되는 것은 불가피하였을 것이다. 미국의 경우 9/11 사태 직

후에는(FY01-FY02) 대테러전 수행을 위한 기존 국방예산에다가 최소한의 긴급예산만을 편성하여 사용하였지만, FY03부터는 긴급예산을 대폭적으로 증대시켰고, 그 결과로 FY07부터는 긴급예산이 전체 국방예산의 1/4(FY07의 경우 전체 국방예산 5,980억 달러에서 대테러전을 위한 긴급예산은 1,600억 달러 정도)을 차지할 정도가 되어 국방예산의 추가적인 증대를 어렵게 하거나(실제로 FY03부터 기존 예산의 증대율이 급격하게 저하되었다) 계획적 사용을 저해시키게 되었다.

요약하면, 미군의 경우 9/11 테러로 인하여 비정규적 위협을 지나치게 강조하면서 변혁을 위한 노력과 자원을 대테러전 수행으로 전용한 점은 있었으나, 9/11 테러는 변혁의 필요성을 국민 및 장병들에게 설득시키는 결정적인 계기가 되었고, 대테러전 수행과 예방을 명분으로 하여 식별된 다수의 과제들을 신속하게 구현할 수 있었다고 판단된다. 미군의 9/11 테러는 전반적으로 볼 때 미군의 변혁을 가속화시키는 호기로 작용하였다고 할 수 있다.

:: 바람직한 국방개혁 추진방향

어떻게 하면 한국의 국방개혁이 성공할 수 있을 것이냐에 대한 처방을 제시하는 것은 쉽지 않다. 기본적으로는 지금까지 잘못된 점을 반성한 바탕 위에서 미군의 변혁이 제시하는 실천과 신속성을 가미하는 것이 중요하다고 판단되나 그것만으로 충분하다고 확신할 수는 없다. 구체적인 방법론보다는 접근방식을 중심으로 변화가 필요한 사항을 제시하면 다음과 같다.

● 국방개혁 목적의 순수성 유지

지금까지의 한국 국방개혁은 정치적 의제에 의하여 촉발되거나 그에 의하여 선도됨으로써 국방개혁의 중점이 흐려진 점이 있다. 행정부가 교체될 때마다 국방개혁의 방향과 계획이 변경된 데서 알 수 있듯이, 미래지향적 군대 건설과 직접적 관련을 갖지 않는 분야의 비중이 크거나 그러한 것으로 오해될 경우 궁극적인 성공을 기약하기 거렵다. 전쟁이 발생할 경우 싸워 이길 수 있는 군대의 육성이라는 순수한 목적을 중심으로 변화의 방향과 추진 과제들이 설정되어야 한다. 정치권에서도 정치적 시각이나 의제를 포함시키지 않도록 자제하는 가운데 미래전의 준비, 억제, 수행 태세 향상에 중점을 두어 국방부의 청사진과 계획을 검토하고 필요한 사항을 반영 및 보완하도록 주문할 필요가 있다. 군 전문직업주의(professionalism)[35]에 근거한 국방개혁일 필요가 있다.

● 변화의 실천과 신속성 중시

지금까지 대부분의 행정부와 국방장관은 시작 초기에 상당한 시간을 들여서 체계적이면서 포괄적인 국방개혁 계획을 작성한 다음에 그에 근거하여 장기적인 차원에서 점진적으로 국방개혁을 추진하고자 하였다. 이상적으로는 이것이 최선일 수 있지만, 행정부별 연속성이 그다지 크지 않고 국방장관의 임기가 제한되는 한국의 상황에서는 그렇지 않다는 것이 입증되었다고 할 수 있다. 이제는 검토와 계

---

35) Samuel P. Huntington은 민주주의 시대의 민군관계는 객관적 문민통제(objective civil-military relations)가 되어야 한다면서, 이를 위한 조건으로서 군대는 정치적 중립을 지키는 가운데 정치권에서는 군대의 전문직업주의를 인정할 것을 요구하고 있다(Huntington 1957, 80-84).

획수립에 소요되는 시간을 가능한 한 단축하는 가운데 실천의 속도를 높여야 한다. 미국의 럼스펠드 국방장관이 6년이 채 되지 않는 기간에 나름대로의 가시적인 변화를 초래한 것은 신속한 추진을 지속적으로 강조 및 독려하였기 때문이다. 아래 <그림 3>의 그림에서 보듯이 B곡선보다 A곡선을 더욱 중시함으로써 변화의 속도를 높이고, 그러함으로써 어느 시점에서 변화가 중단되더라도 다소간의 성과가 남아 있도록 하는 측면을 중요시할 필요가 있다.

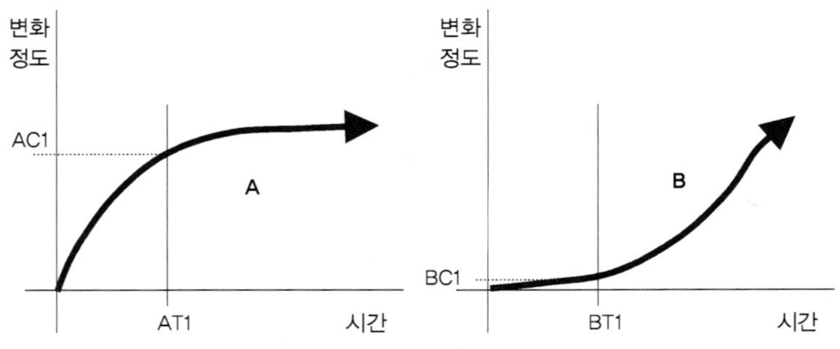

출처: 박휘락 2008b, 92.

그림 3 ▶ 국방개혁의 속도에 관한 대조적 방식

● **장병들의 동참 보장**

당연한 사항이지만 국방개혁의 성공을 위해서는 모든 장병들의 적극적 동참을 보장하는 것이 기본적인 요건이다. 국방개혁은 군 수뇌부만의 노력이나 한순간의 집중적 변화로 완성될 수 있는 것이 아니기 때문이다. 특히 지금까지 그러했던 바와 같이 개혁을 위한 계획이 완성되고 난 이후에 이를 장병들에게 설명하여 동의를 요구할 것이 아니라 계획을 수립하는 과정에서부터 장병들의 의견을 광범하게 수

렴하거나 장병들의 동참 정도를 강화할 필요가 있다. 군 수뇌부나 소수의 엘리트가 아닌 모든 장병들을 국방개혁의 주체로 인식한 상태에서 그 방향과 내용에 대한 의견을 구하고, 정립된 바를 적극적으로 설명하며, 그 결과로써 모든 장병들이 주인의식을 갖고 참여하도록 만들 필요가 있다.

또한 현대적인 국방개혁의 성공을 위해서는 정부 차원에서 적극적으로 지원하고 감독할 필요가 있다. 국방개혁에는 상당한 국가예산이 투입되어야 하고, 법적으로 검토 및 보장되어야 할 사항도 적지 않으며, 다른 분야에 영향을 끼치거나 지원을 받아야 할 부분도 적지 않을 것이기 때문이다. 미군의 합동성 향상에는 1986년 제정한 Goldwater-Nichols 법안이 결정적인 기준으로 작용하고 있는 바와 같이 필요할 경우에는 국회에서 적극적인 입법활동을 통하여 국방개혁의 방향을 지도할 수도 있다. 한국이 최근에 학습하고자 노력해온 미국이나 프랑스의 경우를 보면 현대의 국방개혁은 정부와 국회가 지도하고 군대가 추진하는 형태로 진행된다.

나아가 현대의 국방개혁에는 국민들의 동참도 중요하다. 현대전이 총력전이라는 시대적 당위성 측면에서도 그러하지만, 국민적 합의 없이는 국방개혁 추진을 위한 예산을 확보할 수가 없기 때문이다. 따라서 국민들에게 국방개혁의 기본적인 방향을 적극적으로 설명하고, 가용한 자료를 수시로 공거하며, 필요할 경우 국민들의 의견도 폭넓게 수렴할 필요가 있다. 비밀로 분류하는 사항을 최소화함으로써 군대와 국민들의 간격을 좁힐 수 있어야 한다.

동시에 전문가들을 적극적으로 발굴하여 활용하면서 군대의 전반적인 전문성 향상을 중요시할 필요가 있다. 전문가나 전문성 없이는 개혁이 필요한 분야의 질적인 격상을 보장할 수 없기 때문이다. 전문 가를 중요하게 생각하고, 이들을 적시적으로 활용할 수 있도록 인사 에 관한 규정이나 절차의 융통성을 증대시킬 필요가 있다. 인사적인 편의와 형평성이 군대의 전문성을 약화시키지 않도록 유의할 필요가 있다. 필요할 경우 민간분야로부터도 전문성 있는 인재를 적극적으로 발굴할 필요가 있다.

● 운영적 분야 개혁에 대한 비중 증대

지금까지 한국군은 군 구조 및 편성의 변화를 위주로 하는 국방개 혁을 추진한 결과 실질적인 성과를 획득하지 못한 점이 있었다. 지금 까지의 국방개혁 사례에서 학습한 바와 같이 구조 및 편성의 변화는 성과도 거두지 못하면서 내부적인 갈등만 초래할 가능성이 크다. 새 로운 구조로의 변화가 그러한 변화의 과정에서 초래되는 혼란과 비 용을 훨씬 초과한다는 확신이 있기 전까지는 당분간 구조 측면의 개 혁을 의도적으로 회피하고자 노력할 필요가 있다. 구조적인 미흡성은 구성원들의 운영의 지혜로 극복할 수 있는 부분이 적지 않다.

대신에 군대 운영의 제반 사항을 실질적으로 개선해 나가는 데 중 점을 둘 필요가 있다. 국방개혁은 어떤 내용의 개혁을 추진하였다고 하여 이룩된 것으로 평가되는 것이 아니라 발전과 개선을 위한 모든 장병들의 노력이 결집되어 개혁이라고 불릴 정도의 변화가 나타날 때 후세에 들어서 그렇게 평가하는 것이다. 따라서 모든 지휘관 및 장병들에게 자신의 업무를 더욱 효율적이면서 미래지향적으로 수행 하도록 하고, 그 결과 군대의 전반에 걸쳐서 바람직한 방향으로 변화가 누적되도록 할 필요가 있다. 특히 덜 필요한 분야에서 예산을 절약하여 더욱 필요한 분야에 집중적으로 투자할 수 있어야 한다.

국방개혁의 선결과제라고도 할 수 있을 정도로 중요한 사항은 장병들의 의식 및 문화의 개선으로서, 이러한 것들이 변화되지 않는 한 새로운 방향으로의 변화나 그러한 변화의 지속은 어렵다. 모든 장병들이 현 시대의 변화를 확실하게 인식하고, 그에 부합되도록 상호 존중하며, 권한을 위임하고, 형식보다는 실질을 중시하는 의식을 생활화하지 않는 한 국방개혁은 지속되지 않는다. 이러한 의식을 바탕으로 선진화된 군대문화를 확립하게 된다면 국방개혁이라는 말을 사용하지 않더라도 군대는 자연스럽게 발전해 나갈 것이다.

추가적으로 국방개혁 차원에서 특별한 관심을 기울여야 하는 분야가 있다면 그것은 교육이다. 교육이야말로 의식 및 문화의 장기적인 변화를 보장하는 근본적이면서 기초적인 노력이고, 개혁의 주체인 사람을 변화시키는 활동이기 때문이다. 양성교육에서부터 모든 재교육 과정에 이르기까지 군대의 교육체계를 근본적으로 검토하여 체계화하고, 합동성이나 연합작전 능력과 같이 현 시대에서 요구하는 분야를 집중적으로 교육하며, 모든 장병들의 업무수행능력을 함양시킬 수 있어야 한다. 교육분야는 장병, 정치권, 국민들의 지지를 획득하기 쉬우면서도 군대의 장기적인 발전을 보장할 수 있는 최선의 증점일 수 있다.

● 개혁방법론 개발 노력 강화

지금까지 한국 국방개혁에서는 변화시켜야 할 대상을 식별하는 데 노력을 집중한 측면이 있었고, 결과적으로 수립된 계획을 실제적인 구현으로 연결시키는 데 취약한 점이 적지 않았다. 이제는 무엇을 개혁할 것인가보다는 어떻게 개혁할 것인가에 더욱 중점을 두고 국방개혁에 관한 제반 사항을 토론할 필요가 있다. 구현을 위한 전략을 개발하고, 최선의 것을 선택하여 실제적인 변화를 달성하는 데 논의를 집중할 필요가 있다. 이전의 성공사례, 다른 국가의 경우, 행정이나 기업경영 분야에서 사용되는 실천적인 방법론을 적극적으로 학습하여 적용할 필요가 있다. 법으로까지 제정하였지만 국방개혁 2020이 성공하지 못하였듯이 실사구시적인 방법론이 없는 개혁은 환상일 수 있다.

수단 측면에서는 철저하게 현실에 기초할 필요가 있다. 군 내부의 공감대, 국민적 지지, 예산의 가용성 등에서 상당한 문제점이 예상되는 데도 불구하고, 숭고한 의도에만 집착하여 거창한 계획을 추진하다가 실패해서는 곤란하다. 특히 예산적 뒷받침이 충분하지 않은 국방개혁 계획은 절대적으로 회피하여야 한다. 국방개혁을 추진할 경우 예산이 필요한 분야와 필요하지 않은 분야를 식별하고, 예산이 필요할 경우에는 어떻게 조달할 것인지부터 명확하게 제시해야 한다. 필요시에는 정부와 국민들에게 국방개혁을 위한 예산지원을 요청할 수도 있지만, 군대가 먼저 개혁에 필요한 예산을 마련하고자 노력할 필요가 있다. 그리고 인적 및 물적 자원의 경우에도 상황에 따라 이리저리 전환시키는 방식으로는 진정한 국방개혁을 달성할 수 없다.

:: 결론

지금까지 한국은 지속적이면서 반복적인 국방개혁을 추진해왔지만, 시작 당시의 열정에 비하여 실천된 결과는 크지 않았다. 한국의 국방개혁은 정치적 의제에 치중한 나머지 정권교체 시마다 그 방향을 전환하여야 했고, 계획수립에 지나치게 많은 시간을 사용한 나머지 변화의 기세를 유지하지 못했으며, 전 장병을 동참시키기보다는 소수에 의한 밀실의 추진을 선호하였고, 외형적 구조 변화에 중점을 두어 계획함으로써 실천과의 괴리가 커졌으며, 예산과 같은 현실적 여건을 고려하지 않은 채 의욕만 앞세운 점이 있었다. 이러한 문제점들을 시정하지 않는 한 한국의 국방개혁은 과거와 같은 실패를 반복할 수밖에 없다.

특히 국방개혁의 성공에 있어서 결정적인 사항은 숭고한 사명감, 훌륭한 비전, 체계적인 계획이 아니라 실제적인 구현이다. 아무리 좋은 비전과 계획을 구비했다고 하더라도 구현하지 못하면 가치가 없고, 국방개혁이라는 슬로건이나 계획이 없더라도 차분하게 필요한 변화를 추진한다면 훌륭한 국방개혁이다. 국방개혁은 개혁된 결과로 판단하는 것이지 계획으로 판단하는 것이 아니기 때문이다. 따라서 한국군은 무엇을 변화시키거나 변화시키지 않을 것인가를 토론할 것이 아니라 변화를 어떻게 구현할 것인가를 토론하여야 한다.

국방개혁의 성공을 위하여 현실적으로 시급하게 요구되는 사항은 국방개혁을 위한 예산의 확보이다. 국방개혁의 대상으로 포함된 사업을 구현하는 데도 상당한 예산이 확보되어야 하지만, 정보화 시대 군대로의 발전을 보장하거나 기타 안보상황의 변화에 부응하기 위해서는 더욱 많은 예산이 필요하다. 그리고 앞으로의 상황을 전망해볼 때 예산편성 과정에서 군대가 요구하는 만큼의 국방예산을 확보하기는 어렵다. 따라서 군대는 한편으로는 국방예산의 확보를 위하여 국회와 협조하면서, 더욱 우선적으로는 스스로 예산의 낭비와 중복을 최소화하거나 우선순위가 낮은 부분에 사용되고 있는 예산을 과감하게 삭감하여 미래지향적인 분야에 대한 집중을 보장할 수 있어야 한다. 국방운영의 효율성 향상이 미래지향적 군대건설을 좌우한다는 견지에서 군 수뇌부들은 예산의 효율성 향상을 위한 방향을 제시하고, 모든 장병들은 각자의 분야에서 이를 실천할 수 있어야 한다.

장기적이고 추상적인 사항이지만 강조되어야 할 사항은 군사이론에 대한 적극적인 학습, 연구, 토의이다. 간부들이 군사적인 문제에 대하여 깊게 이해하지 못한 상태에서는 바람직한 개혁방향과 계획을 설정하거나 시행할 수 없고, 알지 못한 상태에서는 옳은 방향과 방법을 찾아내어 실천할 수 없기 때문이다. 한국군이 세계 첨단의 무기체계를 손쉽게 확보할 수 있는 규모의 국력을 확보하는 것이 어려운 여건이라면, 창의적인 군사이론이나 미래전 수행개념의 발전을 통하여 그것을 보완할 수밖에 없다. 군사이론이 광범하게 학습, 연구, 토의된다면 국방개혁이라는 슬로건 없이도 군대는 자연스럽게 발전할 것이다. 모든 간부들은 기본적인 군사이론에 정통한 상태에서, 시대적인 군사적 요구를 정확하게 파악하고, 미래지향적인 최선의 대비방향을 탐구하고 정립할 수 있어야 하며, 군 수뇌부에서는 그러한 것을 장려하기 위한 다양한 조치들을 강구해 나가야 한다.

마지막으로 강조되어야 할 사항은 개혁을 통하여 발전된 사항들을 제도화해 나가는 노력이다. 개혁을 통하여 발전된 사항은 일상적인 사항으로 편입시켜야 하고, 이러한 제도화를 통하여 개혁의 반복을 예방할 수 있어야 한다. 따라서 국방장관을 비롯한 군 수뇌부들은 국방개혁을 주창하여 변화의 분위기를 조성하는 것도 필요하지만, 조용한 가운데 발전된 사항은 제도화하고 더욱 발전되어야 할 사항을 발굴해 나가는 측면을 중시할 수 있어야 한다. 국방개혁과 같은 요란한 이벤트 없이 국방분야를 발전시키는 것이 오히려 최선이면서 가장 어려운 개혁방법이라고 할 것이다.

제11장
합리모형과
점증모형

　　한국의 국방개혁이 성공하지 못한 원인에 대해서는 다양한 분석이 가능하지만, 가장 근본적인 사항을 꼽으라면 "무엇을" 변화시켜야 할 것인가를 식별하고 구체화하는 데 치중한 나머지 "어떻게" 구현할 것인가에 대한 고민은 제한적이었다는 점을 선택하고 싶다. 좋은 요리를 만들겠다는 성의와 열정, 좋은 음식 재료와 도구, 최종적인 식탁의 모습에 관해서는 열정적으로 묘사하였지만, 정작 그러한 요리를 만들기 위한 최선의 방법에 관한 토의와 구현은 드물었다는 것이다. 대부분의 경우 개혁의 당위성과 과제를 식별하여 우선순위와 타당성을 논의하는 데 시간을 보내다가 행정부나 국방장관이 교체되어 동일한 과정을 다시 시작하곤 하였다.

　　국방개혁은 그 당위성이 명확하거나 화려한 계획이 확보되었다고 하여 구현 및 성공하지 않는다. 지휘관이 승리의 의지를 강조하거나 최선의 작전계획을 수립하였다고 하여 군사작전에서 승리하는 것이 아닌 것과 같다. 국방개혁의 성공을 위해서는 성공을 보장할 수 있는 개혁의 방법론을 고민하고 선택하여야 한다. 이러한 점에서 본 장에서는 지금까지 한국군의 국방개혁이 제대로 구현되지 못한 원인 중의 하나는 합리모형(rational model)에 치중한 정책결정 방식이라는 문제의식을 바탕으로, 합리모형과 점증모형(incremental model)이라는 대조적 모형을 활용하여 한국군 국방개혁의 문제점을 분석하고, 동일한 시행착오를 반복하지 않도록 하기 위한 교훈을 도출하고자 한다.

:: 대표적 정책결정 모형

국방개혁 역시 "문제해결 및 변화유도를 위한 공적 수단으로서 미래에 관한 제반 활동지침을 만들어 내는" 정책결정(policy making)(최봉기 2008, 191)의 하나이다. 따라서 바람직한 정책결정 모형을 적용할 경우 국방개혁에 관한 제반 사항의 타당성이 증대될 것이고, 그렇지 않을 경우 그 반대의 결과가 나타날 것이다. 정책결정의 모형은 크게 보면 합리모형과 합리성의 제약을 인정하는 모형으로 대별할 수 있는데(남궁근 2008, 415), 후자 중에서는[36] 점증모형이 대표적이라고 판단하여(류지성 2007, 309) 합리모형과 대조하여 분석하고자 한다.

● 합리모형(rational model)

합리모형은 정책결정에 관한 고전적인 접근방법으로서, 정책결정

---

[36] 조직과정 모형(Organizational Process Model), 관료정치모형(Bureaucratic Politics Model), 점증모형(Incremental Model), 혼합탐색 모형(Mixed Scanning Model), 만족모형(Satisfying Model), 쓰레기통 모형(Garbage Can Model), 사이버네틱스 모형(Cybernetics Model), 불확실성관리모형(Uncertainty Management Model) 등이 있다(육군사관학교 2001, 370–387).

자와 조직의 합리성을 최우선적인 기준으로 고려한다. 이 모형에서 정책결정자는 합리적 사고방식을 따르는 존재로서 높은 지적 능력을 바탕으로 하여 주어진 상황에서 문제와 목표를 정확하게 인식하고, 이를 달성하기 위한 최선의 대안을 선택하며, 따라서 정책결정에 필요한 충분한 정보와 정확한 모형을 적용하고 계산할 수 있는 능력을 가지고 있는 것으로 간주된다(이성연 2002, 109). 합리모형은 "안보관련 정책을 결정함에 있어서 국가가 하나의 통합된 행위자라는 가정(assumption of unitary actor), 가능한 모든 대안을 고려하고 비교 및 분석할 수 있다는 전지전능의 가정(assumption of omniscience), 정책목표 달성을 극대화시킬 수 있는 대안이 최종적으로 선택되게 된다는 합리성의 가정(assumption of rationality)"에 토대를 두고 있다(육군사관학교 2001, 371). 그렇기 때문에 합리모형에 의한 정책결정의 방식은 "해결해야 할 문제의 내용을 완전히 파악한 상태에서 달성할 목표를 분명하게 정의하고, 문제를 해결하고 목표를 달성할 수 있는 대안들을 광범위하게 탐색하며, 대안들이 선정되어 실행되었을 때 나타나는 모든 결과를 완전하게 예측하고, 대안들을 비교·평가하는 명확한 기준을 통하여 최선의 대안을 선택한다"(남궁근 2008, 415-416).

안보 및 국방정책에 적용하였을 경우 합리모형은, 국가가 추구할 안보정책의 목표를 명확하게 설정한 다음에, 완벽한 정보, 시간적 여유, 충분한 자원이 뒷받침되는 여건하에서 가능한 모든 정책대안을 탐색하고, 각 대안들이 선택되어 집행될 경우 안보에 미치는 영향들을 정확히 분석해 내며, 나름대로의 기준을 적용하여 각 대안들을 비교한 다음, 설정된 안보정책목표를 구현하는 데 최적인 대안을 선택하게 된다(육군사관학교 2001, 371-372). 더욱 세부적으로 국방개혁에

적용할 경우 합리모형은, 개혁을 통하여 달성해야 할 목표나 최종상
태(end state)를 명확하게 제시하고, 포괄적이면서 체계적인 분석을 통
하여 그러한 목표나 최종상태를 제대로 구현할 수 있는 대안을 검토
및 확정한 후, 장기적이면서 구체적인 계획을 수립하고, 그러한 계획
에 근거하여 추진하게 된다.

합리모형의 장점은 최선의 정책결정을 보장한다는 점이다. 문제를
식별하고, 그러한 문제를 해결할 수 있는 대안을 강구하며, 그러한 대
안들의 결과들을 예측 및 비교하여 최선의 대안을 선택하는 것은 개
우 논리적이고, 제대로 이뤄질 경우 최선의 결정을 보장할 것이기 때
문이다. 비록 현실상에서는 다양한 제약사항으로 인하여 이러한 방식
이 완전하게 구현되지 않는다고 하더라도 합리모형은 그러한 노력의
과정을 통하여 우수한 정책형성에 기여하게 된다(김규정 1999, 203).
따라서 대부분의 공조직에서는 합리모형을 적용하여 정책을 결정 및
시행한다.

다만, 합리모형은 이상과 현실 간의 괴리라는 심각한 문제점을 지
니고 있다. 즉 실제의 안보정책 결정을 둘러싼 상황과 합리모형이 전
제하고 있는 통합된 행위자, 전지전능, 합리성의 가정이 일치하지 않
는 경우가 많기 때문이다. 예를 들면, 합리모형에서는 정책결정자가
단일화된 통합체인 것으로 간주하지만 현실상에서는 다양한 조직과
개인들이 상이한 이해관계를 바탕으로 상이한 정책대안을 추구할 수
있고, 시간이 불충분하거나 긴박한 상황 속에서 결정을 내려야 하는
경우가 많으며, 최선보다는 어느 정도 만족스러운 선택을 추구할 수
밖에 없는 경우가 많다. 합리모형을 적용했다고는 하지만 결과적으로
는 "불분명한 목표나 문제를 두고 한정된 수의 대안을 고려하면서 이

들 대안이 초래할 결과도 몇 가지만 예측 및 고려하여 적당한 대안을 골라잡는 식의 정책결정이 대부분"일 수 있다(정정길 외 2005, 479).

합리모형은 시간과 노력의 낭비를 초래할 수 있다. 합리모형에 근거한 제반 사항의 체계적 분석과 정립을 위해서는 상당한 시간과 노력이 소요되기 때문이다. 따라서 합리모형에 의한 정책결정은 정책의 결과보다 과정의 비용이 더욱 클 가능성도 있고, 막대한 시간과 비용을 소요하고서도 최선의 정책결정에 이르지 못할 수도 있다. 합리모형은 "인간의 부족한 능력을 전제로 한 상태에서 불확실한 문제를 단순화시키는 방법은 제시하지 못한 채, 모든 대안을 탐색하고 그들 모두의 결과를 예측할 것을 요구함으로써 엄청난 분석 비용과 시간을 낭비하고, 복잡하고 불확실한 상황에 적응하여 문제를 해결해 나가는 전략도 가르쳐주지 않는다"고 비판되고 있는 것이다(정정길 외 2005, 479).

합리모형의 또 다른 문제점은 조직구성원의 참여도를 약화시킬 수 있다는 것이다. 최소의 노력으로 최대한의 성과를 달성하는 방안을 중시함에 따라 구성원들의 개인적 창의성과 독특한 상황들은 중요하지 않게 인식할 수 있기 때문이다. 합리모형에 의한 개혁의 대부분은 구조와 기능의 조정 방향을 제시하게 되는데, "이러한 합리적 정책분석에 의해서 결정된 개혁의 내용들은 구조와 기능의 슬림화 및 재편으로 다가갈 뿐이지, 구조를 구성하고 기능을 담당하고 있는 실제적인 구성원들의 의지를 능동적으로 통합해내지 못한다"고 비판된다(김선명 2005, 6). 합리모형은 계획과 추진은 일사불란할 수 있지만 구성원들의 자발적인 동참이 결과하는 시너지(synergy)를 충분히 생성하지 못함으로써 실제적으로 구현되는 정도는 미흡해질 가능성이 크다.

* 점증모형(Incremental model)

　점증모형은 합리모형에 대한 비판에 기초하여 만들어진 모형이다. 현실에 있어서 정책결정자들은 합리모형이 요구하는 충분한 정보, 시간, 능력을 구비하지 못한다는 인식을 바탕으로 최선의 대안보다 현실적 대안을 모색해야 한다는 시각이다. 점증모형에서는 인간이 보유하고 있는 지적 능력의 한계와 수단 및 방법의 제약을 인정하는 가운데, 그저 "헤쳐 나가는"(muddling through) 과정 정도로 정책결정 과정을 인식한다(김규정 1999, 207). 점증모형은 "현실적 정책결정은 종래의 정책이나 결정의 부분적, 점진적, 순차적 수정이나 약간의 개선과 향상으로 이루어지고, 그렇게 점증적으로 정책이 결정되는 것이 바람직하다"는 입장이다(최봉기 2008, 247).

　그렇기 때문에 점증모형에서는 "어떠한 문제가 이슈화되어 정책의제로 채택되면, 정책결정자들은 유사한 상황에서 이전에 어떠한 정책대안이 채택되어 어떠한 결과를 가져왔는가를 살펴보고, 이전의 정책대안이 어느 정도 성공적인 것이었다면 이것에서 소폭의 변화가 가미된 새로운 정책대안을 마련하여 제시하고 그렇지 않으면 과거의 연장선상에서 바람직한 정책대안이 무엇인가를 발견하기 위하여 시간을 끌며, 바람직하다고 생각하는 점증적 정책대안에 대한 대내외의 정책지지 정도를 살핀 후 반대가 없으면 일단 최종대안으로 선택하게 되고, 최종적으로 선택한 정책대안을 집행하는 과정에서 획득한 새로운 정보 및 이의 분석결과를 토대로 정책대안을 점증적으로 계속 수정 및 보완하여 나간다"(육군사관학교 2001, 378). 점증모형은 미래지향적이고 혁신적인 정책목표를 설정하여 달성하고자 하는 것이 아니라 기존정책의 소폭적 변화를 추구하면서 이해당사자들의 동의와 타협을 중시하는 모형이다.

점증모형은 정책결정의 실상을 냉정하게 지적하고 있고, 합리모형이 지향하는 바가 현실적인 성과를 내기 어려운 이상에 지나지 않을 수 있음을 깨닫게 하였다는 점에서 정책결정의 현실성을 강화하는 데 기여한 것으로 평가된다(최봉기 2008, 249). 이상적인 상황과 여건이라면 합리모형은 상당한 성과를 달성할 수 있지만, 현실은 그렇지 못하고, 따라서 작지만 실질적인 변화를 누적해 나가는 것이 더욱 효과적이라는 점증모형의 논리는 현실적으로는 상당한 설득력이 있다.

점증모형은 합리모형에 비해서 정책결정이 쉽고 단순할 뿐만 아니라 비용소요가 적다. 합리모형의 경우에는 정책의 목표를 설정하고, 그러한 목표를 달성할 수 있는 다수의 대안을 개발하며, 비교를 통하여 최선의 대안을 선택하는 등의 상당한 노력이 필요하지만, 점증모형의 경우에는 그러한 과정을 거칠 필요가 없기 때문이다. 또한 합리모형의 경우에는 정책결정에 투입되는 비용을 중요하게 고려하지 않는데 비하여, 점증모형은 정책결정에 투입되는 비용보다 더욱 큰 효과가 나올 수 있도록 정책결정을 해야 한다는 점을 중시한다.

점증모형은 제도화의 이점을 활용하는 데 유리하다. 합리모형은 전혀 경험하지 못한 새로운 사태의 해결에는 유용할 수 있지만, 일상적이거나 반복적인 사안의 경우 투입되는 막대한 노력에도 불구하고 그 결론은 자명한 사항에 그칠 수 있다. 반면에 점증모형은 타당한 것으로 판단되는 사항은 제도화하여 지속적으로 적용하는 것을 강조하기 때문에 최선의 대안이 지니고 있는 이점을 지속적으로 활용할 수 있고, 거기에 부분적인 개선을 가미할 경우 더욱 좋은 성과를 달성할 수도 있다. 이런 이유로 인하여 점증모형은 탁월한 지도자를 필요로 하지 않고, 평범한 모든 사람들도 효과적으로 활용할 수 있는 보편성이 있다.

그러나 점증모형이 지니고 있는 큰 약점은 전체적인 틀을 개선하기가 어렵다는 것이고, 이로 인하여 세부적으로 추진된 노력들이 자칫 시행착오로 판명될 가능성이 크다는 것이다. 전체적인 환경이 기본적인 결함을 지니고 있지 않거나 개혁의 전체적인 방향이 포괄적이면서 효과적으로 설정되어 있을 경우 점증모형은 성공할 수 있지만, 그 반대일 경우 점증모형은 문제를 키우거나 잘못된 정책이 계속되도록 할 수 있다. 그리고 점증모형에 의한 실수는 장시간에 걸쳐 발생하기 때문에 그 실책을 발견하여 시정하기가 어렵다.

점증모형의 다른 약점은 현상유지, 즉 "반혁신과 보수주의의 옹호"(정정길 외 2005, 504)이다. 점증모형은 현실에 대한 문제의식 자체를 거부함으로써 과거와 다른 시각에서 상황을 분석하여 미래지향적인 해결책을 찾아내는 것을 봉쇄할 수 있고, 조직의 발전 동력을 약화시키며, 임기응변적이거나 단기적인 처방에 만족하게 한다. 즉 사회가치의 근본적인 재배분이나 변화를 추구하는 정책보다 정치적으로 실현 가능한 임기응변적 정책을 선호하게 된다(최봉기 2008, 250). 점증모형은 미래지향적인 개혁이나 변화를 거부하는 구실로 작용할 수 있고, 무행동(inaction)이나 현실안주(complacency)를 조장하게 될 위험성을 지니고 있다 할 것이다.

● 분석

합리모형과 점증모형 중에서 어느 것이 더 타당하다고 말하기는 어렵고, 상황에 따라서 그 적절성이 달라질 수밖에 없다. 예를 들면, 현상의 대규모 변화가 불가피한 경우에는 합리모형을 사용하는 것이 유리하고, 조직의 제도화 정도가 클 경우에는 점증모형을 사용하는 것이 유리하다. 탁월한 지도자를 보유하고 있을 경우에는 합리모형이 유리하고, 그렇지 못할 경우에는 점증모형이 유리하다. 상황의 불확실성이 크거나, 시간이 제한되거나, 정책의 우선순위를 판단하기 어려울 경우에는 점증모형을 선택하는 것이 유리하다. 또한 대부분의 경우 두 가지 형태로 명확하게 구분되는 것이 아니라 그 비중만 다를 뿐 두 가지 모형이 적절하게 혼합되어 있다. 즉 합리모형과 점증모형은 상호 교체적인 것이 아니라 보완적인 개념이고, 따라서 특정한 상황에 맞춰 적절한 비중으로 조화시키는 것이 가장 중요하다.

이론적으로도 이 두 가지 모형을 혼합해보려는 시도가 적지 않았다. 예를 들면, 혼합탐사모형(Mixed Scanning Model)의 경우 정책결정의 내용을 근본적인 사항과 세부적인 사항으로 나눠서, 근본적인 사항을 결정할 경우에는 세부적인 사항을 의식적으로 제외함으로써 변수를 단순하게 하여 방향을 옳게 선정하도록 하는 합리모형의 측면을 중시하고, 세부적인 사항을 결정할 때는 점증모형을 적용한다는 개념이다. 최적모형(Optimal Model)의 경우에도 합리적 결정의 효과가 합리적 결정을 위한 비용보다 더욱 클 경우에만 합리모형을 적용하도록 제한함으로써 합리모형과 점증모형을 조화시키고 있다(정정길 외 2005, 512-519). 즉 개략적인 방향을 설정할 때는 리더의 통찰력을 최대한 활용하는 합리모형을 적용하고, 지나치게 복잡하거나 시간과 노력이 소요되는 문제에 대해서는 점증모형을 적용함으로써 두 가지 모형의 장점을 극대화하고자 노력하고 있다.

군사분야의 경우 국가안보에 대한 사안의 중요성과 추상성이 크기 때문에 합리모형을 사용하는 것이 일반적인 경향이다. 민간부문에서의 정책결정이 잘못되는 경우에는 재산상의 손실을 보는 것으로 그치는 경우가 많지만, 군사부문에서 부적절한 정책결정이 이루어지면 국가안보를 위태롭게 할 수도 있기 때문이다(이성연 2006, 306). 그리고 군사 분야의 경우에는 중요한 사안일수록 정성적(定性的) 측면이 커서, 정책결정권자의 직관과 통찰력에 의존하는 비중이 클 수밖에 없다.

그러나 사안이 중요하다고 하여 합리모형에 의한 계획 수립과 시행만을 고집해서는 곤란하다. 최근에는 군사 분야도 다양한 이익집단의 대두, 예산의 제한성, 군별 이해관계의 상충, 구성원들 견해의 다양성 등 합리모형의 적용을 어렵게 만드는 요소가 증가하고 있고, 과거에는 성공하였을 합리모형에 의한 개혁 시도가 장애에 부딪치는 경우가 많다. 상황과 여건이 과거와 달라졌음에도 불구하고 합리모형에만 의존할 경우 군의 제반 정책은 현실성을 상실하게 될 가능성이 크다는 것이다.

현대 군대의 발전을 위한 제반 조치가 제대로의 성과를 달성하기 위해서는 합리모형이 지니는 장점은 살리면서 나타날 수 있는 단점을 보완하고자 노력하지 않을 수 없다. 혼합탐사모형이나 최적모형의 예에서와 같이 계획 수립 시에는 합리모형을 중시하더라도 실제적인 시행에 있어서는 점증모형의 측면을 더욱 강화시킬 필요가 있다.

● **국방개혁 2020의 추진 경과**

참여정부의 본격적인 국방개혁은 2004년 7월 대통령의 국방보좌관이었던 윤광웅 국방장관으로 교체하면서 시작되었다. 윤 장관은 취임과 더불어 "협력적 자주국방" "문민통제" 등을 슬로건으로 하는 국방개혁을 강조하였고, 구체적인 목표와 과제들을 정립하였으며, 행정부의 교체와 상관없이 지속적으로 추진되도록 하기 위하여 법제화를 추진하게 되었고, 그 결과 2006년 12월 1일부로 국방개혁법이 국회를 통과되었다.

국방개혁법에서는 "기본이념"이라는 제목으로 "국방정책을 추진함에 있어서 문민기반의 확대, 미래전의 양상을 고려한 합동참모본부의 기능 강화 및 육군·해군·공군의 균형 있는 발전, 군 구조의 기술집약형으로의 개선, 저비용·고효율의 국방관리체제로의 혁신, 사회변화에 부합되는 새로운 병영문화의 정착"(국방개혁법, 제2조)을 그 중점으로 제시하고 있고, 세 가지의 국방개혁 범주를 설정하여 변화의 구체적인 방향을 명시하고 있다. 즉 "국방운영체제의 선진화"를 위해서는 민간인력의 활용을 확대하고, 유급지원병제를 시행하며, 여군인력을 2020년까지 장교정원의 100분의 7까지 부사관 정원의 100분의 5까지 연차적으로 확충하고, 합동직위를 지정할 것을 규정하고 있다. "군구조·전력체계 및 각군의 균형 발전"을 위해서는 통합전력 발휘를 위한 합참 등 상부조직을 개선·발전시키고, 2020년까지 상비병력 규모를 50만 명 수준으로, 간부비율은 상비병력의 100분의 40으로 조정하며, 상비병력을 대체할 수 있도록 예비전력을 정예화하고, 군의 경계임무 중 일부는 치안기관 등으로 전환시키며, 합참 내 각 군 인력의 균형편성 및 순환보직을 보장할 것을 요구하고 있다. 그리고 "병영문화의 개선·발전"을 위하여 장병의 기본권이 보장될 수 있도록 군인의 복무와 관련된 제반 환경을 개선·발전시킬 것을 규정하고 있다(국방부 2006b, 제3, 4, 5장).『국방백서 2006』에 기술된 군 구조 변화에 관한 내용의 일부를 소개하면 다음과 같다.

군은 첨단전력을 증강하고 질적으로 정예화하여 과학·기술군으로 발전해 나가면서 2005년 68만여 명의 상비병력을 2020년까지 50만여 명 수준으로 정비해 나갈 것이다. … 육군은 군단과 사단 수를 줄여나가되 단위부대의 전투력은 2~3배로 강화할 수 있도록 재설계하여 무인정찰기·차기전차와 장갑차·화력체계를 증강하고 지휘구조를 단순화함으로써 현대전 양상에 적합한 조직으로 변모하게 될 것이다. … 특히 1·3군을 통합하여 지상작전사령부로 개편하고, 2군사령부도 후방작전사령부로 개편하게 된다. 해군은 수중·수상·항공 입체전력 운용능력을 강화하여 근해 방어형 전력구조에서 해상교통로의 해양자원 보호 등 전방위 국가이익을 적극 수호할 수 있는 구조로 개선할 예정이다. 부대구조는 지금의 3개 함대사와 잠수함·항공 전단체제에서 3개 함대사령부, 잠수함사령부, 항공사령부의 기동전단 체제로 보강·개편하여 기동형 부대구조로 발전시키고, 미래전장에서 임무수행능력이 향상되도록 발전될 것이다. … 해병대는 입체적 상륙작전, 신속대응작전, 지상작전 등의 임무와 상황에 적합한 융통성 있는 공지기동부대와 전략도서 방어부대구조로 발전될 것이다. 공군은 공중우세와 정밀타격에 적합한 구조로 발전시키기 위해 평시 적의 징후를 감시하고 응징보복을 기할 수 있는 능력을 구비하고, 전시에는 공중우세를 확보하여 지상과 해상작전 수행여건을 최대한 보장할 수 있도록 한반도 전역에 걸쳐 작전능력을 확보할 것이다. … 한반도 항공작전의 효율성을 높이기 위하여 북부사령부를 창설하여 2개 전투사령부, 9개 비행단, 1개 방공포병사령부와 1개 관제단 구조로 바뀔 것이다(국방부 2006a, 37-39).

또한 국방개혁의 추진에 관하여 국방개혁법에서는 "국방개혁기본
계획"을 대통령의 승인을 얻어 수립하여 주기적으로 보완하도록 규
정하고 있고, 국방부 장관 소속 하에 "국방개혁위원회"를 설치하도록
명문화하고 있으며, 국방부 장관은 매년 대통령 및 국회에 전년도 국
방개혁의 추진실적 및 향후계획을 보고하도록 의무화되어 있다(국방
부 2006b, 제6, 7, 9조). 그리고 국방개혁법을 위한 시행령을 만들어서
필요한 사항을 더욱 구체적으로 제시하였다.37) 그러나 2020년까지
점진적으로 이룩해나간다는 계획의 기본정신 자체가 즉각적인 성과
를 중요시하지 않았듯이 국방개혁 2020의 실제적인 성과는 매우 부
진하였다.

이명박 정부로 정권이 교체된 이후에도 국방개혁 2020은 지속되었
지만, 그 성과는 크지 않았고, 추진력도 약화되었다. 참여정부와 안보
에 관한 시각이 다른 이명박 정부는 국방개혁 2020의 문제점을 식별
하여 보완한다는 방침을 설정하였고, 따라서 최초의 1년여 동안 기본
계획의 수정에 상당한 시간을 사용하였다. 그 결과 2009년 6월 국방
개혁 2020에 대한 수정안을 발표하였으나, 그 계획은 기존 국방개혁
2020의 근본적인 문제점인 예산의 부족을 의식하여 추진일정을 다소
연기하는 것으로 조정하는 데 국한되었다.

국방개혁 2020은 2010년의 천안함과 연평도 사태로 실제적으로는
중단되었다고 할 수 있다. 유사한 사태가 재발되지 않기 위한 과제를
식별하여 추진한다는 명분으로 국방선진화추진위원회를 대통령 직

---

37) 그동안 국방개혁에 관한 논의가 활발했음에도 이에 관하여 국방부에서 발간한 공식문서는 매우 제한된다.
국방개혁법과 그 시행령이 워낙 상세하게 규정하고 있고, 기본계획을 비밀로 분류하였기 때문이다. 따라
서 국방기본법과 국방백서의 내용을 활용하여 그 내용을 설명하였다.

속으로 격상하고, 국방안보총괄점검회의를 새로 설치한 이후, 2010년은 이들 기구들을 중심으로 기존의 국방개혁 2020 계획과는 상관없이 개혁해야 할 새로운 과제를 식별하는 데 시간을 사용하였고, 2010년 3월 8일 그 결과를 종합하여 "국방개혁 307 계획"으로 발표함으로써 원래 계획된 국방개혁 2020은 사실상 중단되게 되었다. 공식적으로 국방개혁 2020을 중단한다고 발표하지는 않았지만, 국방부는 "국방개혁 기본계획 11-30"이라는 명칭을 내부적으로 사용하기 시작하였고, 그 내용의 상당부분이 달라졌다.

● 분석

대부분의 한국 국방개혁이 그러하였지만 한국의 국방개혁 2020은 합리모형에 의존하여 계획 및 추진된 측면이 크다. 국방부가 제반 정책결정 시 통상적으로 적용하고 있는 과정이 합리모형이다. "국방목표를 설계하고 설계된 국방목표를 달성할 수 있도록 최선의 방법을 선택하여 보다 합리적으로 자원을 배분·운영함으로써 국방의 기능을 극대화시키는 관리활동"(국방부 2006c, 4)이라는 "국방기획관리제도"의 정의에서 나타나고 있듯이 한국군 국방정책은 합리모형에 의존하여 결정되고 있다. 2020년을 지향하는 장기적인 계획을 수립하고, 이를 법제화하여 추진하는 국방개혁 2020의 추진방식도 합리모형의 전형이 적용된 사례라고 할 수 있다.

앞에서 분석한 바에 의하여 "개혁을 통하여 달성해야 할 목표나 최종상태를 명확하게 제시하고, 포괄적이면서 체계적인 분석을 통하여 그러한 목표나 최종상태를 제대로 구현할 수 있는 대안을 검토 및 확정한 후, 장기적이면서 구체적인 계획을 수립하고, 그러한 계획에 근거하여 국방개혁을 추진"하는 것이 합리모형에 의한 국방개혁 추진이라고 할 경우, 2020년에 달성해야 할 병력규모 및 부대구조의 모습을 설정한 상태에서(예를 들면, 병력규모의 경우 "2020년까지 50만 명 수준"으로 감축), 다양한 대안을 검토하여 기간 중에 그러한 모습을 구현할 수 있는 방법을 선정하고, 그것을 구현할 수 있는 구체적 계획을 수립하여 변화를 추진하고자 노력했던 국방개혁 2020은 합리모형의 과정을 그대로 반영하고 있다.

국방개혁법에 제시된 내용들도 합리모형에 의한 산출물의 성격을 나타내고 있다. 국방개혁법은 제1조를 통하여 "북한의 핵실험 등 안보환경 및 국내외 여건 변화와 과학기술의 발전에 따른 전쟁양상의 변화에 능동적으로 대처할 수 있도록… 선진 정예 강군을 육성"한다는 것을 목적으로 분명하게 제시하고 있고, 제2조로, "국방정책을 추진함에 있어서 문민기반의 확대, 미래전의 양상을 고려한 합동참모본부의 기능 강화 및 육군·해군·공군의 균형 있는 발전, 군 구조의 기술집약형으로의 개선, 저비용·고효율의 국방관리체제로의 혁신, 사회변화에 부합하는 새로운 병영문화의 정착" 등의 중점을 제시하고 있으며, 제5조를 통하여 "국방개혁의 목표, 국방개혁의 분야별·과제별 추진계획, 국방개혁의 추진과 관련된 국방운영체제 및 재원에 관한 사항, 그밖에 국방개혁을 추진하기 위하여 필요한 주요사항"들을 포함하는 "국방개혁 기본계획"을 대통령의 승인을 얻어 수립하도록 규정하고 있다.

지금까지의 국방개혁 2020의 추진과정에서 나타나고 있는 문제점 자체도 합리모형이 지니는 단점과 거의 일치한다. 앞에서 설명한 합리모형의 단점은 "현실과의 괴리, 분석과 계획 수립을 위한 시간과 노력의 낭비, 조직 구성원의 참여도 약화"라고 할 수 있는데, 지금까지 국방개혁 2020이 추진되어온 실상을 분석해보면 위의 단점들이 상당할 정도로 드러나고 있기 때문이다.

현실과의 괴리 측면에서 볼 때, 국방개혁 2020의 경우 그 목표가 지나치게 이상적이어서 진전을 이루기가 어려웠던 점이 적지 않았다. 예를 들면 북한의 위협이 감소되었다고 판단하기가 어려운 상황에서 2020년까지 병력을 50만으로 감축한다는 것이 현실적이지 않음에 다라 국방개혁 2020은 최초부터 상당한 반대에 직면하게 되었다. 2020년까지 621조라는 예산이 가용할 것이라는 판단도 현실과는 거리가 큰 것으로 드러났다. 또한 휴전의 상황에서 국방부와 다양한 부대/기관에 "군인이 아닌 공무원의 비율을 연차적으로 확대"(국방부 2006b, 제11조)하거나 군대의 간부 규모를 전체 상비병력의 40% 이상으로 편성한다는 방향도 현실적 타당성이 크지 않았고, 결국은 제대로 구현되지 못하였다.

분석과 계획 수립을 위하여 시간과 노력을 낭비한 측면의 경우, 국방개혁 2020을 주창한 윤광웅 국방장관은 대통령의 국방보좌관과 고교 동문이었다는 점에서 다른 어느 국방장관보다 강력한 권한을 보장받은 상태에서 상대적으로 긴 28개월을 근무하였지만, 그는 국방개혁법의 준비와 통과에 대부분의 시간을 사용하였다. 윤 장관이 점증모형에 의존하여 필요한 사항을 즉각적으로 변화시켰다고 한다면 동일한 기간 동안에 상당한 실질적 성과를 달성했을 것이다. 2008년 이명박 정부로 바뀐 이후에도 1년 반 정도를 기존 계획의 검토에 시간을 사용하였고, 2010년 3월 천안함 사태 이후에도 국방선진화추진연구회와 국가안보총괄점검회의에서 계속하여 국방개혁의 과제를 분석하는 데 시간을 사용하였다.

　구성원의 참여도 미흡이라는 합리모형의 단점도 국방개혁 2020에서 여실히 나타나고 있다. 국방개혁 2020의 기본계획 자체가 국방장관실을 중심으로 한 소수 실무자들을 중심으로 작성되었고, 그의 구현을 위한 세부계획도 비밀로 분류되어 하달됨에 따라 대부분의 장병들이 그 방향을 파악하기는 어려웠다. 국방의 모든 분야에서 모든 장병들이 개혁적인 변화를 누적시킬 때 진정한 개혁이 달성되는 것인데도 불구하고, 국방개혁 2020은 국방부와 국방개혁실의 몇몇 인원들에게 머물러 있었다고 할 수 있다.

:: 미군의 변혁 분석

　제11장에서 럼스펠드 미 국방장관이 추진한 변혁의 경과와 중점은 이미 설명하였거니와 정책결정 측면에서 볼 때 미군의 변혁은 합리모형과 점증모형을 잘 조화시켜 성공한 것으로 판단된다. 럼스펠드 장관은 합리모형에 근거하여 변혁의 목표와 중점을 설정하고 이를 구현하기 위한 포괄적인 계획을 수립함과 동시에 변혁의 속도와 현실성을 강조함으로써 합리모형이 초래할 수 있는 이상에 대한 집착이나 시간과 노력의 낭비를 예방하였고, 변혁의 방향과 계획을 적극적으로 공개하고 설명함으로써 모든 장병들의 협조를 이끌어내었기 때문이다. 이러한 결과로서 6년 정도의 재임기간 동안에 럼스펠드 장관은 변혁의 기본적인 사항을 대부분 완성하였다. 그렇기 때문에 후

임인 게이츠(Robert Gates) 미 국방장관은 기존의 변화 방향을 지속하면서 신속한 변화에 따른 부작용을 일부 시정하는 정도로도 훌륭한 장관으로 인식될 수 있었고, 행정부가 교체되었음에도 불구하고 계속 국방장관으로 재임하게 되었다.

즉 럼스펠드 장관은 취임 후 2~3개월 동안 국방분야 전반에 대한 재검토를 실시함으로써 문제점을 명확하게 파악하였고, 본인의 통찰력, 군사전문가들로부터의 의견 수렴, 군 수뇌부들과의 집중적인 토의를 바탕으로 그러한 문제점들을 해결할 수 있는 최선의 방향과 궤안을 모색하였으며, 그러한 결과를 바탕으로 변혁의 목표와 방향을 설정하여 집중적으로 추진하였다. 취임 후 수개월 이내에 변혁의 기본방향을 정립하여 국회에 설명하였고, 9/11 사태로 어수선한 가운데서도 2001년 9월 30일 『4년주기 국방검토』(QDR, Quadrennial Defense Review) 보고서를 의회에 제출하여 변혁의 전반적인 방향을 보고 및 공개하였다. 럼스펠드 장관은 과거에 누적된 문제점의 해결, 불확실한 미래 대비, 과학기술의 이점 활용을 변혁의 필요성으로 명확하게 제시하고, 그에 부응하기 위한 국방정책목표, 그러한 목표를 구현하기 위한 추진전략과 과제를 제시하는 등 합리모형에 충실하여 변혁을 계획하고 지도하였다.

계획단계에서는 합리모형에 의존하였던 럼스펠드 장관이지만 시행에 있어서는 즉각적인 실천을 강조함으로써 점증모형의 활용도를 높인 것으로 판단된다. 예를 들면, 이전의 미군은 새로운 방향으로의 변화를 추구할 경우 *Joint Vision 2010*이나 *Joint Vision 2020*에서 보듯이 새로운 형태의 비전을 작성하여 제시하였다. 그러나 럼스펠드 장관은 비전을 작성하지 않는 대신에 합동 차원에서 미래전을 어떻게 수행할 것이냐를 중심으로 다양한 "합동작전개념서"(Joint Operations Concepts)를 작성하도록 함으로써 실질적인 소요도출이 가능하도록 하였다. "혁신(innovation) = 창의성(creativity) x 구현(implementation)" Department of Defense 2004, 14)이라는 등식에서 알 수 있듯이 럼스펠드 장관은 창의성을 바탕으로 한 즉각적 실천을 강조하였다.

또한 럼스펠드 장관은 변화의 신속성을 강조함으로써 합리모형의 단점인 시간과 노력의 낭비를 최소화하고자 하였다. 럼스펠드 장관은 취임과 더불어 국방분야에 대한 전반적 검토에 착수하여, 5개월 만에 변혁에 관한 기본방향과 논리를 정립하여 의회에 보고하였고, 8개월 만인 2001년 9월에 QDR을 통하여 변혁의 기본방향을 포괄적이면서 구체적으로 제시하였으며, 그 이후에는 각군으로 하여금 변혁추진계획(Transformation Roadmap)을 최단 시간 내에 작성하도록 하였고, 모든 장병들의 사고방식 변화와 동참을 강조하였으며, 현장에서 변화를 독려하였다. 럼스펠드 장관이 재임 중이었던 2006년 10월에 변혁의 실무추진체였던 전력변혁실(OFT, Office of Force Transformation)을 해체한 것은 5년 정도 만에 변혁의 제도화를 상당부분 이룩하였다고 판단했다는 증거이다. 그만큼 미국의 군사변혁은 시간적인 긴박함을 바탕으로 추진되었다.

럼스펠드 장관은 점증모형의 전형이라고 할 수 있는 "나선형 개발"(Spiral Development)의 개념을 강조하였다. 이것은 나사의 선처럼 최단거리로 진행하지는 못하고 다소의 시행착오는 겪지만 전체적으로는 올바른 방향으로 나가는 모양을 암시하고 있는바, 다소의 시행착오를 각오하면서도 신속하게 구현해 나가는 측면을 중요시하는 용어이다. 미래의 특정 시점에서 필요할 것으로 판단되는 최첨단의 미래지향적 성능을 설정한 후 장기적인 계획하에 필요한 무기체계를 개발하거나 획득하는 합리모형의 방식에서 탈피하여, 점증모형이 의도하는 것과 같이 현재 가용한 기술의 범위 내에서 필요한 무기체계를 신속하게 개발하여 배치한 다음에 지속적으로 개선을 추구해나간다는 방식을 적용하였다. 럼스펠드 장관은 무기체계뿐만 아니라 미군의 모든 변화에 나선형 개발의 개념을 적용함으로써 변화의 실제적인 구현과 그 속도를 극대화하고자 노력하였다.

이렇게 볼 때 미군의 변혁은 합리모형으로 시작하였지만 점증모형으로 시행되었다고 할 수 있고, 그 결과로써 "럼스펠드의 혁명" (Rumsfeld's Revolution)이라는 용어가 사용될 정도로 신속하면서도 광범한 변화를 달성하였다(Light 2005). 럼스펠드 장관은 국방기획제도를 전면적으로 개혁한 맥나마라(Robert S. McNarama) 장관 이후 목표를 달성하기 위하여 가장 강력하고 열정적으로 노력했던 장관으로 평가되었다 (*New York Times,* 2006/11/9).

:: 향후 국방개혁 추진에 관한 교훈

한국의 국방개혁은 기본적으로는 합리모형 비중이 크지 않을 수 없다. 변화를 요구하는 상황의 절박성이 크거나, 요망하는 변화의 정도가 클수록 합리모형을 활용하는 것이 효과적인데, 현재 한국군이 처한 상황은 위의 두 가지 모두에 해당되기 때문이다. 국제적 안보환경, 북한의 상황, 국내 여건, 기술적 측면 등을 고려할 때 한국의 국방은 절박하면서도 대폭적인 변화가 필요하다. 지금까지 누적된 문제점이 크

다는 측면에서 보면 더욱 합리모형을 통한 포괄적 변화가 필요한 것
이 사실이다. 그렇기 때문에 국방개혁 2020을 비롯한 대부분의 한국
국방개혁 계획은 합리모형에 근거하여 국방개혁의 목표와 방향을 정
립한 후 이를 구현할 수 있는 체계적인 계획을 발전시켜 적용해왔다.

그러나 국방개혁 2020을 비롯한 대부분의 국방개혁이 최초 의도한
성과를 제대로 달성하지 못하였다는 점에서 보면 합리모형에 대한
의존도를 낮춰야 할 필요성도 적지 않다. 필요한 변화를 실천하고자
한다면 이제는 방향에 대한 토론과 계획에 대한 검토보다는 점증모
형에 근거하여 변화가 필요하다고 판단되는 사항을 한 가지씩 구현
해 나가는 것을 중요시해야 할 것이다. 모든 장병들이 각자가 담당하
고 있는 분야에서 문제점을 식별하여 개선해 나가고, 그러한 결과들
이 모여서 후세에 국방개혁이라고 평가되는 자연스러운 측면을 중요
시할 필요가 있다. 국방개혁실에서는 장기적인 방향과 계획도 발전시
키면서 군대 전체의 실천지향적 노력을 종합하거나 통제하는 역할을
더욱 적극적으로 수행할 필요가 있다.

앞으로의 국방개혁에서는 군대의 규모를 조정하거나 구조를 급격
하게 변화시키는 부분의 비중을 감소시킬 필요가 있다. 이러한 사항
은 주로 합리모형의 결과로 도출되는데, 근본적인 사항인 만큼 논의
에 많은 시간을 소모하거나 실제적으로 구현하는 것이 어려울 것이
기 때문이다. 가시적인 성과는 적게 나타나더라도 군대 전반에 걸쳐
운영의 효율성을 향상시키거나 군대의 문화와 장병들의 의식을 개선
하는 방향으로 중점을 전환하는 것이 장기적으로는 큰 성과를 달성
할 수 있다. 한국군의 전반에 걸쳐 전근대적이면서 비민주적인 제도
와 관행들이 고쳐지고, 모든 장병들이 자신의 직무에 정려하는 기풍

이 정착될 경우 "개혁"과 같은 슬로건 없이도 바람직한 상태로 틀바꿈해 나갈 것이기 때문이다. "과거와 같이 정권이나 리더십이 변호될 때마다 '푸닥거리' 식으로 개혁소동을 벌리는 대신에 항시적이고 조용한 개혁이 되도록 군의 체질을 바꾸어 나가야 할 것이다"(문광건·서정해·이준호 2004, 243)라는 지적을 참고할 필요가 있다.

국방개혁의 점증적이견서 실질적인 추진을 위해서는 필요한 예산을 확보하는 측면을 중요시할 필요가 있다. 국방개혁 2020의 경우 가용한 예산이 621조라는 액수를 제시하기는 하였으나 이는 개혁을 위하여 새로이 투입할 수 있는 예산이 아니라 2020년까지 가용할 것으로 예상되는 국방예산의 총액이었고, 그나마도 경제성장률이 7%에 이를 것이라는 낙관적인 전망에 기초하여 산출한 것이라 현실성이 거의 없었으며, 따라서 국방개혁 2020의 경우 계획된 성과를 달성한다는 것이 처음부터 불가능하였다. 개혁적인 조치를 위하여 추가로 소요되는 비용을 산출하여 그 가용성 여부를 판단할 필요가 있고, 추가적인 예산 배정이 어려울 경우에는 자체적으로 중복과 낭비를 제거하여 필요한 예산을 확보해 나가야 한다. 새로운 분야에 투자할 수 있는 여유분의 예산을 확보하지 않은 상태에서 새로운 방향으로의 변화를 촉진하는 것은 불가능하다. 개혁의 타당성이나 추진 여부를 판단하는 가장 중요한 기준으로 예산의 가용성이나 운영의 효율성을 고려하고, 이로써 국방개혁의 실현가능성을 높여 나가야 할 것이다.

나아가 "국방개혁 2020"과 같은 종합적이면서 특별한 계획을 수립하여 이를 중심으로 국방분야를 개혁하려는 시도도 자제할 필요가 있다. 지금까지의 경험을 통해서 볼 때 이러한 계획이 존재하면 그것의 구현에만 집착하게 되고, 따라서 나머지 분야는 등한시될 우려가

크기 때문이다. 특정한 국방개혁 계획을 구현하는 것이 국방개혁이
아니라 국방분야 전반에 걸쳐서 개혁적인 변화를 달성하는 것이 국
방개혁이다. 모든 장병들의 일상적 업무가 국방개혁의 대상이고, 모
든 장병들의 작은 개선 노력들이 모여서 개혁적 성과를 이룩할 때 후
세들이 국방개혁으로 평가하는 것이 진정한 국방개혁인 것이다.

:: 결론

한국군의 국방개혁은 전통적으로 합리모형에 의하여 추진되었고,
국방개혁 2020도 동일하다. 이와 같이 합리모형에 지나치게 의존한
결과 국방개혁 2020을 비롯한 한국의 국방개혁은 대부분 의도한 만큼
의 성과를 달성하지 못한 채 중단되었다. 국방개혁 2020의 경우 "현실
과의 괴리, 분석과 계획 수립을 위한 시간과 노력의 낭비, 조직 구성원
의 참여도 약화"라는 합리모형의 단점을 그대로 입증하고 있다.

국방개혁은 국가의 중대한 사안이기 때문에 장기적인 차원에서 제
반 사항을 충분히 고려하여 최선의 계획을 수립하고, 이를 기준으로
연차별 세부 추진계획을 발전시켜 구현해 나가는 것이 필요한 것은
분명하다. 그러나 과거의 사례에서 그러한 방식이 성과를 제대로 달
성하지 못하였다고 한다면 이제는 접근방식을 과감하게 변경할 필요
가 있다. 특히 유사한 시기에 추진한 미군의 변혁은 상당히 생산적인
결과를 도출한 반면에 한국의 국방개혁 2020은 그러하지 못하였다는
점에서 그 차이점을 도출하여 반성 및 시정하고자 노력할 필요가 있다.

앞으로 한국군의 실질적이면서 생산적인 국방개혁 추진을 위해서

는 합리모형에 대한 의존도를 줄이고, 점증모형의 장점을 보강함으로써 변화의 실제적인 구현과 속도를 중요시할 필요가 있다. 계획의 검토와 보완에서 벗어나 실천의 진도를 점검하고자 노력할 필요가 있다. 장기간을 설정하여 연차적으로 체계적인 노력을 추진하는 방식보다 신속하게 변화를 추진하여 필요한 사항을 구현하고, 그러한 성과를 분석 및 평가한 후 추가적인 변화를 시도해 나가는 측면의 비중을 증대시킬 필요가 있다. 군 수뇌부들은 군대 전체의 실천지향적인 개혁 노력을 독려하는 역할에 더욱 많은 관심을 가질 필요가 있다.

국방개혁에 있어 어렵고 중요한 사항은 약속보다는 구현이다. 국방개혁을 위한 선의나 계획이 중요한 것이 아니라 실제적인 변화를 산출하는 것이 중요하다. 청사진은 거창하였으나 성과는 미흡한 국방개혁의 사례가 반복될 경우 장병들의 개혁 피로증(reform fatigue)이 커지고, 국민들은 군대를 신뢰하지 않게 될 것이다. 따라서 한국군은 현실안주(complacency)에서 벗어나 절박감을 바탕으로 변화의 속도와 생산성을 높이고자 노력할 필요가 있다.

제12장
상부지휘구조
개편

　국방부는 2011년 3월 8일 "다기능·고효율의 선진국방 구현"이라는 슬로건으로 "국방개혁 307 계획"을 발표하면서 그 핵심사항으로 군 상부지휘구조(上部指揮構造, 국방부-합참-각군본부에 관한 구조)의 개편 계획을 제시하였다. 군사작전에 관한 지시를 하달하는 군령권(軍令權)만 보유하고 있는 합참의장에게 인사와 군수를 포함한 군사력 관리에 관한 군정권(軍政權)의 일부를 추가하고, 대신에 군정권만 보유하고 있는 각군 참모총장에게 군령권을 추가함으로써 군령과 군정의 통합성을 강화한다는 내용이었다.

　그 후 국방부는 상부지휘구조 개편에 필요한 제·개정 법률안을 국회에 제출하였으나 국회에서 제대로 처리하지 않아 추진되지는 못하였다. 이로써 한국군은 상당한 시간과 노력을 낭비한 결과가 되었고, 다른 개혁과제에 충분한 관심을 기울이지 못하였으며, 국방개혁에 대한 국민들의 기대에도 부응하지 못하였다. 이전에도 유사한 시도로 인하여 유사한 폐해가 발생한 바 있다고 할 때 상부지휘구조의 개편이 어떤 의미이고, 어떤 문제점이 있으며, 어떻게 해야 하는지에 대하여 정확하게 이해함으로써 동일한 시행착오를 반복하지 않도록 할 필요가 있다.

:: 상부지휘구조의 개념과 발전 경과

● 개념

군 구조는 최선의 형타가 존재한다기보다는 국가별 상황과 여건에 따라 다양한 형태를 띠게 된다. 군 구조 중에서 한국군은 국방부-합참-각군본부 간의 역할과 권한의 분담에 중점을 두어 "지휘구조", "상부구조", "상부지휘구조"라는 말로써 논의해왔다. 지휘구조라는 말은 각 제대 간의 명령과 복종 체계에 중점을 두는 용어로서, 부대구조(부대의 수와 형태), 전력구조(무기체계의 수와 종류), 병력구조(병력의 규모와 신분)와 구분하여 사용된다. 상부구조의 경우 "상부"라는 말 자체가 상대적이지만 한국군에서는 국방부-합동참모본부-각군본부 간의 책임과 권한관계를 의미하는 용어로 사용하고 있다. 그리고 상부지휘구조는 이러한 두 가지 용어의 의미를 혼합한 것이다. 어떤 용어를 사용하든 한국군이 논의해온 중점은 국방담당 정부부처(즉 국방부)와 그 수장(즉 국방장관), 군 최고사령부 및 참모·기획기구(예: 합참), 그리고 각군 본부 사이의 지휘통제 및 규율, 협조관계 변화에 관한 사항이었다(김증하·김재엽 2010, 17-18).[38]

---

38) 미군들의 경우 상부지휘구조보다는 미래전의 양상 변화에 효과적으로 적응할 수 있는 전투부대의 편성 변화에 중점을 두고 있다. 따라서 "지휘구조"라는 용어보다는 "지휘관계"(command relationship)라는 용어를 통하여 제대별 책임과 권한의 현계를 명확하게 설정한다(Department of Defense 2010, 67).

　한국군에서는 상부지휘구조를 포함하여 전체 군대가 조직되는 형태를 통상적으로 국방체제라고 명명하고, 이를 중요한 사항으로 연구해왔다. 특히 군정(군사력의 건설과 관리에 관한 포괄적 권한)과 군령(군사력의 사용에 관한 포괄적 권한)에 관한 사항을 각군별로 별도로 행사하는지 아니면 전체 군대 차원에서 통합적으로 행사하는지가 논란의 핵심이었고,[39] 토의목적상 3군병립제, 합동군제, 통합군제, 단일군제 등으로 구분하여 그 장단점을 논의하여 왔다(민진 외 2005, 143-146; 한상훈 1998, 15-18). 이 중에서 합동군제라는 용어는 1990년의 개편 이후 그 전의 3군병립제와 구분하기 위하여 임의로 붙인 명칭이고, 단일군제를 시행하고 있는 국가가 없기 때문에 통상적인 국방체제는 3군병립제와 통합군제이다. 전자는 합참의장이 조정기능만 지니는 형태이고, 후자는 국방참모총장이나 국군사령관이 지휘권을 보유하여 각군의 활동을 적극적으로 통제하는 형태이다. 대체적으로 사회주의 국가 및 중동 국가들은 통합군제를 기본으로 하고 있고, 기타 민주주의 국가들의 대부분은 3군병립제를 기본으로 하여 나름대로의 변화를 가미하고 있는 상태이다. 한국군이 토의해온 3군병립제와 통합군제의 기본적인 형태를 제시하면 <그림 4>와 같다.

---

39) 실제로 국군조직법에서는 "지휘·감독", "작전지휘·감독"의 용어가 사용되고 있고, "합동참모의장은 군령(軍令)에 관하여 국방부장관을 보좌"(제10조)한다는 부분에서 한 번 사용되고 있다. 군정이나 군령과 같은 애매한 용어보다는 지휘, 작전지휘, 지원 등의 보편적 용어를 명확하게 정의한 후 사용할 필요가 있다.

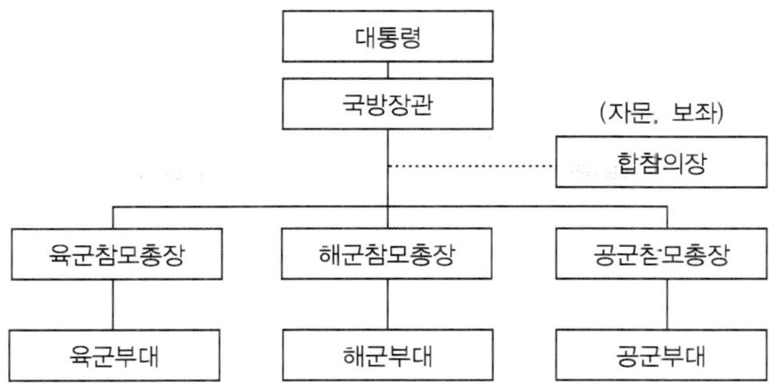

출처: 김종하·김재엽 2010, 20.

그림 4▶ 3군병립제의 기본구조

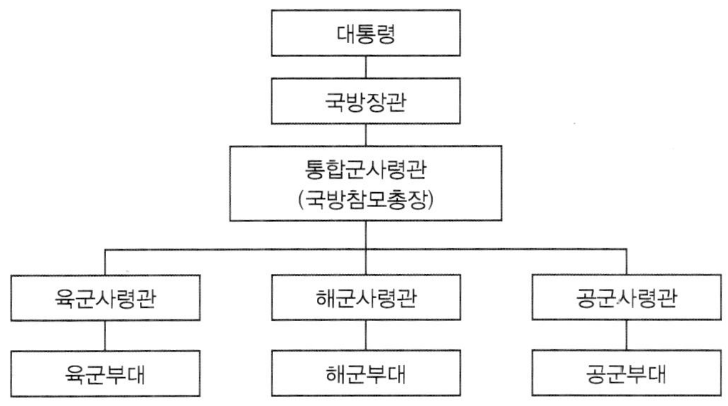

출처: 김종하·김재엽 2010, 20.

그림 5▶ 통합군제의 기본구조

<그림 4>는 3군병립제를 도식화한 것으로서 각군 참모총장이 해당 군의 부대를 지휘(작전지휘 및 작전지원)하고, 합참의장은 자문역할에 불과하다. 1990년 한국이 현재의 형태로 상부지휘구즈를 개편하기 전 모습이기도 하다. <그림 5>는 통합군제로서 각군의 책임자는 사령관이라는 명칭을 갖게 되고, 이들은 전체 군대의 책임자인 통합군사

령관이나 국방참모총장에 의한 지휘를 받는다. 이스라엘이나 러시아, 북한 등이 채택하고 있는 체제이다.[40]

　모두가 장단점을 지니고 있어 3군병립제와 통합군제 중에서 어느 것이 열등하거나 탁월하다고 말할 수는 없다. 3군병립제는 "3군의 특수성과 자율성을 보장하고, 군사작전의 수립 및 수행이 특정 군에 집중되는 것을 방지한다는 장점이 있다. 하지만 각군의 지휘통제 권한이 분산되어 유사시에 전체 군사력의 일사불란한 동원, 운용을 통한 총체적인 방위역량 발휘가 크게 제한된다는 것이 단점이다. 아울러 군사력의 건설 과정에서 각군 간의 과열경쟁, 중복투자에 따른 효율성 저하 가능성도 높아진다"(김종하·김재엽 2010, 21). 대신에 통합군제는 "지휘통제 구조의 일원화에 의한 전체 군사력의 통합 운영, 전시의 신속한 의사결정 등의 측면에서는 매우 긍정적으로 평가될 수 있다. 하지만 다수를 점하는 특정 군에게 군정·군령권이 편중됨에 따라 3군 균형발전에 심각한 악영향을 초래하고, 통합군사령관 1인에게 권력이 과도하게 집중되면서 문민통제 원칙을 훼손하는 결과로 이어진다는 비판을 받는다"(김종하·김재엽 2010, 23). 따라서 어느 것을 선택하느냐는 것은 특정 국가의 판단일 수밖에 없고, 어떤 체제를 선택하더라도 국가별 특성에 맞도록 세부내용이 달라질 것이기 때문에 국방체제의 선택이 결정적인 요소라고 보기는 어렵다.

　한국군의 경우 1990년 소위 "8·18 계획"에 의하여 3군병립제를 기본으로 하면서도 합참의장에게 지휘권을 부여하였고, 이것을 그 이

---

40) 이 분류의 타당성에 의문을 제기하면서 총참모장제(각군을 사령부로 편성한 후 총참모장이 지휘권을 위임받아 행사하는 형태)와 국방참모총장제(각군본부가 존재하고 이를 국방참모총장이 통제하는 형태로, 합참의장제도는 국방참모총장제의 변형)로 구분하는 것이 타당하다는 의견도 있다(한성주 2011, 34-38).

전까지 불러오던 3군병립제와 구별하여 "합동군제"로 불러왔으며, 최근 국방부에서는 과거에 3군병립제로 구분했던 국가들의 국방체제를 합동군제로 고쳐 부르는 경향을 보이고 있다(국방부 2011b, 7).

● 경과

한국군은 1948년 창군 시 국방장관이 국방참모총장을 통하여 육군과 해군 참모총장을 지휘하도록 함으로써 통합군에 가까운 형태르 시작하였다. 그러나 1949년 제2대 국방장관이었던 신성모는 "국방기구 간소화"를 명분으로 국방참모총장을 폐지하였고, 이후에 공군을 분리시킴으로써 3군병립제를 유지하게 되었다. 한국전쟁이 발발함에 따라 정일권 장군을 육·해·공군 총사령관 겸 육군 참모총장으로 임명함으로써 통합군제로 복귀한 적도 있었으나, 휴전 이후 3군병립제로 환원하였고, 1963년 합동참모본부를 설치하였으나 조정기능에만 국한되었다.

1961년 군사혁명 이후 상당한 기간 동안 군인 출신이 대통령 직책을 수행함에 따라서 군대에 대한 관심이 증대되었고, 그 결과로써 상부지휘구조의 변화가 빈번하게 논의되었는데, 대안으로 검토된 개편안의 대부분은 한국군이 채택하지 않은 다른 하나의 국방체제, 즉 통합군체제로의 변화였다. 예를 들면, 1970년 박정희 대통령이 특명검열단에 자주국방력 강화를 위한 군제개혁을 지시하자 국방장관의 군정 및 군령 참모로서 군정차관과 국방참모총장을 임명하고, 육·해·공 3군의 사령부 외에 전략군사령부, 후방군사령부를 신설하며, 이들을 통괄적으로 지휘통제하는 "국방참모본부"를 설치하여 국방참모총장지휘하에 둔다는 내용을 발전시켜 건의하게 되었다(김종하·김재엽 2010, 101-102). 전두환 대통령 시대인 1982년에도 군 구조연구위원회에서 각군본부를 해체하고 통합군제로 개편하는 안을 수립하였고, 1985년에도 3군 사령부 계룡대 이전과 연계하여 국군총사령부 창설 안이 제기된 바 있다(이한호 2011b, 37). 또한 김영삼 정부의 "21세기 국방연구위원회"에서도 통합군 체제로의 변화를 골격으로 하는 개편안을 연구한 바 있다(김동한 2011, 75-77). 그러나 통합군제의 단점, 즉 3군 간의 균형 발전이 저해될 수 있고(해·공군의 입장), 국방총사령관이나 국방참모총장 1인에게 과도한 권한이 집중될 경우 문민통제가 위험해질 수 있다는 우려(정치권의 입장)로 인하여 대부분 시행되지 못한 채 연구단계에서 중지되곤 하였다. 최근 한국 정부가 추진해온 군 구조 개편계획을 정리하여 제시한 표를 소개하면 <표 8>과 같다. 이 표를 보면 최초에는 지휘구조의 변화에 중점을 두다가 점차 세부적인 구조의 변화로 관심이 전환되어왔음을 알 수 있다.

표 8 ▶ 역대 군구조 개편 계획 비교

구분	노태우 정부	김영삼 정부	김대중 정부	노무현 정부
개편핵심	지휘구조	지휘구조	부대구조	병력구조
개편내용	- 초기: 통합군제 - 해·공군반발로 합동군제로 변경	통합군제	- 1, 3군사 해체하여 지작사 창설 - 육군병력 감축	- 육군병력 감축 (17만 7천 명)
제도화 여부	국군조직법 개정	검토단계에서 백지화	계획수립 후 백지화	국방개혁법 제정

출처: 김동한 2011, 81.

한국군이 논의해온 상부지휘구조 논의 중에서 구현된 유일한 사례는 노태우 대통령이 추진한 "장기 국방태세 발전방향"(그 추진계획을

보고하여 승인받은 날짜를 기념하여 통상 8·18계획으로 지칭한다)
이다. 1988년 취임한 노 대통령은 화해·협력의 국제정세 추세에 부
응하는 전략개념의 재정립, 공세적 군사력의 건설, 한정된 국방자원
의 효율적 사용, 작전통제권 환수의 가능성 등을 근거로 상부지휘구
조 개편을 지시하였다(김종하·김재엽 2010, 102-103). 수개월에 걸친
논의 끝에 나온 결론은 역시 국방참모총장제도를 근간으로 하는 총
합군제였고, 역시 1인에 대한 권한 집중을 우려하는 야당의 반대로
국회를 통과하는 데 어려움을 겪게 되었다. 다만, 1년여에 걸친 노력
으로 야당과의 타협에 성공하여 명칭은 합참의장으로 유지하되 작전
부대를 지휘할 수 있는 권한을 합참의장에게 부여함으로써 통합군제
의 장점을 가미한 상태로 국회를 통과하였다. 이때 통과된 안이 1990
년 10월 1일부터 적용되어 현재에 이르고 있다.

　8·18계획의 실천으로 인하여 한국군은 통합군제와 3군병립제의
장점을 취하게 되었고, 이로써 "합동참모본부의 수장인 합동참모의
장은 종전의 국방장관 보좌 기능뿐만 아니라 육·해·공 3군의 작전
부대를 작전지휘하고, 합동참모본부 직속의 합동부대를 지휘감독하
며, 계엄사령관 임무를 수행하도록 권한이 대폭 강화되었다"(김종
하·김재엽 2010, 105). 당시 개편을 추진한 핵심 군 간부 중 한 명이
었던 이석복 장군은 새로운 체제로의 변화를 통하여 "합참의장을 군
령 계선상에 위치시킴으로써 육군, 해군, 공군의 통합전력 발휘를 보
장하게 되었고, 대통령과 국방부장관이 순수한 문민출신일 경우라도
문제가 없도록 체제를 정비하였으며, 날로 복잡해지는 군정 분야의
업무를 각군 참모총장이 전담하도록 함으로써 전문성을 보장하였고,
작전통제권 환수에도 대비할 수 있게 되었다고 평가한 바 있다(이석

복 1990, 32-33). 현재 한국군이 운용하고 있는 상부지휘구조의 모습을 도식화하면 <그림 6>과 같다.

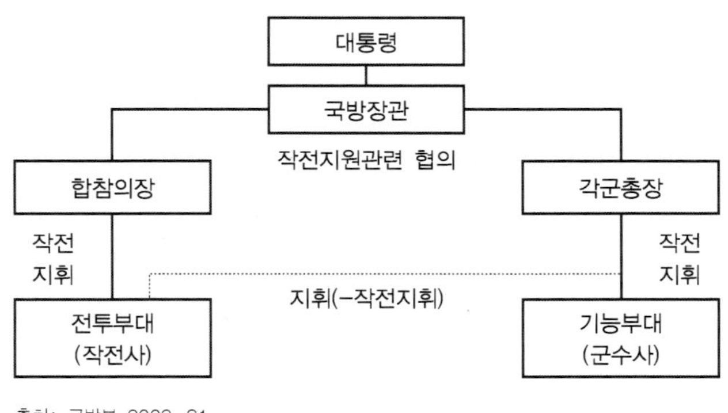

그림 6 ▶ 한국군의 현 지휘구조

:: "307 계획"의 상부지휘구조 추진 평가

● 국방부 "307 계획"의 개편안

이명박 정부에서 추진한 상부지휘구조 개편의 기본방향은 합참의장에게 합동군사령관 기능을 부여하고, 각군 참모총장을 작전지휘 계선에 포함시키며, 합참의장에게 제한된 군정기능을 추가한다는 것이다(국방부 2011a, 5). 연평도 포격 직후 국가안보총괄점검회의에서 건의한 내용은 합동군사령부를 창설하는 개편안이었으나 헌법에 언급되지 않은 합동군사령관을 신설하거나 헌법에 명시된 각군 참모총장을 폐지할 경우(헌법 89조에 국무회의 심의사항으로 합참의장과 각군 참모총장의 임명에 관한 조항이 포함되어 있다) 위헌 논란이 제기될 수 있다는 판단으로 인하여 현재의 체제를 유지하는 가운데 권한과 기능의 분배를 조정함으로써 유사한 효과를 나타내고자 한 것으로 판단된다. 개편안을 알아보기 쉽게 도식화하면 <그림 7>과 같은데, 현재에 비해 참모총장에게 작전지휘권(다른 말로 하면 군령권)이 추가되고, 합참의장에게 인사 및 군수에 관한 기능(군정권의 일부)이 추가되도록 계획되어 있다.

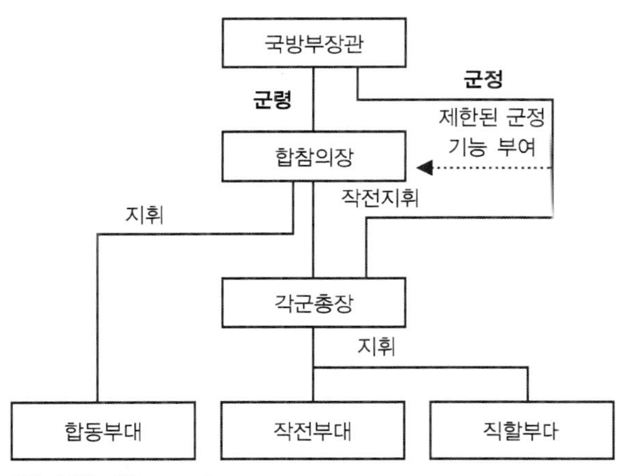

출처: 국방부 2011a. p. 5.

그림 7 ▶ 국방개혁 307의 개편안

또한 각군본부는 작전본부와 작전지원본부로 개편하고, 그 중에서 각 작전본부는 3군사령부/해군작전사령부/공군작전사령부에 위치한다는 계획으로서, 현재 용인(현재의 1, 3군사령부를 통합한 후), 부산, 오산에 있는 육·해·공군 작전사령부를 육·해·공군의 작전본부(참모부)로 성격을 변화시킨다는 개념이다. 그리고 국군군수사령부와 국군교육사령부를 창설함으로써 군수 및 교육 분야에서 합동성을 강화한다는 방안도 포함되어 있다.

이러한 개편안에 대하여 비판 여론이 제기되자, 추진하는 측에서는 그 내용의 일부를 조정하여 비판을 수렴하고자 노력하였다. 합참의장 1인에게 과도한 권력이 집중된다는 비판을 수용하여 합참차장 2명을 추가하였는바, 합참 1차장은 정보본부와 작전본부를 담당하고, 합참 2차장은 군사지원본부와 전력기획본부를 담당하도록 하였다(국방부 2011b, 10). 또한 각군 교육사령부와 군수사령부는 현행대로 유지하기로 하였고, 소수에 의하여 일방적으로 추진되고 있다는 비판을 의식하여 국방개혁에 관한 사항을 정책회의, 합동참모회의, 군무회의, 국방개혁위원회 등을 거쳐 결정하고, 공청회, 세미나, 토론회, 설명회 등을 적극적으로 개최하겠다는 방침을 제시하였다(국방부 2011b, 24-25). 김관진 국방장관은 2011년 6월 개최된 국회 국방위에서 "국방개혁에 걸림돌이 된다면 합참의장의 군정권 삭제를 검토하겠다"는 입장을 밝히기도 하였다(조선일보, 2011/7/19).

● 분석

군대의 상부지휘구조 개편은 군대의 근간에 해당되는 사항으로서 국방의 전 분야에 상당한 영향을 끼치고 있기 때문에 그의 내용에만 주목하는 것은 의미가 적다. 이번의 상부지휘구조 개편과 관련된 직접적이거나 간접적인 영향을 비판적인 시각에서 분석하면 다음과 같다.

노력의 기회비용 측면: 이번의 상부지휘구조 추진 과정에서 노정된 가장 두드러진 현상은 그에 대한 지나친 관심과 노력이다. 상부지휘구조 추진에 반대하는 사람은 국방개혁에 반대하는 사람으로 인식될 정도로 이의 성사는 중요한 과제로 인식되었고, 다수의 신문에서도 국방개혁의 성공 측면에서 이의 통과를 촉구하기도 하였다. 역대해·공군 참모총장이 상부지휘구조에 반대하는 광고를 게재하면서 "우리는 국방개혁을 반대하는 것이 아니다. 통합군을 반대한다"라는 제목을 내건 것도(조선일보, 2011/5/20) 그러한 분위기를 인식하였기 때문이다. "상부지휘구조 개편=국방개혁"이라는 등식으로 인식함에 따라 상부지휘구조 개편이 늦어지자 전체 국방개혁도 늦어지는 현상을 초래하였다.

상부지휘구조 개편은 국방부가 발표한 국방개혁 73개 과제 중의 하나일 뿐이고, 2011년과 2012년에 추진되어야 할 37개 단기과제 중의 하나일 뿐이다(국방부 2001a, 24). 상부지휘구조의 개편이 중요한 사안임은 분명하지만, 그의 성사 여부가 국방개혁의 성공과 실패를 좌우한다고 보기는 어렵다. 그러나 한국군의 주된 관심이 상부지휘구조로 쏠리는 상황에서 나머지 과제를 담당하는 부서가 필요한 추진 동력을 확보하기는 어려웠던 것이 현실이다. "현존 전력 발휘의 완전성 보장, 전력 증강 우선순위 조정, 북한 특수전 부대 위협 대응체계 강화, 국지도발 대비능력 확보, 서북도서 방어능력 보장, 장병 정신전력 강화, 병 교육훈련체계 강화" 등의 제목에서 알 수 있듯이 36개의 단기과제 모두가 강도 높은 토론과 노력의 집중적 투자를 요구하는 성격의 과제였고, 군 수뇌부의 필요한 지침이 적시에 제공되었다고 보기는 어렵다.

이번의 상부지휘구조 개편이 신속하게 추진되었다면 그 후 나머지 과제들의 추진으로 노력을 전환시킬 수 있었을 것이고, 전체 국방개혁의 추진 속도도 높아졌을 것이다. 그러나 관련된 법률안이 국회를 통과하지 못함에 따라 상부지휘구조 개편에 계속적인 관심을 투입하지 않을 수 없었고, 따라서 다른 분야는 상대적으로 등한시될 수밖에 없었다. 그렇기 때문에 상부지휘구조 개편의 지체와 함께 국방개혁 전체도 표류하고 있다는 평가가 내려지기도 하였던 것이다(조선일보, 2011/7/27).

　개편 명분 측면: 307계획에 의한 상부지휘구조 개편 논의와 관련하여 가장 먼저 제기된 비판은 "왜 개편해야 하느냐"에 대한 논리가 미흡하다는 것이었다. 이번 상부지휘구조 개편은 연평도 포격 직후 그와 같은 사태의 재발을 방지하기 위한 방안에 포함되어 제기된 것이기 때문이다. 그 과정을 설명해보면, 2010년 3월 26일 천안함 피격 이후부터 국방개혁과제를 검토해오던 국가안보총괄점검회의가 2010년 11월 23일 연평도 포격 후 그러한 사태의 재발을 방지하기 위한 다양한 방안 중의 하나로 "합동군사령부" 설치를 골자로 하는 안을 제시하였고, 이것이 2010년 12월 6일 국방선진화추진연구회를 통하여 대통령에게 보고되었다(조선일보, 2010/12/7). 그러나 2010년 12월 4일 새로 취임한 김관진 국방장관은 합동군사령부의 경우 위헌 논란이 제기될 수 있다는 보고를 받은 후 2~3개월의 내부검토를 거쳐 현재의 개편안으로 변경하여 발표하게 되었다. 천안함과 연평도 사태가 아니라 2015년 전시 작전통제권 전환에 대비하는 측면을 핵심적으로 고려하였다는 설명에도 불구하고, 개편안이 발전되어온 과정 자체는 연평도 포격과 직접적인 관련이 있었던 것은 사실이다. 전시 작전통제권 전환으로 인하여 개편이 불가피하였다면, 원래의 전환 예정이 2012년 4월 17일이었기 때문에 최소한 2007년이나 2008년 정도에 상부지휘구조 개편이 추진되었어야 한다는 논리가 된다. 역대 해·공군

참모총장들이 반대 광고를 내면서 가장 먼저 거론하고 있는 것이 "진단도 잘못되었고, 개편사유도 불분명하다"는 것으로 천안함과 연평도 사태는 군사지휘기구 수준의 전문성, 지휘능력, 위기의식의 부족 때문이었지, 합동성이나 조직의 문제가 아니라는 주장이었다(조선일보, 2011/5/20).

개편 명분의 미흡은 자체에서도 인정하였다고 할 수 있다. 3월 8일 상부지휘구조 개편 계획 발표에서 국방부는 "천안함 사태, 연평도 포격 도발을 통한 우리 군의 합동성 강화에 대한 공감대 형성"을 강조하면서, 합동성 강화를 위한 첫 번째 과제로 "우리 안보환경에 맞는 상부지휘구조 개편"을 저시하고, 그 방향으로 "군정·군령 기능의 획일적 구분에 따른 부작용 보완 및 중첩성 해소, 전시 작전통제권 전환 대비 효율적인 한반도 전구작전 수행체제 구축, 합동성 강화 및 3군 균형발전을 위한 의사결정체계 보장"의 순서로 열거하고 있다(국방부 2011a, 4-5). 그러나 개편 명분의 적절성에 대한 비판이 발생하자, 5월 발간된 책자에서는 "2015년 전시 작전통제권 전환에 대비하여 우리 군의 주도적 역할을 강화할 필요"를 가장 우선적인 명분으로 제시하였고(국방부 2011b, 4), 이후의 설명에서는 모두 전시 작전통제권 전환에 따른 시대적 필요성을 강조하였다(국방부 2011c).

2015년 12월 1일로 예정되어 있는 전시 작전통제권 전환에 대비하여 상부지휘구조를 개편한다는 명분이 타당하다고 하더라도, 개편안이 그에 부합되느냐는 것은 확신하기 어렵다. 개편 명분과 개편의 핵심내용을 연결하면, 2015년 12월 1일에 전시 작전통제권이 전환되기 때문에 각군 참모총장에게 군령권을 부여해야 한다는 것이 되는데, 전자와 후자가 어떤 상관관계를 갖고 있는지 명확하지 않기 때문이

다. 전시 작전통제권이 전환되면 어떠한 문제가 야기되고, 그것을 해
결하기 위한 방법은 몇 가지가 있는데, 그 중에서 최선은 각군 참모
총장에게 군령권까지 부여하는 것이라는 논리적 설명이 필요하다. 또
한 전시 작전통제권이 전환되면 "한미연합사령부가 수행하던 전구작
전 지휘기능을 한국군이 수행하고, 한반도 안보위협 대응에 있어서
한국군의 주도적 역할과 책임이 증대"되기 때문에 상부지휘구조를
개편해야 한다는 것인데, 그것이 그러한 문제의 유일한 해결책이라고
보기는 어렵다. 개편안대로 할 경우 전시에 한국의 4성 장군인 공군
참모총장이 미 7공군사령관의 작전통제를 받게 된다는 문제점이 제
기된 바와 같이 개편 자체가 한미연합작전체제를 혼란에 빠지게 한
다는 비판도 제기된 바 있다(조선일보, 2011/5/20).

또한 아직 4년이 넘게 남아 있는 시점에서 어떤 방안을 신속하게
결정하지 않으면 곤란하다는 설명도 설득력을 갖기는 어려웠다. 상부
지휘구조를 추진하는 로드맵은 2011년에 법안이 통과되면 2012년에
개편을 실시하고, 2014년에 검증하여 2015년에 완료한다는 일정이었
는데(국방부 2011b, 26), 제기된 후 2년 만에 상부지휘구조 개편을 완
료한 8·18 계획의 사례를 참고할 경우 4년 정도의 시간이 필요하지
는 않을 수 있다. 신속히 개편한 후 충분한 검증의 시간을 갖는 것보
다 늦더라도 충분히 검증한 후 개편한다는 방향이 합리적이다.

더욱 중요한 사항은 현재의 상부지휘구조가 심각한 문제점을 지니
고 있다는 점이 충분히 적시되지 않았다는 점이다. 국방대학교의 김
열수 교수는 DMZ에서 육군부대가 작전을 할 때 육군 참모총장이 지
휘할 수 없고, 1996년 동해안에 잠수정을 통한 공비가 침투하였을 때
육군참모총장이 지휘한 예를 제도화할 필요성이 있으며, 작전사령부

와 각군본부의 업무중복이 발생하고 있고, 군정과 군령의 구분이 애매하여 통합해야 한다는 이유를 제시하였지만(김열수 2011, 17-18), 이러한 사항들이 진정한 문제인지, 그리고 상부지휘구조 개편 아니면 해결이 불가능한 것인지는 확실하지 않다. "현재 우리 군의 군제와 상부 지휘구조는 우리나라의 정치제도와 전략환경에 적합한 합리적인 제도로서 서방 선진국에 비해 우수함은 물론 미국에 비해서도 손색이 없는 훌륭한 제도로 이미 20여 년 동안 시행을 거쳐 정착된 것이다"(장성 2011, 25)라는 의견도 존재한다.

개편 내용 측면: 완전한 방안이란 있기 어렵고, 동일한 내용이라그 하더라도 시각에 따라서 다르게 평가될 수밖에 없으며, 내용상의 믄제보다 더욱 큰 다른 장점이 있을 경우 추진은 정당화될 수 있다. 그럼에도 불구하고, 내용상의 문제점을 정확하게 인식해야 장단점의 겨산이 가능하다는 점에서 307계획의 상부지휘구조 개편안과 관련된 몇 가지를 열거하면 다음과 같다.

이번에 추진했던 개편안은 3군병립제의 형식에 통합군제의 내용(합참의장의 인사권 강화와 각군 참모총장의 작전지휘 보장)을 가미한 절충형으로서의 제한사항을 내포할 수밖에 없었다. 예를 들면, 각군 참모총장이 행사하는 인사권의 일부를 합참의장에게 부여한다는 의도는 좋지만, 현실적으로 어느 정도의 인사권을 부여할 것인지를 정확하게 구분하기 어렵고, 합참에 근무한다고 하여 우선적으로 진급시킬 수도 없는 일이다. 미군의 경우 합동성 강화를 위한 1986년 Goldwater-Nicholas 법안에서부터 이 문제를 고민하였으나 합참의장의 인사권을 강화하기보다는 합동자격제도(Joint Qualification System)와 같은 제도적 장려책으로 해결하고 있다.[41] 또한 각군 참모총장이 현재의 작전지원에 작전지휘의 책임까지 부여받을 경우 이 둘을 모두 잘 처리하면 문제가 없지만, 그렇지 않을 경우에는 작전지휘도 미흡하면서 인사, 군수, 동원 등의 작전지원에도 문제가 발생할 수 있다(중앙일보, 201/3/28).

합참의장의 인사권에 관한 사항을 추진하지 않을 수도 있다고 할 경우 상부지휘구조 개편안에서 핵심사항으로 남은 것은 각군 참모총장에게 작전지휘권을 추가한다는 것이었는데, 합참의장이 육군의 1군 및 3군 사령관과 해·공군 작전사령관들을 직접 지휘하여 작전을 수행하는 현재의 체제보다 지휘제대가 하나 증가되는 것은 사실이었다. 더구나 개편안대로 시행할 경우 작전본부가 원거리에 떨어져서 위치하게 되는데(육·해·공군 본부는 대전의 계룡대에 위치하는 반면에, 육군 작전본부는 용인에, 해군 작전본부는 부산에, 공군 작전본부는 오산에 위치하게 된다), 이것은 당연히 반응시간을 지체시키거나 작전본부장과 참모총장 간의 긴밀한 토의를 어렵게 만들 가능성이 높았다. 유사시에 참모총장이 작전본부와 작전지원본부를 왕복하면서 통제해야 하는 불편이 존재하였고, 상시 지휘보장을 위한 시설과 장비를 추가로 구축해야 한다는 부담이 있었다.

각군 작전사령부를 각군의 작전본부로 개편하는 문제도 냉정하게 분석해볼 필요가 있는 사안이었다. 작전본부장은 참모이기 때문에 결정권이 없고 작전사령관은 지휘관이기 때문에 결정권을 보유한다는 것이 다른데, 원거리에 떨어져 있는 부대를 굳이 각군 참모총장의 참모부서로 만든다는 것은 합리적이기 어렵다. 백지상태에서 구상한다

---

41) 미군의 경우 합동교육, 합동 직위 및 훈련 경험 등을 종합적으로 산정하여 계급별로 일정한 기준을 정하고 그 기준을 넘어설 때 합참에 근무할 수 있게 하고, 장군 진급에는 필수적인 요소로 고려하도록 하고 있다. U.S. Joint Chiefs of Staff 2008 참조.

고 할 경우 핵심부서인 작전본부를 참모총장이 있는 곳과 수백 킬로
미터 떨어진 곳에 위치시키는 방안을 구상하지는 않을 것이다. "각군
본부와 작전사령부는 서류상으로만 합쳐지는 것이고, 실제로는 2개
지역에 분산되어 있어 통합의 효과를 거둘 수 없다"(이한호 201 d,
198)는 지적도 제기되었다. 추진하는 입장에서는 작전본부 체제로도
상황 처리에 문제가 없다는 입장이었지만, 문제가 없는 것이 아니라
현 체제보다 더 큰 장점이 있어야 개편이 정당화된다는 측면에서 논
리가 부족하였다.

공감대 형성 측면: 307계획의 상부지휘구조 개편이 군 내부의 공
감대와 합의를 형성한 후 추진되는 방식이었다고 평가받기는 어렵다.
국방선진화추진위원회에서 2010년 연말에 대통령에게 보고한 "합동
군사령부" 안의 경우 여론을 수렴할 여건이 되지 낳았고(연평도 포격
이후 갑자기 이 과제가 부상되었기 때문에 여론을 수렴할 물리적인
시간이 제한되었다), 현재의 개편안으로 다시 바꾸는 과정에서도 여
론을 수렴할 여건이 되지 못하였다.

이후의 추진과정에서도 적극적인 여론수렴 활동이 전개되었다고
보기는 어렵다. 2011년 3월의 계획 발표 이후 여론수렴을 위한 첫 번
째의 공식적 행사는 2011년 3월 23일 역대 국방부 장관과 합참의장,
각군 참모총장 등 예비역 장성 40여 명을 초청한 것이었는데, 이때도
기 결정된 사항을 설명하는 형식이었고, 따라서 참석자들은 불만을
나타내었다고 보도되었다. 해·공군 역대 참모총장 및 예비역 단체들
이 주요 일간지에 반대하는 광고를 게재하거나, 장성 예비역 육군 대
장이 "'군 구조 개편안' 이대로는 안 된다"라는 제목으로 25쪽에 달하
는 방대한 분석 내용을 『성우회 소식』에 부록으로 배포한 것도(장성

2011) 여론수렴이 만족스럽지 못하였기 때문이라고 유추할 수 있다. 이번 개편안은 군사전문가에 의한 심층검토와 여론수렴 과정도 없었고, 법률개정을 위한 절차(합동참모회의에서의 의결)도 제대로 거치지 않았다고 비판받기도 하였다(한성주 2011, 45)

:: "307계획" 상부지휘구조 개편의 교훈

이명박 정부가 추진한 상부지휘구조 개편은 그 의도에 비해서 결과는 좋지 않았다. 그의 추진에 지나친 노력과 시간을 낭비하였고, 결국 성사되지 못하였기 때문이다. 한국군의 경우 그 이전에도 유사한 시행착오가 존재했다는 측면에서 동일한 잘못을 반복하지 않기 위하여 몇 가지 교훈을 제시하면 다음과 같다.

● 구조개편 위주 문제해결에서 탈피

군 구조를 변화시켜 일거에 개혁적인 성과를 달성하려는 인식에서 탈피할 필요가 있다. 군구조의 개혁은 계획을 입안하거나 보고할 경우에는 그럴듯하게 보이지만, 구현하는 데 필요한 동의를 획득하는 것이 쉽지 않고, 의도하는 변화가 타당하다는 보장도 없다. 구조를 변화시킨 후 정착하는 데 상당한 시간이 소요되고, 정착되고자 하면 또 다른 구조로 변화하는 악순환을 반복할 수 있다. 구조의 변화 과정에서 구성원들의 갈등이 증폭될 수 있고, 그것을 수렴하느라 원래와는 전혀 다른 그림의 구조로 합의되기도 한다. 고급제대의 구조일수록 그 변화 여부의 선택에 신중할 필요가 있다.

구조를 변화시키지 않은 상태에서도 운용의 묘(妙)를 통하여 하결할 수 있는 방안이 적지 않다는 점에서 구조 변화의 경우 그를 추진할 경우 기대되는 장점과 소요될 비용을 계산하여 비교한 후 추진 여부를 결정할 필요가 있다. 현재의 구조에 비해 대상이 되는 구조가 갖는 장점이 변화를 추진하는 데 따르는 비용을 상회할 때 변화를 추진해야 한다는 것이다. 효과가 6이라는 A구조를 효과가 8이 되는 B구조로 변화시킨다고 할 경우 소요되는 비용이 2보다 크다면 변화는 추진하지 않아야 한다. 군대가 지니고 있는 대부분의 문제는 그것을 구성하고 있는 장병들의 정신적이거나 지적인 미흡성에 의하여 발생하고 있는데도 불구하고 대부분의 문제를 구조의 탓으로 돌리는 경향에서 벗어날 필요가 있다.

3군병립제를 통합군제로 변경하는 등으로 국방체제를 근본적으로 변화시키기보다는 세부적인 구조나 운영 측면의 변화를 통하여 동일한 성과를 달성하고자 노력할 필요가 있다. 국방체제는 워낙 근본적인 사항이라서 그것을 변화시킬 경우 초래되는 혼란과 정착에 소요되는 시간 및 노력이 예상외로 크기 때문이다. 그렇기 때문에 대부분의 국가에서는 3군병립제든 통합군제든 한번 선택하면 쉽게 변화시키지 않는 것이다. 국방부-합참-각군본부의 구조 변화는 최소화하는 가운데 야전 전투부대 구조의 모듈성(modularity)과 맞춤성(tailorability)을 강화하는 방향으로 구조 변화의 중점을 전환할 필요가 있다. 그러한 노력으로 해결할 수 없을 정도로 문제가 심각하여 상부지휘구조의 변화가 불가피하다고 판단될 경우에만 그것의 변화를 검토해야 할 것이다.

더욱 중요한 조치는 군사적 위기에 효과적으로 대응할 수 있는 합참의 인적역량을 실질적으로 강화하려는 노력이다. 동일한 구조라도 어떤 사람이 운영하느냐에 따라서 그 역량이 달라지기 때문이다. 이번 상부지휘구조 개편을 촉발시킨 연평도 포격의 경우 "조직보다는 사람이 문제"였다는 역대 해·공군 참모총장들의 지적(조선일보 2011/05/20, 34)이 더욱 설득력이 있다. 싸워 이길 수 있는 군대를 건설하거나 유사시 승리를 보장하려면 어떤 사람을 합참의장으로 보임해야 하고, 어떤 보좌기구를 설치하며, 국방장관이나 각군 참모총장과 어떤 방식을 통하여 긴밀하게 협의 및 협조하도록 할 것인지를 검토하여 필요한 조치를 강구할 경우 상부지휘구조를 변화시키는 것보다 더욱 단기간에 문제점을 해소하거나 성과를 높일 수 있을 것이다.

● 국방운영의 효율성 향상

현대적인 국방개혁에는 필요한 부분에 재원을 집중적으로 투자할 수 있어야 하고, 이를 위해서는 불필요한 부분에서 예산을 절약할 수 있어야 한다. 자본주의 사회에서의 모든 변화는 상당한 재정적 뒷받침이 없이는 곤란한데, 개혁을 위한 예산을 추가적으로 확보하는 것이 점점 어려워지고 있기 때문이다. 전투준비태세를 약화시키지 않는 범위 내에서 사업의 우선순위를 정확하게 판별하고, 덜 우선적인 분야의 투자는 과감하게 감축시킬 수 있어야 한다. 이 분야는 객관적인 평가가 가능하고 성과를 가시화할 수 있다는 점에서 성공의 가능성이 높고, 국민적인 기대에 부응할 수 있는 장점이 있다. 예산의 가감을 통한 통제와 변화는 자본주의 시대에서 가장 합리적이면서 효과적인 변화 수단이다. 국방장관을 비롯한 군 수뇌부의 입장에서는 작은 분야로 인식될 수도 있으나 제거한 낭비요소가 지속되었을 경우와 효율적인 예산사용이 조기에 정착되었을 경우를 비교해 보면 그 차이는 엄청날 수 있다.

국방의 모든 분야에서 효율성(efficiency)[42]을 강조할 필요가 있다. 조금 나은 상태로 변화시키기 위하여 상당한 예산을 사용하는 것을 자제하고, 비용대효과(cost-effectiveness)를 확실하게 분석해본 뒤에 타당한 것으로 판별된 사업만 추진할 필요가 있다. 개혁의 타당성이나 추진 여부를 판단하는 가장 중요한 기준으로 예산의 가용성이나 비용대효과의 정도를 고려하고, 이로써 국방개혁의 실현가능성을 높여 나가야 한다. 동일한 임무를 최소한의 인원으로 수행하거나 동일한 인원으로 더욱 많은 임무를 수행하도록 함으로써 군대의 전반적인 효율성을 향상시켜 나가야 한다. 효율성이 미흡한 분야를 식별하여 과감한 변화를 도모할 수 있어야 한다. 이로써 국방예산의 효율적 사용을 보장해야 하고, 이와 같이 노력하면서 필요시 국민들에게 국방예산을 증대시켜 줄 것을 요청하여야 할 것이다.

충분한 사전분석 없이 한때의 유행이나 몇몇 사람의 건의에 근거하여 사업을 추진하지 않도록 유의할 필요가 있다. 이러한 사업들은 우선은 그럴듯해 보이지만 실제 성과는 미흡한 경우가 많고, 결과가

---

42) 효율성은 투입된 노력이나 비용과 산출된 결과를 비교하는 개념으로서, 결과의 달성을 위한 수단과 방법의 적절성에 초점을 맞추어 판단하며, 동일한 노력이나 비용으로서 더욱 큰 결과를 산출했거나 작은 노력이나 비용으로서 동일한 결과를 산출하면 효율성이 높다. '일을 옳게 하는 것'(doing things right)을 의미한다. 이에 비하여 효과성(effectiveness)은, 결과의 달성 여부와 정도에 중점을 두는 개념으로서, 수단과 방법은 중시하지 않으며, 요망하는 결과를 달성하거나 그 결과가 크면 효과가 큰 것이다. 이는 일의 선택에 관한 것으로서 '옳은 일은 하는 것'(doing right things)을 의미한다. 극단적으로 보면 효과는 결과에 관한 것이고 효율은 방법에 관한 것이기 때문에 효과적이지 못하면 효율성은 의미를 갖지 못하지만, 어느 수준 이상의 효과는 보장된 상태에서 대안들의 질을 비교하는 것이 통상적인 경우이기 때문에 실제에 있어서는 효율성이 중시된다.

과장되는 경우가 많기 때문이다. 한 측면의 문제점을 시정하기 위하여 어떤 조치를 도입할 경우 다른 측면에서 더욱 심각한 부작용이 대두될 수 있다. 한국군의 경우 한두 사람의 설득력 있는 건의와 수뇌부의 직관적 판단이 결합하여 다양한 측면에서의 검토 없이 사업을 추진하여 실패한 경우가 적지 않다. 대부분의 사업을 추진하려면 그 현실성과 성과에 대한 충분한 검토가 선행되도록 제도화할 필요가 있고, 어떤 사업이 실패할 경우 그것을 제기하거나 결정한 사람이 책임을 지도록 하는 관행을 정립할 필요가 있다.

군대 운영의 효율성 차원에서는 외부활용(outsourcing)이란 새로운 역할분담의 체제를 최대한 활용할 필요가 있다. 전투와 관련된 필수적인 분야는 군인이 담당하고, 그 외 전투근무지원은 물론이고 전투지원의 일부까지도 민간분야의 역량을 활용함으로써 전투분야에 대한 군대의 노력 집중을 보장하는 개념으로 발전하고 있기 때문이다. 비록 유사시의 신뢰성(reliability)이 문제가 될 수는 있지만, "사설군사회사"(Private Military Company)라는 용어가 등장하였듯이 군대의 기능 중에서도 자본주의적 시장경제의 원리를 적용할 수 있는 분야를 확대해나감으로써 효율성을 극대화해 나가고 있기 때문에, 외부활용의 범위를 점진적으로 확대해 나갈 수 있어야 한다. 또한 외부활용의 개념은 부대 간에도 적용될 필요가 있다. 자신의 부대는 핵심적인 기능에만 집중하고 그 외의 기능은 다른 부대로부터 차용함으로써 전문성을 집중적으로 향상하여 추가적인 재원 없이 임무수행역량을 증대시킬 수 있기 때문이다. 이것이 바로 네트워크중심전을 비롯한 현대의 전쟁수행방식이 지향하고 있는 바로서, 군종(service)이나 소속에 얽매이지 않고 효율성을 기준으로 통합운영의 범위를 확대해 나가야 한다는 방향을 제시하고 있다.

● 한미연합사령부 해처에 대한 차분한 접근

2015년 12월 1일에 한미연합사령부가 해체되면[43] 한반도에서의 군사작전 시행에 있어서 상당한 변화가 발생할 것이라는 것이 대부분의 인식이다. 국방부의 국방개혁실장도 "패러다임의 전환"을 요구할 정도의 기로라고 평가한 바 있듯이(홍규덕 2011, 24), 상부지휘구조 변화가 불가피한 이유로 한미연합사령부 해체를 언급하고 있다. 그러나 냉정하게 생각해보면 한미연합사령부가 해체된다고 하여 한국군의 국방체제가 변화되어야 한다는 논리에는 상당한 과장이 존재한다. 한미 양국군을 통합적으로 지휘하는 단일사령부가 존재하다가 해체되면 각자의 군대는 각자가 지휘하면서 필요시 협조하는 기구만 설치하면 될 것이기 때문이다. 한미연합사령부가 해체된다는 것은 현재의 미일동맹 형태로 변화한다는 것인데, 일본의 경우 특별한 형태의 상부지휘구조를 지니고 있는 것이 아니고, 보편적인 3군병립제를 유지하고 있다. 한국의 경우 한미연합사령부 해체에 대비하기 위해서는 국방체제를 변화시키는 것이 아니라 협조기구를 제대로 보강하여야 한다. 그리고 이러한 조치는 상부지휘구조 개편이 거론되기 이전부터 한미 간에 긴밀하게 협의되었고, 상당한 진전을 이루고 있는 상태이다. 상부지휘구조 개편에서 강조하고 있는 바와 같이 각군본부가 군령권을 갖게 되면 기존에 발전시켜오고 있는 협조체제가 더욱 혼

---

43) 대부분의 경우 "전시작전통제권 전환"으로 언급하고 있으나, 이 용어는 그의 구체적인 내용을 정확하게 전달하지 못하는 한계가 있다. 따라서 제언을 제시하는 부분이기 때문에 전시작전통제권 전환의 실제적인 결과인 "한미 연합사령부 해체"라는 응어를 사용하고자 한다.

란스러워질 것이라는 우려도 제기되고 있다(이한호 2011c, 54-55).

한미연합사령부가 해체될 경우 상부지휘구조와 관련하여 한국군이 검토하거나 미국과 협조할 필요가 있는 구조에 관한 사항은 유엔군사령부의 위상과 역할일 것이다. 유엔군사령부는 1950년 7월 14일 이승만 대통령으로부터 "현 적대행위의 상태가 계속되는 동안 일체의 지휘권을 이양"받은 후 1954년 11월 7일 "한국에 대한 군사 및 경제 원조에 관한 대한민국과 미합중국 간의 합의의사록"을 통하여 작전통제권으로 공식화하여 권한을 보유하게 된(안광찬 2002, 67) 기관으로서, 법리상으로 보면 한미연합사령부가 해체될 경우 작전통제권을 다시 환수해야 하는 입장일 수도 있다. 따라서 한미연합사령부가 해체될 경우 유엔군사령부를 어떻게 활용하고, 한국 합참과는 어떤 관계를 가져야 하며, 유사시에는 유엔군사령부가 어떤 역할을 수행하는 것이 적절하거나 한국에 유리한가를 깊이 있게 검토하고, 그에 따라 한국군의 구조를 변화시켜야 할 부분이 있는지를 검토할 필요가 있다.

나아가 한반도에서 전쟁이 재발하였을 경우 또다시 한미연합사령부와 같은 연합의 단일사령부를 설치해야 할 경우를 위한 대비도 필요하다(박휘락 2009, 180). 전쟁원칙(Principle of War)의 하나로 포함되어 있을 정도로 단일 지휘관에 의한 지휘(Unity of Command)는 전쟁승리에 필수적인 사항이기 때문이다. 한번 한미연합사령부를 해체하였다고 하여 한국군과 미군이 계속하여 별도의 작전을 수행한다는 것은 합리적이지 않다. 유사시 한미연합사령부를 다시 설치해야 한다면 그 형태는 어떠해야 하고, 한국군은 어떤 구조여야 하며, 이를 위하여 평시부터 준비해두어야 할 사항은 무엇인지에 관한 토론과 조치가 필요할 것이다.

● 합동성 강화를 위한 실질적 조치 강구

이명박 정부가 상부지휘구조 개편을 추진하게 된 시발점은 천안함과 연평도 사태를 통하여 한국군의 합동성이 미흡하다는 문제인식이었다. 그러한 문제인식이 타당하냐는 것은 차치하더라도 육군, 해군, 공군 간의 노력통합을 강화해 나가야 한다는 데는 의문의 여지가 없다. 다만, 지금까지는 구조의 변화를 통하여 일거에 그러한 목표를 달성하고자 함으로써 성과를 달성하지 못했던 것이다. 따라서 이제부터는 구조적인 접근방식에서 벗어나 운영적 측면에서 합동성을 강화할 수 있는 다양한 조치를 적극적으로 강구해나갈 필요가 있다. "교리, 구조 및 편성, 무기·장비·물자, 교육훈련, 인적자원, 시설, 간부개발"이라는 전투발전 분야 전반에 걸쳐 합동성을 강화하고자 노력할 때 실질적인 성과 달성이 보장될 것이다.

장기간이 소요되더라도 교리(doctrine)의 발전을 통한 근본적이고 자연스러운 합동성 강화를 지향할 필요가 있다. 육·해·공군을 통합적으로 활용하여 전쟁을 수행하는 방향으로 교리가 발전되면 그에 기초하여 작전계획을 수립할 것이고, 그러한 방향으로 훈련을 할 것이며, 그렇게 되면 전장에서의 합동성은 저절로 달성될 것이기 때문이다. 특히 한국군의 경우 합동참모대학에 합동교리 발전을 위임해둔 데서 알 수 있듯이 구조의 변화를 통하여 일거에 합동성을 강화하고자 노력함에 따라 합동교리의 발전은 상당할 정도로 지체된 상태이다. 합참의장의 지시를 받아 합동교리의 발전소요를 도출하고, 종합적으로 연구 및 발전시키도록 한 다음, 체계적으로 발간하는 부서를 설치하거나 강화할 필요가 있다. 합동참모대학에 편성되어 있는 합동교리 발전부의 권한과 역량을 증대시키거나 합참의 참모부서로 편제시킬 필요가 있다. 합동교리를 기본으로 하면서 각군 교리가 이를 보완하는 형태로 교리 적용의 우선순위를 바꿔야 할 것이다.

합동성에 지나치게 집착하는 것도 지양되어야 할 사항이다. 합동성은 전쟁에서 싸워 이기기 위하여 필요한 것이지 그것 자체가 목적은 아니기 때문이다. 2003년 이라크 전쟁에 적용된 효과기반접근작전(Effects-based Operations)의 이론적 체계화에 노력한 미 공군의 데프툴라(David Deputula) 장군이 "합동성은 주어진 상황을 해결하기 위하여 가장 효과적인 군사력을 사용하는 것이다"(Deptula 2001, 9)라고 설명하고 있듯이, 합동보다는 개별 무기 및 부대의 임무수행 효과성을 더욱 중요시할 필요가 있다. 각군별로 유지해야 할 고유한 전통, 긍지와 자부심도 합동성 못지않게 중요하기 때문이다. 합동성은 각군 간의 상호 이해와 신뢰를 전제로 하는 것이기 때문에 하향식 통합보다는 각군의 자발적 참여를 전제로 할 때 극대화될 수 있다는 점을 유념하여야 할 것이다.

● 문화적 개혁 병행

국방개혁의 성공을 보장하기 위해서는 유형적인 분야에서의 변화도 중요하지만 무형적인 분야, 즉 의식과 문화의 변화도 중요하다. 국방개혁을 긍정적으로 인식하는 가운데 각자의 분야에서 더욱 개선된 상황을 조성하기 위하여 노력하는 의식과 문화의 정착 없이는 국방개혁이 성공할 수 없기 때문이다. 개혁은 소수에 의하여 추진될 수는 있지만, 모든 장병의 동참 없이는 성공할 수 없다. 모든 장병들이 자신이 담당하고 있는 분야에 존재하는 문제를 식별하여 적극적으로 수정 및 보완해 나가고자 하는 의식적이면서 문화적인 체질이 형성되어야 한다.

특히 한국군의 경우 현 시대의 요구에 부합되는 방향으로 문화를 변화시켜 나가야 할 당위성은 매우 크다. 한국군의 경우 단기적 성과 과시, 진급 우선주의와 같은 부정적 문화가 존재하고 있다고 비판되고 있는 바, 이를 시정하지 않는 한 어떠한 개혁조치도 용두사미로 종결될 것이다. 어떤 개혁안이 제시되었을 때 수뇌부는 이에 대한 허심탄회한 토의를 보장하고 장병들은 적극적으로 자신의 의견을 제시하는 문화가 형성되지 않을 경우 공감대 형성과 이에 근거한 개혁의 실천은 기대하기 어렵다. 또한 부여된 임무를 달성하는 데 필요한 사람을 선발하여 충분한 권한과 근무기간을 보장하는 문화가 발전되지 않고는 어떤 개혁조치도 지속성을 갖기 어렵다. 컴퓨터망을 통하여 모든 장병들이 아무리 잘 연결되어 있어도 자유로운 의사소통을 허용하지 않는 권위주의적인 문화가 존재할 경우 국방분야의 효율성은 향상될 수 없다.

국방개혁의 기본적 조건으로서 한국군이 강조하여야 할 사항은 군사이론에 대한 학습, 연구, 그리고 적극적인 토의이다. 간부들이 군사적인 문제에 대하여 깊게 이해하거나 고민하지 않는다면 바람직한 개혁방향과 계획을 설정하거나 시행할 수 없기 때문이다. 한국군의 경우 수차례의 일과성 개혁 조치에만 치중한 나머지 이 분야에 대한 관심이 급격히 떨어진 상태라는 점에서 군사문제에 대한 학습과 공부를 각별히 강조할 필요가 있다. 알지 못하는 상태에서는 옳은 방향과 방법을 찾아내어 실천할 수 없기 때문이다. 한국의 경우 첨단의 무기체계를 확보하기 위한 경제력과 기술력이 제한되기 때문에 창의적인 군사이론이나 군사작전 수행개념을 발전시켜야 할 당위성은 더욱 크다. 군사이론에 대한 학습 없이 개혁에 성공하고자 하는 것은 매뉴얼을 읽지 않고 기계를 조작하는 것과 같이 위험한 일이다.

:: 결론

상부지휘구조의 개편을 통하여 한국군의 근본적인 체질을 변화시키고, 이로써 새로운 방향으로의 개혁을 활성화하겠다는 의도는 충정에서 비롯된 것이었다. 그러나 나타난 결과는 의도와 다르게 국방개혁을 위한 시간과 노력을 낭비하거나 국방개혁에 관한 피로증만 초래한 점이 적지 않다. 군대의 발전을 위하여 함께 고민해야 할 현역과 예비역 간에 갈등을 야기시킨 부작용도 적지 않았다. 그 교훈을 잘 분석하여 이러한 시행착오를 반복하지 않도록 할 필요가 있다.

이명박 정부가 추진한 상부지휘구조 개편 시도는 군 구조라는 외형적 변화를 통한 개혁의 위험성을 극명하게 노정하였다. 의도한 대로 추진되었을 경우 국방개혁의 속도를 높일 수는 있었겠지만, 그에 지나치게 집착함으로써 국방개혁을 위한 시간과 노력의 대부분을 소모하게 되었고, 결과적으로 국방개혁 전반에 걸친 성과를 미흡하게 만들었다. 개편안에 대한 자유로운 토론과 넓은 공감대가 보장되지 않은 상태에서 국방개혁실을 중심으로 추진됨에 따라 개편 자체가 목적이 된 측면이 있었고, 합참차장이나 참모차장의 추가적인 설치에

서 보듯이 통과를 위한 타협 과정에서 원래의 개편안이 상당할 정도
로 훼손되기도 하였다.

이번 상부지휘구조 개편에서 가장 우선적으로 교훈을 도출해야 할
사항은 정책적 과제 추진에 대한 책임성을 분명히 할 필요가 있다는
점이다. 시도한 의도는 이해된다고 하더라도 성과 없이 상당한 시간
과 노력만 낭비하였다면 누군가가 책임지는 것이 마땅하다. 진정으로
탁월한 참모였다면 애초부터 그의 실현가능성을 판단하여 건의에 신
중하였을 것이다. 또한 충분한 분석 없이 일방적인 지원 의사를 표명
했던 사람들도 어느 정도의 책임의식을 느껴야 할 것이다. 어떤 정책
이 성공할 경우 상을 받도록 함과 동시에 실패하였을 경우 책임을 물
음으로써 신중한 정책 추진을 보장할 필요가 있다.

중요한 것은 국방개혁을 주창하거나 거창한 계획을 제시하는 것이
아니다. 미래에 보탬이 되는 방향으로 한 가지라도 구현하고, 그것이
제도화되도록 하는 것이다. 또한 국방개혁은 국방장관을 비롯한 군
수뇌부만이 담당하는 것은 아니다. 모든 장병들이 자신의 업무를 더
욱 효율적으로 수행하고자 노력할 때 그러한 결과들이 누적 및 종합
되어 후세에 의하여 국방분야가 개혁되었다고 평가되는 것이다. 국방
분야에 내재하고 있는 각종 전근대적인 제도의 개혁과 양성부터 고
급간부 재교육에 이르는 간부교육체계의 전반적 검토 및 중복과 누
락의 교정, 국방예산의 효율성 향상을 위한 각종 관행과 제도 개선,
그리고 전근대적인 문화와 의식의 개선에 관한 관심과 비중의 증대
를 중요시할 필요가 있다. 시행착오를 겪고 나서라도 제대로 된 방향
으로 국방개혁을 추진할 경우 그동안의 기회비용이 모두 낭비로 판
명되지는 않을 것이다.

나가며

7

1938년 9월 30일 당시 영국의 수상이었던 챔벌레인(Neville Chamberlain)은 히틀러와 뮌헨조약을 체결하고 돌아와서 국민들에게 "우리 시대를 위한 평화"(peace for our time)를 달성하였다고 보고하였다. 그러나 1년 후에 영국은 독일에 대하여 선전포고함으로써 제2차 세계대전이라는 전대미문의 참혹한 전쟁을 수행하게 된다. 그 전에 영국은 평화를 보장하겠다는 일념으로 비무장지대로 지정된 라인랜드(Rhineland)로의 독일군 진주를 묵인하고, 체코의 주데텐랜드(Sudetenland)를 할양하라는 히틀러의 요구를 수용하였지만, 이러한 유화정책(appeasement policy)이 결국은 히틀러의 야욕을 부추겨서 제2차 세계대전을 도발하게 만들었다고 평가되고 있다.

그렇다고 하여 매사에 강경하게 대응해야 한다는 것은 아니다. 외교의 기본적 임무가 그러하듯이 대화와 타협을 통하여 군사적 충돌을 막고자 하는 노력의 중요성은 아무리 강조해도 지나치지 않는다. 조선시대 친명배금(親明排金)을 원칙으로 한 강경정책이 정묘호란과 병자호란을 초래하였고, 그 결과 조선은 임금이 삼배구고두(三拜九叩 頭)하는 치욕을 당하면서 국권을 빼앗겼다. 그럼에도 불구하고 주화론(主和論)의 최명길보다 주전론(主戰論)의 김상헌이 높게 평가되는 것은 아이러니라고 할 것이다.

적에 대하여 강경해야 한다거나 유화적으로 해야 한다는 데 대하여 정답이 존재한다고 보기는 어렵다. 모든 것은 그 당시 상황과 여건에 의하여 달라진다. 그 당시에는 올바른 판단이었다고 하더라도 나중에 보면 국가의 미래에 부합되지 않은 정책으로 평가될 수도 있다. 다만, 어떠한 선택을 하든 간에 힘이 뒷받침되어야 한다. 아무런 힘도 없으면서 주전론을 강조하는 사람은 국민들의 안위는 안중에도 두지 않는 무책임한 지도자이고, 힘이 없는 상태에서 유화정책을 강조하는 사람은 당시의 평안을 위하여 나중의 큰 손해나 전쟁의 씨앗을 심었다고 비판될 것이다.

사람에게 편안할 때 필요한 것과 불안할 때 필요한 것이 다른 것은 국가에게도 적용될 수 있다. 국가가 평화로울 때는 경제를 발전시키고 활발한 외교를 펼치며 문예를 진흥시키는 분야의 사람들이 환영받게 된다. 그러나 국가가 불안해지면 이러한 우선순위가 달라진다. 국가의 안전을 보장할 수 있는 군대나 경찰이 우선적으로 필요해지고, 국민들의 피와 땀과 눈물을 요구할 수 있는 지도자가 필요해진다. 그렇기 때문에 사람들은 보험을 준비하고, 국가도 국방을 통하여 예상하지 않은 불안이 발생할 때를 대비한다.

한동안 북한과의 화해협력정책이 시행되어 북한에 대한 경계심이 약화되고, 남북한 간의 상대적 국력차가 커짐에 따라 한국에서는 안보에 대한 불안감이 덜해지고, 군사에 대한 필요성도 점점 약해지고 있다. 국가안보에 관한 토론에서도 적과 싸워 이길 수 있는 군사타세에 대한 사항보다는 외교를 중심으로 한 국제정치적 분석이 대서를 이루고 있다. 미국, 중국, 일본, 러시아들의 동향과 그들의 한반도 정책을 중점적으로 분석하거나 북한의 미래가 어떨 것인가를 예측하는 데 상당한 노력을 경주하고 있다. 국가안보라는 의제는 점점 추상화되면서 국민들의 관심에서 멀어지고 있고, 국방예산의 비중은 점점 하락하고 있으며, 앞으로의 전쟁에서 싸워 이기기 위한 군대의 노력은 적극적으로 지원되고 있지 않다.

그러나 천안함과 연평도에 대한 북한의 공격에서 나타났듯이 북한의 위협은 실제적이고, 그것은 국제정치적인 토론이나 외교로 해결할 수 있는 것이 아니다. 북한의 위협은 현재 한국이 겪은 몇 차례의 드발보다 더욱 심각하다. 800발의 북한 미사일은 한국의 어느 곳이라도 수분 내에 타격할 수 있고, 2,500톤~5,000톤의 화학무기들이 미사일이나 포탄으로 한국에 살포될 수 있으며, 심지어 핵무기까지 사용될 수 있다. 북한은 국제적인 규범을 전혀 준수하지 않고 있고, 국내의 정치적 불안을 외부에 대한 공격으로 전환시킬 상당한 동기를 갖고 있다

편안할 때는 경제나 외교가 필요하다. 그러나 불안하거나 급할 때는 군사가 필요하다. 편안할 때 필요한 것만 옆에 두는 것은 위급할 때를 대비하여 보험을 들지 않는 개인과 전혀 다르지 않다. 국가가 여유가 생길수록 그것을 잃지 않기 위하여 국방과 군사를 더욱 강화할 필요가 있다. 편안할 때라도 어려울 때를 대비하는 사람이 현명한 사람이듯이 편안할 때일수록 국방을 튼튼히 하는 것이 훌륭한 지도

자이고, 국민이다. 국제정세 위주의 허황한 토론에서 벗어나 군사에 관한 제반 사항을 실제적으로 토론하고, 최소한의 투자로 군비를 충실하게 할 수 있는 지혜를 모을 필요가 있다.

산소가 없어지면 산소가 귀한 것을 알게 될 것이다. 병이 나면 건강이 중요하다는 것을 알게 될 것이다. 그러나 더욱 중요한 것은 산소가 없어지거나 병이 나기 전에 그 중요성을 인식하고, 그러한 일이 발생하지 않도록 예방하는 것이다. 군대의 중요성을 인식하고 귀하게 여기지 않는 상태에서는 전쟁을 예방할 수도 없고, 평화를 기약할 수도 없다. 조선시대를 거쳐 계속 반복되어온 것처럼 우리 민족은 또다시 전쟁의 참화를 겪은 후에 국방에 충실하지 못했던 과거를 후회하게 되는 것은 아닐까?

8

한국 국민들은 평화적 통일을 열망하고, 그것이 유일한 해결책이라고 강조한다. 과연 그러한가? 베트남이나 예멘의 예를 들지 않더라도 양국 간의 합의에 의한 평화적 통일이 성사된 예는 많지 않다. 독일의 경우 평화적으로 통일되었고, 한국도 그러한 전례를 따를 수 있는 것으로 말하는 사람도 있지만, 동독과 북한, 독일과 한국은 유사한 점보다는 상이한 점이 많다. 해방 이후 지금까지 한국 정부가 지속적으로 노력하여 왔지만 성공하지 못한 데서 알 수 있듯이 평화적 통일은 희망과 구호로만 존재할 가능성이 크다.

한국 국민들은 "우리의 소원은 통일"이라는 노래를 소중하게 생각하고 경건한 마음으로 부른다. 그러나 현실은 그러한 소원이 구현될 가능성은 크지 않다. 몇해가 지나면 통일이 성사될 것으로 예측하지만 그러하지 못했던 것처럼, 통일은 몇해 떨어진 상태로 다가오지 못할 가능성이 크다. 국민들의 입장에서는 70년 가까은 분단의 기간이 무척 긴 것으로 생각되겠지만, 역사의 흐름에서 보면 그렇지 않을 수 있다. 어떤 민족의 통합과 분단은 몇십 년보다는 몇백 년의 주기로 반복된다고 보는 것이 타당할 것이다. 수백 년의 분단이 지속되어야 한다면 한반도는 아직도 분단의 초기 단계를 지나고 있을 뿐이다. 통일에 대한 이러한 냉정한 인식이야말로 통일에 관한 문제를 해결하기 위한 전제이다.

소원인 통일을 당겨서 이룩하고자 한다면, 국제정세나 북한의 변화에 힘입어 저절로 통일이 될 것으로 희망하거나 전강하는 데 치중하는 통일 논의의 경향부터 고쳐야 한다. 공부 잘하고자 하는 희망단으로는 공부를 잘할 수 없고, 점쟁이가 성공할 것이라고 예측하였다고 하여 성공할 수 없는 것과 같다. 희망과 예측에 의하여 통일이 될 수 있었다면 한반도는 벌써 통일이 되었을 것이다. 국제정세나 남북한의 변화에 의하여 통일이 주어질 것으로 생각하고, 그렇게 되었을 경우 남북한의 경제통합이나 군사통합은 어떻게 할 것이냐를 논의하는 비현실적 경향부터 시정하지 않는 한 통일을 달성하기는 어렵다

진정 통일을 하고 싶다고 한다면 통일을 만들어 나가야 하고, 그 만들어 나가는 방도를 고민하여야 한다. 우리의 힘과 지략으로 어떻게 통일을 달성하거나 앞당길 수 있을 것인가를 토론해야 한다. 개인의 경우 정화수 떠놓고 빌거나 점집을 찾아서 성공할 것이냐를 묻는 대신에 스스로 성공을 위한 계획을 세우고 노력하여야 하는 것과 같다. 통일은 노력하는 만큼만 가까워진다. 통일을 목표로 세웠다면 그

것을 달성하기 위한 실제적인 전략을 수립하고, 그러한 전략의 구현에 관련된 세부적인 사항을 구체적으로 검토하여 처방을 도출해야 할 것이다. 국민들의 피, 땀, 눈물, 즉 국민들의 희생이 없이 통일이 될 수는 없다. 통일은 편안하게 기다리는 것이 아니라 희생을 각오하면서 만들어 나가야만 하는 것이다.

9

2011년 3월 26일 북한의 어뢰정이 한국의 군함인 천안함을 기습적으로 공격하여 침몰시키고 46명의 해군장병을 전사하도록 하였다. 그리고 2010년 11월 23일 북한은 한국의 영토인 연평도에 170발 정도의 포격을 가하여 군인 2명을 포함한 4명의 국민을 사망하도록 만들고, 다수의 건물을 파괴시켰다.

남북한 간에 군사적 충돌이 발생할 경우 그것은 군사적 충돌 자체로서 끝나지 않는다. 남북한 간에 진행되어온 다양한 정치적, 경제적, 사회적, 인도적 교류를 중단하게 만들 뿐만 아니라 화해와 협력의 기반 자체를 흔들게 된다. 한국이 아무리 대승적인 차원에서 북한을 이해하고 남북관계를 개선하고자 하지만 북한이 도발하여 국민을 사망하게 만든 사태를 없던 것처럼 무시할 수는 없는 일이다. 남북관계를 개선하려면 어떤 식으로든 북한이 천안함과 연평도 사태를 인정 및 사과해야 한다는 한국의 입장은 주권국가로서 당연한 조치일 수밖에 없다.

천안함과 연평도 사태는 통일 자체를 어렵게 하는 사태로까지 남북관계를 위협하고 있다. 두 사태 이후 한국이 북한을 지원하지 못하게 되자 북한은 중국과 러시아로부터의 지원을 모색하게 되었고, 따라서 한반도에 대한 그들의 영향력이 커지고 있으며, 결국 한국 주도의 통일은 점점 멀어지는 상황으로 전개되고 있다. 이제 북한은 통일되지 않은 채로 남아 있는 것이 아니라 중국의 영향권 밑으로 점점 들어가고 있으며, 우리는 어느 순간에 반도의 북쪽을 상실한 채 망연자실할 수도 있다.

앞으로 북한이 또다시 도발할 경우 남북한의 화해, 평화공존, 통일은 영원히 멀어질 수 있다. 따라서 북한의 도발을 억제하는 것은 남북한의 평화공존과 통일을 위한 전제조건이 되었다. 한국군은 북한의 지도발을 억제하거나 도발 시 초기단계에서 북한의 도발을 봉쇄할 수 있는 제반 조치를 강화하지 않을 수 없다. 북한이 도발할 수 있는 모든 상황들을 예상하고, 상황별로 실질적이면서 확고한 대응태세를 구비해야 한다. 이러한 태세를 통하여 북한에게 도발해도 성공할 수 없다는 점을 명확하게 전달할 수 있어야 한다.

이러한 대비태세 못지않게 중요한 것은 국민들의 의지이다. 다음에 북한이 도발할 경우 자위권 차원에서 과감하게 대응하여 우리에게 끼친 피해보다 더욱 큰 피해를 북한에게 가하겠다는 국민적 각오가 전제될 때 북한은 스스로 도발을 자제하게 될 것이기 때문이다. 우리 국민들이 전쟁이나 군사적 충돌을 두려워하는 마음을 가질수록 북한은 더욱 그러한 도발로 한국 정부와 국민들을 협박하게 될 것이다. 이율배반적이지만 일방적인 대북지원이나 남북관계를 강조할수록 북한의 도발을 자극할 가능성이 높아진다.

한국이 철저한 방어조치를 강구함으로써 도발해도 성공할 수 없다고 확신하게 될 경우 북한은 한국과의 화해협력을 진지하게 고려하게 될 것이다. 한국의 강력한 도발억제 및 대응태세를 확인한 북한의 정치지도자들은 무모한 도발을 자제하게 될 것이고, 군사 차원의 회담과 대화를 허용하게 될 것이다. 한 번의 북한 도발이 한국의 대응과 이에 대한 북한의 재도발로 상황을 계속 악화시킬 수 있는 것과 마찬가지로, 한 번의 북한 도발억제가 한국의 화해협력정책 시행을 가능하도록 할 것이고, 이것이 계속될 경우 남북한 간의 진정한 화해협력, 평화공존, 통일도 가능해질 것이다.

10

2011년 3월 11일 일본에서 발생한 강진과 쓰나미로 인하여 일본 후쿠시마 원자력 발전소가 파괴되면서 방사능 물질이 누출되었고, 이것이 바닷물 및 공기를 통하여 전 세계로 확산된 바 있다. 전문가들은 인체에 유해한 정도가 아니라고 말하였지만, 한국의 국민들은 일본에서 생산되는 농수산물을 꺼리고, 일본 여행을 자제하였다. 북한은 2006년 10월과 2009년 5월 2차에 걸쳐 핵무기 제조를 위한 실험을 실시하였고, 극단적인 상황에서는 남한에 대하여 핵을 사용할 수도 있다. 핵무기가 투하될 경우 그 재앙의 정도는 후쿠시마 원자력 발전소의 사고와는 비교가 되지 않을 것이다.

북한핵 문제가 수년 동안 한반도, 동북아시아, 세계의 중요한 문제로 다루어져 왔지만, 아직 실질적인 해결책을 찾지 못한 상태이다. 과연 북한의 핵개발을 중단시키거나 개발된 핵을 폐기하는 것이 가능하냐는 질문도 제기되고 있다. 유엔결의안 1718호(2006년 10월)와 1874호(2009년 5월)를 비롯하여 다각적인 방법으로 북한에 대한 국제적 제재를 가하고 있지만 이 또한 북한의 핵개발 노력을 약화시키지 못하고 있다. 북한의 핵 개발을 포기시키기 위한 모든 당근과 채찍은 실패하였다고 판단하지 않을 수 없다. 이제는 북한으로 하여금 보유한 핵무기를 사용하지 못하도록 억제시키는 정책에 더욱 큰 비중을 둘 수밖에 없다.

무엇보다 한국의 국민들은 북한핵 문제를 우리의 문제로 인식하고, 이의 해결에 비상한 관심을 쏟을 필요가 있다. 그동안 한국은 북한핵을 미국과의 문제로 인식하고자 하는 도피심리를 보였었다. 북한은 미국을 공격하기 위하여 핵무기와 장거리 미사일을 개발하는 것으로 믿고 싶어 하였다. 그러나 북한의 핵무기는 한국에 대하여 사용될 가능성이 높고, 사용될 경우 심각한 피해를 끼칠 것이다. 북한의 핵보수는 한국이 남북분단 이후 직면한 가장 비정상적인 안보상황이다.

한국은 북한의 핵 개발을 중단시키거나 개발된 핵무기를 폐기하고자 하는 노력과 함께 북한의 핵무기 사용을 억제하기 위한 태세에 집중적인 노력을 기울이지 않을 수 없다. 우선은 북한이 핵무기를 사용할 경우 충분한 응징을 할 수 있도록 계획과 능력을 재검토할 필요가 있고, 장기적으로는 미사일 방어망 구축을 비롯한 거부능력을 확보하고자 노력하지 않을 수 없다. 상황이 더욱 악화될 경우 국민적인 대피시설의 준비도 필요할 수 있다.

그럼에도 불구하고 북한 핵무기에 대한 유일한 해결책은 선제행동을 통한 사전 제거일 가능성이 높다. 국제적으로 그 정당성을 인정받기가 어렵지만, 그렇다고 하여 북한 핵무기에 무방비로 노출된 상태여서는 곤란하기 때문이다. 한국은 열린 마음으로 가능한 모든 대안을 검토할 필요가 있고, 필요시 북한의 핵능력을 완전하게 무력화시킬 수 있는 계획과 능력을 구비하여야 할 것이다. 역설적이지만 한국이 선제행동을 비롯한 모든 대안을 고려할 경우 북한은 핵 포기를 더욱 진지하게 고려하게 될 것이다.

11

한국군은 행정부나 군 수뇌부가 교체될 때마다 국방분야의 집중적이면서 신속한 발전을 위하여 다양한 명칭의 국방개혁을 추진하였다. 최근에만 해도 2004년 7월 노무현 정부의 윤광웅 국방장관은 취임과 더불어 "국방개혁 2020"을 시작하였고, 그것을 법률로까지 제정하였으며, 이명박 정부에게까지 연결되었다. 이명박 정부는 국방개혁 2020을 계승하면서 그 내용을 지속적으로 보완하였고, 2011년에는 "국방개혁 307 계획"이라는 이름으로 상부지휘구조 개편을 포함한 종합적인 새로운 국방개혁 계획을 발표하기도 하였다.

그러나 국방개혁을 위한 계획의 발표는 국방개혁을 위한 시작일 뿐이다. 하나의 계획으로 한국군이 지니고 있는 모든 문제를 해결할 수는 없다. 오히려 실천하는 단계가 더욱 어렵다. 더구나 국방개혁을 위한 계획을 실천하는 데 있어서 한국군은 적지 않은 문제점을 노출하여온 점이 있다. 국방개혁이 반복적으로 주창되고 있다는 것은 전번의 개혁 계획이 제대로 실천되지 않았기 때문이다. 이제 한국군은 국방개혁을 위한 계획을 계속하여 가다듬거나 비판하는 데서 벗어나 결정된 사항을 실천하는 데 힘을 모으고자 노력할 필요가 있다. 실천과 성과 달성에 중점을 두어 기존의 계획을 더욱 구체화하고, 실행하며, 진도를 점검하고, 장애를 식별하여 해결하여야 한다.

국방개혁의 실천을 위하여 가장 중요한 역할을 수행해야 하는 사람은 군 수뇌부들이다. 이들이 결정하고 노력하는 사항이 지침과 모범으로 전 장병들에게 하달되어 국방개혁을 유도할 것이기 때문이다. 군 수뇌부들은 멋진 계획을 발표하였다는 사실에 만족한 채 나머지 부분은 밑의 사람에게 맡기는 자세에서 벗어나 계획을 발표한 후 더욱 세부적인 과제들을 도출하고, 일정표를 작성하여 추진하도록 지침을 제공하고 독려하여야 할 것이다. 국민과 그를 대표하는 국회에서는 군대의 충정과 고민을 신뢰하는 가운데 필요한 법적, 제도적 지원을 아끼지 말아야 할 것이고, 가능한 범위 내에서 개혁에 소요되는 예산을 지원할 수 있는 방도를 모색할 필요가 있다.

국방개혁의 실질적인 성공을 위한 조건은 국방예산 운영의 효율성 강화이다. 자본주의 시장경제에서는 충분한 재원이 보장되지 않는 어떠한 개혁 조치도 구현되기 어렵기 때문이다. 전쟁에서 승리하고자 할 경우 덜 중요한 곳에서 절약하여 더욱 중요한 곳에 병력을 집중해야 하는 것처럼, 국방개혁의 성공을 위해서도 덜 필요한 사업에서 예산을 절약하여 더욱 필요한 사업에 투자하고자 노력하지 않을 수 없다. 모든 장병들은 전투준비태세를 저하시키지 않는 범위 내에서 절약할 수 있는 분야를 식별하거나 우선순위가 낮아서 예산을 감소시킬 수 있는 분야를 골라내고, 이로써 긴요한 분야의 개혁을 위하여 요구되는 예산을 보장하여야 할 것이다. 불필요한 곳에서 절약한 1원이 적과 싸워 이길 수 있는 분야의 질을 끌어올리는 견인차가 될 수 있다.

기본적이고 무형적이라서 강조되고 있지는 않지만, 군대 전반에 걸쳐 불필요한 관행 및 불합리한 문화를 개선하고자 노력할 필요가 있다. 문화적 개혁은 드러나지 않아서 자칫 간과될 수 있지만 이것 없이는 다른 분야 개혁이 정착되기 어렵다. 관행과 문화의 개선은 장기간이 소요되거나 정착되는 것이 어려운 점이 있기는 하지만 성공하였을 경우 최소한의 예산투자로 최대한의 성과를 올리는 결과를 달성할 수도 있다. 모두가 불합리한 것으로 인식하는 관행과 문화를 과감하게 척결하고, 장병 간 상호 존중을 중시함으로써 인간관계로 인한 스트레스 및 불만을 최소화하며, 상하 간의 활발한 소통을 강화하고, 불필요한 근무 및 과시적인 업무추진을 근절할 필요가 있다.

그동안 남용되었다고 비판받을 정도로 한국군은 국방개혁을 빈번하게 약속하였고, 멋진 계획을 발표하여 왔다. 그러나 계획발표는 크게 중요하지 않다. 실천이야말로 계획에 생명을 불어넣는 활동이고, 그래서 힘들고 어려운 과업인 것이다. 변화가 시급하다고 판단되는 사항을 한 가지라도 확실하게 실천한다는 절박한 자세가 필요하다고 할 것이다.

12

김 중령은 장래가 촉망되는 우수한 장교이다. 육군사관학교 졸업 시에 우등상을 수상하였고, 동료들과의 관계도 나쁘지 않으며, 후배들에 대한 리더십도 뛰어나다는 평가를 받고 있다. 군사학에도 남다른 관심을 가져 전쟁과 전략의 문제를 열심히 연구하였고, 그 어려운 클라우제비츠의 전쟁론을 독파하고자 시도한 적도 있으며, 손자병법의 대부분을 외우고 있다. 지금은 중령으로서 육군본부의 핵심부서에 근무하고 있고, 선두로 대령으로 진급할 것으로 주변에 인식되고 있다.

어느 날 휴가를 받아서 서울에 있는 형님 집에 들렀을 때 대학교 다니는 질녀가 반색을 하며 달려와서 물었다. 학교에서 교양과목으로

"전쟁과 평화"라는 과목을 듣고 있다고 한다. 예비역 대령이면서 교수인 분이 강의를 하는데, 평화의 부분보다는 전쟁에 관한 부분이 많기는 하지만, 재미있는 내용이 많다는 것이다. 질녀가 시험하듯이 묻는다. "삼촌, 정의의 전쟁(just war)은 지금도 적용되는 개념이야? 직접전략과 간접전략은 무엇이 달라? 작전선(作戰線)은 하나라야 해, 아니면 여러 개라도 상관없어? 핵전쟁에서 최소억제전략은 어떤 나라들이, 그리고 최대억제전략은 어떤 나라들이 채택하고 있어? 거부에 의한 억제와 응징에 의한 억제는 근본적으로 무엇이 달라?"

김 중령은 순간 당황하지 않을 수 없었다. 어렴풋이 알 것 같기는 했지만, 어느 것 하나 명확하게 답변할 자신이 없는 질문들이었다. "야, 은영이가 군사문제에 대하여 관심이 많구나. 장고가 될 거야? 그 교수님은 어떤 분이지?"라고 되받아 물으면서 답변을 생각하고자 노력하였다. 그러나 결국 "은영아, 그것은 짧은 시간에 설명할 수 있는 사항이 아니야. 최소한 두 시간 정도는 필요할 것 같애. 그런데, 어쩌지. 삼촌이 친구랑 만날 약속을 해서 금방 가봐야 해. 다음에 들를 때 자세하게 설명해줄게. 미안해." 얼버무리긴 했지만, 김 중령은 낯이 화끈거리지 않을 수 없었다. 촉망받는 중견 장교이면서 대학생 질녀보다 전쟁과 군사에 관하여 아는 것이 적다니.

혼자서 커피집에 앉아 곰곰이 생각해봤다. 법률가나 의사는 법이나 의술에 관한 사항을 상당할 정도로 알고, 계속하여 공부하고 있다. 그렇기 때문에 그들은 다른 사람들이 모르는 사항을 깊게 알고 있고, 전문직업인(professional)으로 분류되며, 그것으로 존경도 받고 돈도 많이 번다. 직업군인도 전문직업인이라고 하는데, 나는 남이 쉽게 알 수 없는 사항으로 뭘 알고 있는가? 소총을 사격할 줄 아는 것? 그것은 일반 국민들도 금방 숙달할 수 있는 사항으로 전문지식이랄 수 없다. 작전계획을 작성하는 것? 양식만 알면 금방 배울 수 있는 절차적인 사항일 뿐이다. 육군본부에서 현재 수행하고 있는 사항도 특별한 전문성을 필요로 하는 것이 아니라 일상적인 사항들을 종합하거나 협조하는 일일 뿐이다.

그러고 보니 생도 시절 이후 군사이론을 집중적으로 탐구하거나 진지하게 토의 또는 연구한 바가 거의 없다는 사실을 깨닫지 않을 수 없었다. 중위 때는 사단장 부관으로서 비서 노릇에 충실하느라 책 볼 시간이 없었고, 대위 때 고등군사반이라는 교육과정을 통하여 6개월 정도 군사학을 열심히 공부하기는 하였으나 외워서 시험을 본 이후에는 잊어버린 상태이며, 중대장 시절에는 순찰 돌고 병사들 관리하느라 교범 한번 제대로 읽지 못하였고, 소령 때는 사단 작전처에서 제반 업무들을 종합하느라 밤만 열심히 새웠으며, 중령으로 진급한 후 대대장으로 부임해서는 중대장 때보다 더욱 많은 시간을 부대관리와 훈련에 사용함에 따라 교범 한번 차분하게 읽을 시간을 갖지 못하였다. 국가안보와 같은 정책적인 사항에 대해서는 더욱 무지함을 인정하지 않을 수 없다. 신문에 나는 사항 이외에 세계나 지역의 정세 변화에 관하여 관심을 가진 적이 없었고, 군대 전체 수준에서 앞으로의 전쟁에서 승리하기 위해서 어떻게 대비해야 할 것인가를 고민할 여유를 갖지 못하였다. 국방개혁은 어떻게 추진되어야 하는지, 미사일 방어에 관한 쟁점은 무엇인지, 합동성은 어떻게 구비하는 것인지에 관하여 자신 있게 제시할 수 있는 의견을 갖지 못한 상태이다.

한국군의 장교 중에서 김 중령과 같은 사람이 소수라면 다행이다. 그러나 대부분이 그렇다면 어떻게 해야 할 것인가? 공부하지 않아도 우수한 장교로 인정받고 제일 먼저 진급된다면? 공부하지 않아도 한국군을 잘 지휘할 수 있다면? 평시이기 때문에 한국군은 그런대로 잘 운영되는 것 같지만, 유사시에 승리를 보장하기는 어려울 가능성이 높다. 전쟁이 무엇이고, 어떻게 해야 승리할 것인가를 제대로 토의하지도 않는 군대가 어떻게 승리를 보장할 수 있다는 것인가? 일상적인 관리에만 전념하고 있는 장교들이 어떻게 유사시 국가안보를 책임질 수 있다는 것인가?

장차 전쟁이 발발하였을 경우 승리를 보장하기 위하여 군사이론을 공부해야 할 필요성을 인식하지 못한 채 현행 임무의 완수에만 전념하거나 부하들을 동원하고 있는 지휘관은 자식의 공부를 중단시킨 채 농사일 시키는 부모와 전혀 다르지 않다. 우선은 자식이 일손을 거들어서 농사는 수월하겠지만, 그 자식은 공부를 하지 못하여 계속 농사를 지을 수밖에 없고, 몇 년이 지나 공부하러 도시에 갔던 친구가 말쑥한 신사 차림으로 자가용을 끌고 나타날 때 후회하게 될 수밖에 없다. 공부하지 않는 군대는 우선은 편하지만 나중에는 공부하는 다른 군대에 뒤질 것이고, 전쟁에서 패배하여 후회하게 될 것이다.

보이지 않는 어떤 손이 한국군을 무식하게 만들고자 음모를 꾸미고 있는 것이 아닌가 할 정도로 한국군에서는 공부하는 모습이 사라지고 있다. 과거에는 일상적일 정도로 보편화되었던 간부들에 대한 교범 숙독 강조와 이를 점검하기 위한 시험은 사라진 지 오래이다. 교육을 받는 것보다는 전방에서 열심히 근무하는 것이 높게 평가된다. 간부들 간의 대화에서 군사이론이나 교리가 포함되는 경우는 무척 드물다. 전쟁도 일어나지 않은 평시 군대를 관리하는 것이 뭐 그리 어렵다고 모두들 그렇게 바쁘게 움직이고 있는가?

지금부터라도 공부하는 분위기를 조성하고자 노력하자. 우리의 군대와 간부들이 합당한 군사전문성을 구비하고 있는지를 점검하고, 미흡할 경우 이를 끌어올리고자 노력하자. 군 수뇌부부터 군사이론서와 교범을 읽고, 모든 간부들이 앞으로의 전쟁은 어떤 양상으로 전개될 것이고, 그것에서 승리하려면 어떻게 군사력을 건설하고 어떻게 군사력을 운영해야 하는지를 진지하게 토론하도록 유도하자. 부대의 지휘관들 역시 평시 군대의 관리에 지나치게 진을 빼지 말고 여유를 가진 상태에서 스스로부터 군사문제를 연구하고, 교리에 관하여 부하들과 토의하며, 부하들이 공부할 수 있는 여건을 조성해주자. 평시임에도 전력을 기울여야만 부대를 제대로 관리할 수 있는 간부는 무능한 간부이다. 진정으로 탁월한 지휘관과 간부라면 군사이론과 교리를 진지하게 토의할 수 있는 여유는 가져야 할 것이다. 제발 공부 좀 하자.

참고문헌

제1장

구춘권. 2003. "냉전체제의 극복과 집단안보의 잃어버린 10년". 『국제정치논총』. 제43집 2호.

김명섭. 2002. "평화연구의 현황과 전망". 하영선 편. 『21세기 평화학』. 서울: 풀빛.

김석근. 2002. "한국 전통사상에서의 평화 관념". 하영선 편. 『21세기 평화학』. 서울: 풀빛.

김승국. 2009. 『평화연구의 지평』. 서울: 한국학술정보.

김준형. 2006. 『국제정치 이야기』. 서울: 책세상.

김학성 외. 2000. 『한반도 평화전략』. 서울: 통일연구원.

박휘락. 2010. "평화연구의 현실성 강화: 적극적 평화(Positive Peace)와 소극적 평화(Negative Peace)의 수렴을 중심으로". 『의정논총』. 제5권 1호(6월).

세계평화포럼. 2011. 『세계평화지수 2011』. 서울: 세계평화포럼.

유용원. 2010. "중 7년 새 3배 '폭발적' 군비 증강… 일·인도·호주·베트남도 가세". ≪조선일보≫(1월 9일).

윤태영. 2005. 『동북아 안보와 위기관리』. 서울: 인간사랑.

이수형·전재성. "국제안보 패러다임의 변화와 동북아 안보체제". 『국방연구』. 제48권 제2호, 2005. 12

정태일. 2008. "칸트 영구평화론의 정치철학적 조명". 『평화연구 Peace Studies』.

Vol 16-1.

진창남 외. 2007. "핀란드 평화교육 연구: 제주 평화문화 확산에 주는 시사점을 중심으로". 『평화연구』. 제17권 2호.

최동희. 1987. 『갈등의 평화론』. 서울: 나남.

하영선. 2002. "근대 한국의 평화개념 도입사". 하영선 편. 『21세기 평화학』. 서울: 풀빛.

하영선. 1981. "새로운 국제정치이론을 찾아서: 평화연구를 중심으로". 『국제정치논총』. Vol 21.

홍민식. 2004. "평화연구의 현황과 과제". 『국제평화』. 창간호.

황병무. 2001. 『전쟁과 평화의 이해』. 서울: 도서출판 오름.

Beer, Frances A. 2003. "The Reduction of War and the Creation of Peace". in Nicholas N. Kittrie Nicholas N. et al. ed. *The Future of Peace in the Twenty-First Century: A Reader and Source Book*. Durham. NC: Carolina Academic Press.

Ben-Dak, Joseph D. 2003. "Where is Peace Research Headed?" in Nicholas N. *Kittrie et al.. ed.. The* Future of Peace in the Twenty-First Century: A Reader and Source Book .Durham. NC: Carolina Academic Press.

Boulding, Kenneth E. 1997. "Twelve Friendly Quarrels with Johan Galtung". *Journal of Peace Research*. No. 14.

Buzan, Barry. 1983. *People. States and Fear: An Agenda for International Security Studies in the Post-Cold War Era*. 김태현 역. 『세계화시대의 국가안보』. 서울: 나남출판, 1995.

Department of Defense. 2010. *Nuclear Posture Review Report*. Washington D.C. DoD.

Galtung, 2000. Johan and Jacobsen, Carl G. *Searching for Peace: the Road to Transcend*. London: Pluto Press.

Galtung, Johan. 2003. "Violence and Peace". in Nicholas N. Kittrie et al. ed. *The Future of Peace in the Twenty-First Century: A Reader and Source Book*. Durham, NC: Carolina Academic Press.

Galtung, Johan. 2000. *Peace by Peaceful Means*, 1996. 강종일 외 역. 『평화적 수단에 의한 평화』. 서울: 들녘.

Haftendom, Helga. 1991. "The Security Puzzle: Theory-Building and Discipline-Building in International Security". *International Studies Quarterly*. No. 35.

Human Security Center. 2007. *Human Security Brief 2007*. Simon Fraser Univ., Canada.

Institute for Economics and Peace. 2009. *Global Peace Index: 2009*. Australia Sydney. Available at: http://www.visionofhumanity.org

United Nations Development Programme. 1994. *Human Development Report 1994.* New
York: Oxford Univ. Press,
Webel, Charles and Galtung, Johan ed. 2007. *Handbook of Peace and Conflict Studies.*
New York: Routledge.

제2장

박휘락. 2010. "천안함 사태 이후 인간안보의 논의 방향: 국가안보와의 조화를
중심으로". 『평화학 연구』. 제11권 3호.
이신화. 2007. "비전통안보와 동북아지역협력". 『한국정치학회보』. 제42집 제2호.
전웅. 2004. "국가안보와 인간안보". 『국제정치논총』. 제44집 1호.
Amouyel, Alexandra. 2006. "What is Human Security?" *Human Security Journal.* Issue
1(April).
Brinkerhoff, Derick W.. 2009. *Guide to Rebuilding governance in Stability Operations: A
Role for the Military?* Washington D.C.: U.S. Department of the Army(June).
Buzan, Barry and Little, Richard. 2000. *International Systems in World History.* New York:
Oxford Univ. Press.
Buzan, Barry. 1995. *People. States and Fear: An Agenda for International Security Studies
in the Post-Cold War Era.* 김태현 역. 『세계화시대의 국가안보』. 서울: 나
남출판.
Caballero-Anthony, Mely et. al. (eds). 2006. *Non-Traditional Security in Asia: Dilemmas
in Securitisation.* Burlington. Vermont: Ashgate Pub.
Commission on Human Security. 2003. *Human Security Now.* New York.
Dahl-Eriksen, Tor. 2007. "Human Security: A New Concept which Adds New Dimensions
to Human Rights Discussion?" *Human Security Journal.* Vol. 5(Winter).
EU High Representative for Common Foreign and Security Policy. 2004. *Human Security
Doctrine for Europe.* Barcelona, 15 Sep.
Haftendom, Helga. 1991. "The Security Puzzle: Theory-Building and Discipline-Building
in International Security". *International Studies Quarterly.* No. 35.
Henk, Dan. 2005. "Human Security: Relevance and Implications". *Parameters*(Summer).
Human Security Center. 2005. *Human Security Report 2005: War and Peace in the 21st
Century.* Univ. of British Columbia, Canada.
Human Security Center. 2007. *Human Security Brief 2007.* Simon Fraser Univ., Canada.
International Commission on Intervention and State Sovereignty. 2001. *The Responsibility
to Protect.* International Development Research Centre, Canada, Dec.

Kang, Sung-hack. 2008. "The Impact of Human Security upon Theories of International Relations: a Paradigmatic Shift or another Academic Mirage?" *Peace Studies*. Vol. 16-1.

King, Garry and Murray, Christopher J. S. 2001. "Rethinking Human Security". *Political Science Quarterly*. Vol. 116(November).

Kotter, Till. "Fostering Human Security through Active Engagement of Civil Society Actors". *Human Security Journal*. Vol. 4(Summer 2007).

Newman, Edward. 2001. "Human Security and Constructivism". *International Studies Perspectives*. No. 2.

Paris, Roland. 2001. "Human Security Paradigm Shift or Hot Air?" *International Security*. Vol. 26, No. 2(Fall).

Peou, Sorpong (eds). 2009. *Human Security in East Asia: Challenges for Collaborative Action*. New York: Routledge.

Shani, Giorgio. et. al. (eds). 2007. *Protecting Human Security in a Post 9/11 World*. New York: Palgrave Macmillan.

Simon, Okolo Ben. 2008. "Human Security and the Responsibility to Protect Approach: A Solution to Civilian Insecurity in Darfur". *Human Security Journal*. Vol. 7(Summer).

Tadjbakhsh, Shahrbanou. 2005. "Human Security: The Seven Challenges of Operationalizing the Concept". a paper presented at the conference of "Human Security: 60 minutes to Convince" organized by UNESCO(Paris, France, 13 Sep 2005).

Tigerstrom, Barbara von. 2007. *Human Security and International Law*. Portland. Oregon: Hart Publishing.

UNDP(United Nations Development Programme). 1994. *Human Development Report 1994*. New York: Oxford Univ. Press.

제3장

김우상. 1989. 『新 한국책략: 동북아시아 국제관계』. 서울: 나남출판.

류상영·문정인. 2007. "국제체제, 지역체제, 일본과 한국의 전략적 위상". 문정인·오하타 히데키. 『한일 국제정치학의 신지평』. 서울: 아연출판부.

박인휘. 2009. "동북아 국제관계의 안정성을 위한 한일 외교관계의 과제". 김석우 외. 『미래 한일협력의 정치학』. 서울: 인간사랑.

박종철 외. 2006. 『한국의 동북아시아시대 구상: 이론적 기초와 체계』. 서울: 도서출판 오름.

박휘락. 2008. "전시작전통제권 전환과 지휘통일(Unity of Command)".『국방정책연구』. 제24권 제3호(가을).

______. 2010. "천안함 사태 이후 동북아시아 세력정치(power politics)의 잠재성과 한국의 정책 방향".『외교안보연구』. 제6권 제2호(12월).

서진영. 2007. "부강한 중국의 등장과 한반도: 중국은 '위협'인가 '기회'인가". 서진영 외 편.『21세기 동북아시아의 정치지형과 전략』. 서울: 도서출판 오름.

소치형. 2001. "북한 급변사태와 중국의 개입유형".『중국연구』. 제20집(12월).

엄태암. 2007. "한국의 대미 군사외교".『국방정책연구』. 제75호.

유호근. 2006. "동북아 국제정치지형과 한반도: 20세기 영일동맹과 21세기 미일동맹을 중심으로".『동서연구』. 제18권 제2호.

이상우. 1999.『국제관계 이론』. 서울: 박영사.

최명해. 2009.『중국·북한 동맹관계: 불편한 동거의 역사』. 서울: 오름.

하영선 편. 2008.『동아시아 공동체: 신화와 현실』. 서울: 동아시아연구원.

Armitage, Richard L. and Nye, Joseph S. 2007. *The U.S.-Japan Alliance. CSIS Report.* Washington D.C.: CSIS.

Clausewitz, Carl von. 1984. *On war.* Howard, Michael and Paret, Peter. ed. and trans. Princeton: Princeton Univ. Press.

Forrester, Jason W. 2007. *Congressional Attitudes on the Future of the U.S.-South Korea Relations.* Washington D.C.: CSIS.

Gilpin, Robert. 1981. *War and Change in World Politics.* Cambridge: Cambridge University Press.

Huntington, Samuel P. 1999. "The Lonely Superpower". *Foreign Affairs.* Vol. 78. No 2.

Krauthammer, Charles. 1990. "The Unipolar Moment". *Foreign Affairs.* Vol. 70.

______. 2002. "The Unipolar Moment Revisited". *The National Interest*(Winter 2002/03).

Morgenthau, Hans J. 1985. *Politics among Nations.* 6rd ed. New York: Alfred A. Knopf.

Nye, Joseph S. Jr. 2004. *Soft Power: The Means to Success in World Politics.* Cambridge: Perseus Books Group.

Odgaard, Liselotte. 2007. *The Balance of Power in Asia-Pacific Security.* New York: Routledge.

Organski, A. F. K. 1959. *World Politics.* New York: Alfred A. Knopf.

Paul, T. V. et al. ed. 2007. *Balance of Power.* Stanford: Stanford Univ. Press.

Riker, William H. 1975. *The Theory of Political Coalition.* New Haven: Yale University Press.

Rothgeb, John M. Jr. 1993. *Defining Power*. New York: St. Martin's Press.

제4장

국방부. 2010. 『2010 국방백서』. 서울: 국방부.
국방부. 2011. 『국방개혁 307계획 보도 참고자료』. 국방부(3월 8일).
국회도서관 입법정보실. 2009. 『북한 장거리 로켓-미사일 한눈에 보기』. 국회
　　　도서관.
국회도서관. 2010. 『북한 핵문제 한눈에 보기』. 서울: 국회도서관.
권태영・신범철. 2011. "북한 핵보유 상황 대비 자위적 선제공격론의 개념과
　　　전략적 선택방향". 『전략연구』. 18권 1호(3월).
김연수. 2010. "북핵문제 해결을 위한 지역협력전략". 『국제문제연구』.
김진무. 2010. "북한의 핵전략 분석과 평가". 백승주 외. 『한국의 안보와 국방』.
　　　서울: 한국국방연구원.
김태우. 2010. "북한 핵실험과 확대억제 강화의 필요성". 백승주 외. 『한국의
　　　안보와 국방』. 서울: 한국국방연구원, 2010.
김태현. 2004. "게임과 억지이론". 우철구・박건영 편. 『현대 국제관계이론과
　　　한국』. 서울: 사회평론.
남창희・이종성. 2010. "북한의 핵과 미사일 위협에 대한 일본의 대응: 패턴과
　　　전망". 『국가전략』. 16권 2호.
문순보. 2010. "북핵문제와 국제사회의 대북제재". 『국가전략』. 16권 2호.
박휘락. 2009. "한국의 미사일 적극방어(Active Defense)체제 구축 방향". 『NEW
　　　ASIA(신아세아)』(Autumn).
______. 2011. "북한핵에 대한 '적극적 억제': 선제행동(preemptive actions)을 포
　　　함한 모든 대안 고려". 『국방정책연구』. 27권 2호(여름).
아쿠츠 히로야스. 2009. "북한의 군사적 모험주의에 대한 일본의 대응: 탄도미
　　　사일 발사와 핵실험에 대한 조치를 중심으로". 『新亞細亞』. 16권 3호.
엄호건. 2009. 『북한의 핵무기 개발』. 서울: 백산자료원.
EAI 여론분석센터. 2010. "북한의 연평도 포격이 국민여론에 미친 영향". EAI
　　　여론브리핑 제91호(11월 28일).
전경만 외. 2010. 『북한핵과 DIME』. 서울: 삼성경제연구소.
전성훈. 2010. "북한 비핵화와 핵우산 강화를 위한 이중경로정책". 『국가전략』.
　　　16권 1호.
정은숙. 2009. "제1차 핵안보정상회의: 배경・성과・시사점". 『정세와 정책』(5
　　　월호).

한용섭. 2007. "미국의 맞춤형 억제전략과 북한의 핵위협 하소 방안".『국방연구』. 50권 2호.

한용섭. 2010. "핵무기 없는 세계: 이상과 현실".『국제정치 논총』. 50집 2호.

함형필. 2009. "북한의 핵전략 구성과 전략적 딜레마 고찰".『국방정책연구』. 25권 2호.

Coleman, David G. & Siracusa, Joseph M. 2006. *Real-world Nuclear Deterrence: The Making of International Strategy.* Westport, Prager Security International.

Department of Defense. 1999. *Report to Congress on Theater Missile Defense Architecure Options for the Asia-Pacific Region.* Washington D.C.: DoD.

Department of Defense. 2010. *Nuclear Posture Review Report.* Washington D.C.: DoD, Apr.

Dougherty, James E. and Pfaltzgraff, Robert L. Jr. 1990. *Contending Theories of International Relations* 3rd edition. New York: Harper & Row.

Evans, Gareth. 2004. "When is it right to fight". *Survival: Global Politics and Strategy* 46(3).

Powell, Robert. 1990. *Nuclear Deterrence Theory: The Search for Credibility.* UK, Cambridge: Cambridge Univ. Press.

Quinlan, Michael. 2009. *Thinking About Nuclear Weapons: Principles, Problems, Prospects.* UK, Oxford: Oxford Univ. Press.

Snyder, Glen H. 1961. *Deterrence and Defense: Toward a Theory of National Security.* Princeton. NJ: Princeton Univ. Press.]

The White House. 2002. *The National Security Strategy of the United States of America.* September.

Victor Cha. 2009. "북한의 의도와 확장억제의 신뢰성".『한반도 군비통제』. 46집.

제5장

강영훈·김현수. 1996.『국제법 개설』. 서울: 연경문화사.

공군본부 법무감실. 1996.『작전법 교재』. 공군본부.

국방부. 2010.『2010 국방백서』. 서울: 국방부.

국회도서관 입법정보실. 2009.『북한 장거리 로켓-미사일 한눈에 보기』. 국회도서관.

김동욱. 2010. "천안함 사태에 대한 국제법적 대응".『해양전략』. 제146호(6월).

김정건 외. 2010.『국제법』. 서울: 박영사.

김진무. 2010. "북한의 핵전략 분석과 평가". 백승주 외.『한국의 안보와 국방』.

서울: 한국국방연구원.

김찬규. 2009. "무력공격의 개념 변화와 자위권에 대한 재해석". 『인도법논총』. 29호.

김현수. 2004. "국제법상 선제적 자위권 행사에 관한 연구". 『해양전략』. 제123호.

김홍광. 2011. "북한의 정보전 전략과 그 수행방법". 『북한의 사이버전 능력과 한국의 사이버전 태세』. 한국 군사학회 제19회 국방·군사 세미나 발표 논문집(6월 29일).

제성호. 2010. "유엔헌장상의 자위권 규정 재검토: 천안함사건에서 한국의 무력대응과 관련해서". 『서울국제법연구』. 제17권 1호.

______. 2011. "국제법상 자위권에 대한 일고찰". 『북한위협대비 자위권 행사 방안』. 합동참모대학 합동전략발전 세미나, 국방대학교 합동참모대학.

최태현. 1993. "국제법상 예방적 자위권의 허용가능성에 관한 연구". 『법학논총』(국민대학교 법학연구소). 제6호.

Department of Defense. 2011. *Department of Defense Strategy for Operating in Cyberspace.* Washington D.C.: DoD(July).

Oberdorfer, Don. 2001. *The Two Koreas: A Contemporary History(Revised and Updated).* Basic Books.

O'Brien, John. 2001. *International Law.* London: Cavendish Publishing Co.

The White House. 2002. *The National Security Strategy of the United States of America.* September.

US Joint Chiefs of Staff. 2000. *Standing Rules of Engagement for US Forces.* CJCSI 3121.01A, Jan 15.

제6장

국회정보위원회. 2008. 『대북문제에 대한 국민인식의 변화와 시사점』. 국회 정보위원회 연구용역 보고서.

김명기. 1997. "북한 내란상태시 남한 개입의 국제법적 제한". 『군사논단』. 제12호.

______. 1998. "북한의 급변사태시 한국의 대응책과 국제법". 『외교』. 제44호.

김수민. 2008. "북한 급변사태의 개연성: 내부 요인을 중심으로". 『평화학연구』. 제9권 3호.

김연수. 2006. "북한의 급변사태와 남한의 관할권 확보 방안". 『新亞細亞』. 제13권 4호.

김일영. 2008. "북한 붕괴시 한국군의 역할과 한계". 『국방연구』. 제46권 제2호.

김태효. 1998. “북한 정권의 위기관리 능력과 한국군의 역할 및 한계”. 『전략연구』. 12호.

라미경·김학린. 2006. “북한 급변사태와 국제사회의 개입”. 『분쟁해결연구』. 제4권 2호.

란코프. 2009. 『북한 워크 아웃』. 서울: 시대정신.

박성조. 2006. 『한반도 붕괴』. 서울: 랜덤하우스코리아.

박용옥. 2009. “한국의 국방환경과 통일지향 국방발전 과제”. 『新亞細亞』. 제16권 4호.

박창희. 2010. “북한 급변사태와 중국의 군사개입 전망”. 『국가전략』. 제16권 1호.

박휘락. 2010. “북한 급변사태와 통일에 대한 현실성 분석과 과제”. 『국가전략』. 제16권 4호.

______. 2011. “북한의 ‘심각한 불안정 사태’ 시 한국의 적극적 개입: 정당성과 과제 분석”. 『평화연구』. 19권 2호(가을).

서진영. 1997. “북한 급변사태의 유형과 대응방안: 북한의 체제위기와 체제변화과정에 대한 4가지 시나리오”. 『평화연구』, 6호(1997).

소치형. 2010. “북한 급변사태와 중국의 개입유형”. 『중국연구』. 제20집.

신범철. 2008. “안보적 관점에서 본 북한 급변사태의 법적 문제”. 『서울국제법연구』. 제15권 1호.

오경섭. 2011. 『중국의 대북한 영향력 분석: 2차 북핵위기를 중심으로』. 서울: 세종연구소, 2011.

이상근. 2008. “북한 붕괴론의 어제와 오늘: 1990년대와 2000년대의 북한 붕괴론에 대한 평가”. 『통일연구』. 제12권 2호.

이수석 외. 2009. 『김정일 이후 북한의 연착륙을 위한 한국의 대응전략 연구』. 황진하 의원 정책연구자료집.

이우영 외. 2008. 『2008 북한주민 인권 실태 조사』. 인권상황실태조사 연구용역보고서, 서울: 국가인권위원회, 2008.

이장희 편. 2001. 『북미관계 정상화와 한반도 평화체제 모색』. 아사연 학술포럼 시리즈, 서울: 아시아사회과학연구원.

이종철. 2011. “북한 급변사태 시 미국의 개입 전략 고찰: 개입 유인과 한미연합사 계획을 중심으로”. 『신아세아』. 18권 1호(봄).

______. 2010a. “소련 및 동구 사회주의 체제전환과 북한 급변사태의 비교 고찰: 정권 붕괴 유형 및 시나리오를 중심으로”. 『신아세아』. 17권 3호(가을).

______. 2010b. “사회주의 체제전환과 북한 급변사태: 이론, 변수, 사례의 도출

및 대비를 중심으로". 『중소연구』. 34권 2호(여름).

이종훈. 2011. "급변사태 시 중국의 한반도 개입전력". 『신동아』(2011년 9월호).

이춘근. 2001. 『북한 급변사태와 한국의 대응전략: 정치・외교・군사 분야』. 서울: 한국경제연구원.

전현준. 2010. "북한 제3차 당 대표자회 결과 분석과 전망". 『Online Series』. 통일연구원. 10-36, 9월.

정낙근 외. 2008. 『북한급변사태 시 미・중의 대책 및 우리의 대응방향』. 국회 정보위원회 정책연구개발과제.

정성장. 2009. "한・미의 북한 급변사태 논의와 대북 군사전략 과제". 『정세와 정책』. 제15권.

정은미. 2009. "남남갈등 극복을 통한 대북정책 합의기반 강화 방안". 조한범 외. 『대북정책의 대국민 확산 방안』. 서울: 통일연구원.

제성호. 1999. "한반도 유사시 유엔의 역할". 『서울국제법연구』. 제6권 2호.

______. 2010a. "한국전쟁의 국제법적 조명". 『전략연구』. 제17권 2호.

______. 2010b. 『남북한 관계론』. 서울: 집문당.

조한범 외. 2009. 『대북정책의 대국민 확산 방안』. 서울: 통일연구원.

최명해. 2009. 『중국・북한 동맹관계』. 서울: 오름.

최진욱. 2010. "9.28 노동당 조직정비의 의미와 정책방향". 『Online Series』(통일 연구원). 10-37, 10월.

통일원. 1992. 『남북기본합의서 해설』. 서울: 통일원.

허문영 외. 2007. 『한반도 평화체제: 자료와 해제』. 서울: 통일연구원.

허동욱. 2011. 『중국의 한반도 개입전략』. 성남: 북코리아.

황진환. 1997. "한반도 위기와 불안현상 진단: 안보 측면에서 북한의 필연적 붕괴 어떻게 대처할 것인가". 『한국논단』. 100호.

Charter of the United Nations. at http://www.un.org/en/documents/charter/index.shtml

Department of Defense. 2004. *QDR Excution Road map for Strategic Communication.* Washington D.C.: DoD, 25 Sep.

International Commission on Intervention and State Sovereignty. 2001. *The Responsibility to Protect.* International Development Research Centre, Canada(Dec).

Klingner, Bruce. 2010. "New Leaders. Old Dangers: What North Korean Succession Means for the U.S.". *Backgrounder.* No. 2397, Heritage Foundation, Apr 7.

Stares, Paul B. and Wit, Joel S. 2009. *Preparing for Sudden Change in North Korea.* Council Special Report No. 42, New York: Council on Foreign Relations.

The General Assembly. 1950. The Problem of the independence of Korea. Resolution

376(v).(Oct 7).

UN Department of Information, "Security Council Approves 'No-Fly Zone' over Libya, Authorizing 'All Necessary Measures' to Protect Civilians, by Vote of 10 in Favour with 5 Abstentions"(2011. 3. 17).

UN General Assembly. 2009. *Implementing the Responsibility to Protect Report of the Secretary-General*, A/63/677(Jan 12).

제7장

국방부. 2010. 『2010 국방백서』. 서울: 국방부.

김동한. 2011. "역대 정부의 군구조 개편 계획과 정책적 함의". 『국가전략』. 제 17권 1호.

김종하・김재엽. 2010. 『천안함 이후의 한국 국방: 합동성 강화, 군 상부구조를 중심으로』. 서울: 북코리아.

박휘락. 2006. "미 합동작전개념 발전체제에 대한 이해와 한국군의 과제". 『국 방정책연구』. 제73호(가을)

______. 2007. "한미연합작전 수행을 위한 효과기반작전 이해". 『군사평론』. 제 389호(10월).

육군본부. 2007. 『지상전 개념서』. 대전: 육군본부(10월 19일).

이한호. 2011. "미래전에 대비한 한국군의 상부지휘구조". 『한국의 국방개혁 어떻게 구현할 것인가』. 한국국방안보포럼 주최 세미나(3월 22일)

하창호 외. 2011. 『육군이 처한 현실의 본질적 인식과 대안연구』. 2011.

합참 전략기획본부. 2007. "군 전력의 합동・동시・통합성 강화". 『국방일보』 (8월 10일).

합참. 2002. 『합동작전』. 서울: 합참(12월).

합참. 2006. 『합동성 강화 대토론회』. 세미나 발표자료(3월 26일).

Australian Defense Force. 2007. *Joint Operations for the 21st Century*. Canberra: Chief of the Defense Force, May.

Davis, Lynn E. and Shapiro, Jeremy. ed. 2003. *The U.S. Army and the New National Security Strategy*. Santa Monica: RAND.

Department of the Army. 2008. *The Modular Force*. FMI 3-0.1, Washington D.C.: DoA, January.

Department of Defense. 2005. *Capstone Concept for Joint Operations*. v. 2.0, August

______. 2006. Quadrennial Defense Review Report. Washington D.C.: DoD.

______. 2010a. Military and Associated Terms. Joint Pub. 1-02, Washington D.C.:

DoD, November 8.

______. 2010b. Quadrennial Defense Review Report. Washington D.C.: DoD.

Deptula, David A. *Effects-Based Operations: Change in the Nature of Warfare*. Virginia: Aerospace Education Foundation, 2001.

Joint Chiefs of Staff. 2005a. *Chairman of the Joint Chiefs of Staff Instruction*. Final Draft Submitted for CJCS Signature, December 5.

______. 2005b. *Joint Capabilities Integration and Development System*. Chairman of the Joint Chiefs of Staff Instruction 3170.01E, May 11.

______. 2006. *Joint Operations*. Joint Publication 3-0, September 17.

Paton, Sue. 2002. riefing on 2002 Advanced Concept Technology Demonstrations". (March 5).

Rumsfeld, Donald H. 2001. acquisition and Logistics Excellence Week Kickoff-Bureaucracy to Battlefield". (September 10)

Snider, Don M. 2003. ness. Defense Transformation and the Need for a New Joint Warfare Profession". *Parameters*(Autumn).

U.K. Ministry of Defense. 2004. *Joint Operations. Joint Doctrine Publication 01,* March.

Wilkerson, Lawrence B. 1997. "What Exactly is Jointness?" *Joint Forces Quarterly*(Summer).

제8장

합동참모본부. 2002. 『군사기본교리』. 합동교범 1. (12월).

Bond, Magaret S. 2007. *Hybrid War: A New Paradigm for Stability Operations in Failing States*. Strategy Research Project Paper. Carlisle: U.S. Army War College.

Fleming, Brian P. 2011. *The Hybrid Threat Concept: Contemporary War, Military Planning and the Advent of Unrestricted Operational Art*. U.S. Army Command and General Staff College, Leavenworth, Kansas.

Gates, Robert M. 2009. "A Balanced Strategy: Programming the Pentagon for a New Age". *Foreign Affairs*(Jan-Feb).

Glenn, Russel W. 2009. "Thoughts on 'Hybrid' Conflict". *Small War Journal*. Available at: www./smallwarsjournal.com.

Hoffman, Frank G. 2007. *Conflict in the 21st Century: The Rise of Hybrid Wars*. Arlington: Potomac Institute for Policy Studies(Dec).

______. 2009. "Hybrid Warfare and Challenges". *Joint Forces Quarterly*. issue 52(1st quarter).

Howard, Michael and Paret, Peter ed. and trans. 1984. Clausewitz, Carl von. *On war*. indexed edition. Princeton: Princeton Univ. Press.

Lind, William S. 2004. "Understanding Fourth Generation War". *Military Review*(Sep-Oct).
Lind, William S., Schmitt, John F., Sutton, Joseph W. and Wilson, Gary I. 1989. "The Changing Face of War: Into the Fourth Generation". *Marine Corps Gazette*(October).
Mattis, James. N. 2008. *Vision for a Joint Approach to Operational Design*. Memorandum for U.S. Joint Forces Command. Norfolk(Oct).
McCuen, John J. 2008. "Hybrid Wars". *Military Review*(Mar-Apr).
Peters, Ralph. 2004. "In Praise of Attrition". *Parameters*. Vol. XXXIV. No.2(Summer).
U.S. Department of Army. 2008. *Operations*. FM 3-0. Washington D.C.: DoA(Feb).
______. 2011. *Operations*. FM 3-0. Washington D.C.: DoA(Feb).
U.S. Department of Defense. 2005. *The National Defense Strategy of the United States of America*. Washington D.C.: DoD.
______. 2010. *Quadrennial Defense Review Report*. Washington D.C.: DoD.

제9장

강태완. 2010. "사이버전의 세계적인 추세와 정책적 대비방안". 『합참』. 제45호 (10월). p. 60.
길정일. 2000. "정보화시대의 국가안보". 『국가전략』. 제6권 4호.
김성준. 2010. "사이버안보를 위한 국가역할과 법적 과제". 『국제문제연구』(봄).
김태우. 2011. "국회에서 졸자는 사이버 전쟁 대응 법률들". 《조선일보》(5월 20일).
김흥광. 2011. "북한의 정보전 전략과 그 수행방법". 『북한의 사이버전 능력과 한국의 사이버전 태세』. 한국 군사학회 제19회 국방·군사 세미나 발표 논문집(6월 29일).
박기갑. 2010. "사이버 전쟁 내지 사이버 공격과 국제법". 『국제법평론』. 제32호(11월).
박승두. 2010. "컴퓨터 네트워크 작전에 관한 연구". 『군사평론』. 제403호(2월).
서동주. 2008. "한국정치학에서 '사이버공간·안보' 연구동향과 정책적 함의". 『국가전략』. 제14권 2호.
Department of Army. 2010. Cyberspace Operations Concept Capability Plan 2016-2010. U.S. Washington D.C: Army Headquarters(Feb 22).
Department of Defense. 2011. Department of Defense Strategy for Operating in Cyberspace. Washington D.C; DoD(July).
______. 2010. Cyber Command Fact Sheet(May 21) http://www.defense.gov/home/features/ 2010/0410_cybersec/docs/CYberFactSheet%20UPDATED%20replaces%20May

%2021%20Fact%20Sheet.pdf.

Grammaticas, Damian. 2011. "China cyber-warfare capability a formidable concern". *BBC News. Beijing*(March 11).

Her Majesty's Government. 2010. *A Strong Britain in an Age of Uncertainty.* UK: Stationary Office.

Krekel, Bryan. 2009. *Capability of the People's Republic of China to Conduct Cyber Warfare and Computer Network Exploitation.* VA. McLean: Northrop Grumman Corporation.

Markoff, John. 2010. "A Silent Attack. but Not a Subtle One". *The New York Times*(September 26).

Miller, Robert A. and Kuehl, Daniel T. 2009. "Cyberspace and the 'First Battle' in 21st-century War". *Defense Horizons.* No. 68(Sep).

Secretary of Air Force. 2010. *Cyberspace Operations.* Air Force Doctrine Document 3-12(July 15).

Thomson, Iain. 2010. "Government appoints soldier to head cyber defence forces". at http://www.v3.co.uk/v3-uk/news/2035148/government-appoints-leader-defence-cyber-operations?WT.rss_f=The+most+recent+news+from+V3.co.uk&WT.rss_a=Government+appoints+non-IT+leader+of+Defence+Cyber+Operations+Group.

White House. 2010. International Strategy for Cyberspace: Prosperity. Security and Openness in a Networked World(May).

______. 2010. International Strategy for Cyberspace: Prosperity. Security and Openness in a Networked World(May).

______. 2008. The Comprehensive National Cybersecurity Initiative. at http://www.whitehouse.gov/cybersecurity/comprehensive-national-cybersecurity-initiative.

Williams, Dan. 2011. "Eye on tech exports. Israel launches cyber command". *Routers*(May 18).

제10장

국방부. 1994. 『국방백서 1993-1994』. 서울: 국방부.

______. 1994. 『율곡사업의 어제와 오늘 그리고 내일』. 국방부.

______. 2003. 『노무현 정부의 국방정책』. 서울: 국방부.

______. 2006. 『국방백서 2006』. 서울: 국방부.

______. 2009. 『국방개혁 기본계획 2009-2020: 정예화된 선진강군 육성을 위한 국방개혁. 국민과 함께 합니다』. 서울: 국방부.

______. 2010. 『국방백서 2010』. 서울: 국방부.

______. 2011. 『국방개혁 307계획 보도 참고자료』. 서울: 국방부(3월 8일).

김상범. 2006. "국방개혁의 추진에 따른 공중전력 발전과제와 방향". 『국방정책연구』. 제72호(여름).

문광건·서정해·이준호. 2004. 『국방업무혁신을 통한 군정예화』. 서울: 한국국방연구원.

민진. 2005. "국방개혁입법 연구: 프랑스 국방개혁을 중심으로". 국방대학교 안보문제연구소 안보연구시리즈 제6집, 『국방개혁과 국방관리체제의 혁신』.

박휘락. 2008a. 『정보화시대 국방개혁의 이론과 실제』. 서울: 법문사.

______. 2008b. "국방개혁에 있어서 변화의 집중성과 점증성: 미군 변혁(transformation)의 함의". 『국방연구』. 제51권 1호.

______. 2009. "전시작전통제권 전환과 지휘통일(Unity of Command)". 『국방정책연구』. 제24권 제3호(가을).

백재옥. 2006. "국방개혁 2020안 효율성 제고를 위한 과제". 『군사논단』. 통권 제47호(가을).

윤광웅. 1990. "군조직 개편 시행과 전력발전의 전망". 『육군』. 90-3호(가을).

Cebrowski, Arthur K. 2001. "Special Briefing on Force Transformation". (Nov 27).

Cohen, Eliot. 2002. "A Tale of Two Secretaries". *Foreign Affairs*(May/June).

Department of Defense. 2001. *Quadrennial Defense Review Report*. Washington D.C.: DoD(Sep 30).

______. 2003. *Transformation Planning Guidance*. Washington D.C.: DoD(April).

______. 2006a. *Quadrennial Defense Review Report*. Washington D.C.: DoD(Sep 30).

______. 2006b. *Department of Defense Performance and Accountability Report Fy 2006*. Washington D.C.: DoD(Nov 15).

______. 2008. *The National Defense Strategy of the United States of America*. Washington D.C.: DoD(June).

______. 2010. *Quadrennial Defense Review Report*. Washington D.C.: DoD, February.

Huntington, Samuel P. 1957. *The Soldier and the State: The Theory and Politics of Civil-Military Relations*. Cambridge: Harvard Univ. Press.

Office of the Under Secretary of Defense for Acquisition, Technology and Logistics. 2006. *Defense Science Board Summer Study on Transformation: A Progress Assessment Volume I*. Washington D.C. DoD(Feb 6).

Rumsfeld, Donald H. 2001. "Prepared Testimony to the Senate Armed Services Committee". (June 21).

제11장

국립국어연구원. 1999. 『표준 국어대사전』. 서울: 두산동아.

국방부. 2003. 『참여정부의 국방정책』. 서울: 국방부.

______. 2006a. 『국방백서 2006』. 서울: 국방부.

______. 2006b. 『국방개혁에 관한 법률』. 법률 제8097호, 2006. 12. 28.

______. 2006c. 『국방기획관리기본규정』. 서울: 국방부.

______. 2008. 『국방개혁 기본계획 보완(안)』. 공청회 자료.

______. 2009. 『국방백서 2008』. 서울: 국방부.

김규정. 1999. 『신판 행정학 원론』. 서울: 법문사.

김상범. 2006. "국방개혁의 추진에 따른 공중전력 발전과제와 방향". 『국방정책연구』 제72호. 서울: 한국국방연구원.

김선명. 2005. "공공부문 혁신의 접근방법에 대한 인식론적 비평: 현상학적 접근방법을 중심으로". 『한국행정학보』. 제39권 제4호.

남궁근. 2008. 『정책학: 이론과 경험적 연구』. 서울: 법문사.

류지성. 2007. 『정책학』. 서울: 도서출판 대영.

문광건·서정해·이준호. 2004. 『국방업무혁신을 통한 군정예화』. 서울: 한국국방연구원.

박휘락. 2008. 『정보화시대 국방개혁의 이론과 실제』. 서울: 법문사.

백재옥. 2006. "국방개혁 2020안 효율성 제고를 위한 과제". 『군사논단』. 통권 제47호.

육군사관학교. 2001. 『국가안보론』. 서울: 박영사.

이성연. 2002. 『국방의사결정론』. 영천: 제3사관학교.

이철기. 2006. "국방개혁과 남북관계의 상관성". 『국방개혁과 21세기 한국의 안보』. 한국 국제정치학회 주관 2006 국방안보학술회의.

장기덕 외. 2005. 『국방경영혁신: 선택과 도전』. 연구보고서 자05-2210, 서울: 한국국방연구원.

정정길 외. 2005. 『정책학원론』. 서울: 대명출판사.

최봉기. 2008. 『정책학개론』. 서울: 박영사.

Department of Defense. 2001. *Quadrennial Defense Review*. Washington D.C.: DoD, Sep 30.

______. 2004. *Elements of Defense Transformation*. Washington D.C.: DoD.

______. 2006a. *Quadrennial Defense Review*. Washington D.C.: DoD.

______. 2006b. *Department of Defense Performance and Accountability Report Fy 2006*. Washington D.C.: DoD.

Lamb, Christopher J. 2005. *Transforming Defense*. Washington D.C.: National Defense

Univ. Press.

Light, Paul C. 2005. "Rumsfeld's Revolution at Defense", in The Brookings Institution, Policy Brief #142, July.

Lindblom, Charles E. and Woodhouse, Edward J. 1993. *The Policy-Making Process.* 3nd ed., Englewood Cliffs: Prentice-Hall.

Office of the Under Secretary of Defense for Acquisition, Technology, and Logistics (USDAT&L). 2006. *Defense Science Board Summer Study on Transformation. A Progress Assessment Volume I.* Washington D.C. DoD, Feb.*ogress Assessment Volume I*(Washington D.C. DoD, Feb 2006).

Rumsfeld, Donald H. 2001. "Prepared Testimony to the Senate Armed Services Committee". June 21.

제12장

국립국어연구원. 1999. 『표준 국어대사전』. 서울: 두산동아.

국방부. 2011a. 『국방개혁 307계획 보도 참고자료』. 서울: 국방부(3월 8일)

______. 2011b. 『우리 군을 전투 임무 중심의 조직으로 바꾸겠습니다』. 서울: 국방부(4월)

______. 2011c. 『'11년 국방정책자문위원 전체회의』. 회의 시 설명자료, 서울: 국방부(8월 12일).

______. 2009. 『2008 국방백서』. 서울: 국방부.

김동한. 2011. "역대 정부의 군구조 개편 계획과 정책적 함의". 『국가전략』. 제17권 1호.

김상범. 2006. "국방개혁의 추진에 따른 공중전력 발전과제와 방향". 『국방정책연구』. 제72호(여름).

김열수. 2011. "상부지휘구조 개편 비판 논리에 대한 고찰". 『국방정책연구』. 제27권 2호.

김종하·김재엽. 2010. 『천안함 이후의 한국 국방: 합동성 강화. 군 상부지휘구조를 중심으로』. 서울: 북코리아.

민진 외. 2005. 『국방행정』. 서울: 대명출판사.

박휘락. 2008. 『정보화시대 국방개혁의 이론과 실제』. 서울: 법문사.

______. 2009. "전시작전통제권 전환과 지휘통일(Unity of Command)". 『국방정책연구』. 제24권 제3호(가을).

______. 2009. 『자주국방의 조건』. 서울: 아트미디어.

안광찬. 2002. "헌법상 군사제도에 관한 연구: 한반도 작전지휘권을 중심으로".

동국대학교 법학과 박사학위 논문.

윤광웅. 1990. "군조직개편 시행과 전력발전의 전망". 『육군』. 90-3호(가을).

이석복. 1990. 『국군조직법의 당위성과 정부의 입장』. 서울: 국방부.

이선호. 2000. 『국방행정론』. 서울: 고려원.

이철기. 2006. "국방개혁과 남북관계의 상관성". 『국방개혁과 21세기 한국의 안보』. 한국 국제정치학회 국방안보학술회의 논문집.

이한호. 2011a. "합동군사령부 뚝딱 신설. 발상부터 위험하다". 『주간동아』(1월 18일).

______. 2011b. "미래전에 대비한 한국군의 상부지휘구조". 『한국의 국방개혁 어떻게 구현할 것인가』. 한국국방안보포럼 주최 세미나(3월 22일).

______. 2011c. "군 지휘체제 개편의 혼란". 한성주. 『위헌적 모험 국방개혁 307 계획』. 서울: 세창미디어.

______. 2011d. "군 상부지휘구조 개편: 해·공군은 이렇게 본다". 『월간조선』 (8월).

장기덕. 2011. "한국적 국방운영체제 발전방향". 『국방정책연구』. 제27권 1호.

장성. 2011. "군구조 개편안: 이대로는 안 된다". 『성우소식』. 제87호 부록(5월).

한상훈. 1998. "한국군의 군구조 발전방향 연구: 상부지휘구조를 중심으로". 동국대 행정대학원 석사논문.

한성주. 2011. 『위헌적 모험 국방개혁 307계획』. 서울: 세창 미디어.

형혁규·김영일. 2011. "군의 상부 지휘구조 개편방안과 향후 과제". 『이슈와 논점』. 187호(1월 24일).

홍규덕. 2011. "국방개혁의 성공 조건과 과제: 건설적 대안의 모색을 위하여". 『'11년 국방정책자문위원 전체회의』. 회의 설명자료, 서울: 국방부(8월 12일).

Department of Defense. 2010. *Dictionary of Military and Associated Terms*. Washington D.C. DoD(8 November).

Deptula, David A. 2001. *Effects-Based Operations: Change in the Nature of Warfare*. Virginia: Aerospace Education Foundation.

U.S. Department of the Army. 2008. *The Modular Force*. FMI 3-0.1, Washington D.C: DoA(January).

U.S. Joint Chiefs of Staff. *Joint Officer Management Program Procedures*. Chairman of the Joint Chiefs of Staff Instruction, CJCSI 1330.5(1 May).

박휘락

육군사관학교 졸업(34기, 1978)
대대장, 연대장, 주요 정책부서 근무
육군대학, 합동참모대학 수석 졸업
미국 NATIONAL WAR COLLEGE 졸업(석사)
경기대학교 정치전문대학 졸업(정치학 박사)
국방대학교 교수, 육군대령(예)
현) 국민대학교 정치대학원 초빙교수
    KBS 국방해설위원

『한국군사전략연구』(1989)
『현대군사연구』(1998)
『전쟁, 전략, 군사입문』(2005)
『정보화시대 국방 개혁의 이론과 실제』(2008)
『자주국방의 조건』(2009)
『평화를 원하거든』(2011)

평화와 국방

초판인쇄 | 2012년 3월 31일
초판발행 | 2012년 3월 31일

지 은 이 | 박휘락
펴 낸 이 | 채종준
펴 낸 곳 | 한국학술정보㈜
주   소 | 경기도 파주시 문발동 파주출판문화정보산업단지 513-5
전   화 | 031) 908-3181(대표)
팩   스 | 031) 908-3189
홈페이지 | http://ebook.kstudy.com
E-mail | 출판사업부 publish@kstudy.com
등   록 | 제일산-115호(2000. 6. 19)

ISBN   978-89-268-3229-5 93390 (Paper Book)
        978-89-268-3230-1 98390 (e-Book)